U0749171

本书获天津市高等学校综合投资规划项目资助

美国环保法案与生态保护

Environmental Protection Acts and Ecological Protection of the United States

田 耀 主编

天津出版传媒集团
天津人民出版社

图书在版编目(CIP)数据

美国环保法案与生态保护 / 田耀主编. -- 天津：天津人民出版社, 2023.1

ISBN 978-7-201-19086-0

Ⅰ. ①美… Ⅱ. ①田… Ⅲ. ①环境保护法—研究—美国②生态环境保护—研究—美国 Ⅳ. ①D971.226 ②X321.712

中国版本图书馆 CIP 数据核字(2022)第 239147 号

美国环保法案与生态保护
MEIGUO HUANBAO FAAN YU SHENGTAI BAOHU

出　　版　天津人民出版社
出 版 人　刘　庆
地　　址　天津市和平区西康路35号康岳大厦
邮政编码　300051
邮购电话　(022)23332469
电子信箱　reader@tjrmcbs.com

责任编辑　王佳欢
装帧设计　汤　磊

印　　刷　天津久佳雅创印刷有限公司
经　　销　新华书店
开　　本　710毫米×1000毫米　1/16
印　　张　25.75
插　　页　2
字　　数　330千字
版次印次　2023年1月第1版　2023年1月第1次印刷
定　　价　98.00元

参编人员名单

赵　娜　侯　婷　尚　冰　张　丽

刘羽淳　张立雅　李昭晔　毛菲菲

赵　君　陈姝娴　陈天慧　崔　洋

邢维慧　田增润

前　言

生态环境是全球生命赖以生存与发展必不可少的物质条件，也是世界各国经济可持续发展的必要前提。随着工业化和城市化快速发展、日新月异的科学技术进步及人们生活水平不断提高，人类社会活动对生态环境造成了许多严重的负面影响，生存环境呈现日益恶化的趋势：森林植被过度砍伐,矿产资源的过度开采,大气与水严重污染,野生动植物生存环境恶化,许多物种濒临灭绝。这些恶化的生态环境给人类的生存和发展带来了巨大的潜在生存威胁。严重恶化的环境问题既是制约世界各国经济发展的瓶颈,也是危及全球人类可持续发展的根本问题，亟待建立和完善环保与生态治理相关法案,建立优良的生态生存环境,保障全球经济社会可持续发展。

因此,本书主要研究了美国在环保与生态治理方面制定的相关法案,包括美国森林系列法案、野生动物保护系列法案、土地系列法案、水资源环保系列法案、空气污染防控系列法案、能源系列法案六方面法案的发展历程,详细分析了系列法案的制定背景、主要内容及建立的意义。对美国森林系列法案按照时间发展初始阶段、完善阶段和升华阶段进行分析,介绍了每个阶段制定的背景和特点。野生动物保护系列法案首先介绍了美国主要的野生动物保护机构，然后分别讨论了雷斯法案、候鸟协定法案、白头海雕与金雕保护法案等七类具有代表性的野生动物保护法案的内容与保护措施。土地系列法案则介绍了美国从18世纪以来每个世纪在土地用途管制制度、保护耕地、控制城市规模等方面制定的系列法案。水资源环保系列法案主要从水道航运、防洪减灾、水资源的开发、利用和管理、水质保护及水污染防治等方面详细介绍了相关法案的制定背景、主要规定及作用。环境污染防控系列法案主要介绍了分别在1955年、1960年、1970年及1990年等的空气污染控制法案，通过制定的一系列空气污染控制法案，美国空气污染问题得到了有效治理。最后，从背景、内容及影响效果等方面分别讨论了1978年到2009年美国能源政策系列法案。

通过阅读本书，读者可以了解美国在环保与生态治理方面法案制定的流程、制定原则及法案的社会影响与效益，对我国在环保与生态治理方面相关法规的制定与执行起到的借鉴作用，为我国在“一带一路”建设的实施过程中制定环保与生态治理相关法规提供参考。

目　录
CONTENTS

序 言

当今社会,生态环境保护已经成为一个全球性的议题。当人类以牺牲自然生态环境为代价,换来经济高速发展的同时,也遭受了来自自然界无情的报复。当人们无法呼吸到新鲜的空气、与干净的水源渐行渐远、面对被无法降解的垃圾包围的城市、听到的是越来越多关于物种灭绝和冰川消融的报道时,环境保护的呼声越来越高,要求政府出台治理污染政策的呼声越来越高。世界各国政府都在出台环保政策法规方面迈开了步伐,制定相应的法律法规,加大执法力度,研发可再生资源,发展民间环保力量。当各国政府制定环保法规时,通常都会参考美国的经验。因为美国是环保先锋,是环保立法的先行者,是制定高效环保政策的先行者。

美国在其历史发展过程中经历过长时间的严重污染阶段。通过近百年的不断立法改革和不断努力,目前美国已经成为生态环境质量较好的国家之一。本书对美国环境保护的政策法规进行详细梳理,从18世纪以来美国的土地系列法案,到19世纪五六十年代的水资源环保系列法案,以及19世纪70年代和90年代的空气污染控制法案,再到2009年美国能源政策系列法案,通过对各环保法案的立法背景、具体内容、环保成果等的分析讨论,以及通过各历史阶段出现的对美国环保或支持或阻碍的各种人物的行为和言论，生动地将美国18世纪以来的曲折的环保历程呈现在读者面前。

美国环境保护方面的法律法规涵盖范围广，并能随时代的发展不断演进，这也离不开美国各历史阶段出现的环保人士的努力。这些环保人士来自美国各个不同的阶层和领域，在他们的奔走呼吁和不断努力下，美国环保法规在立法和执法力度方面才有了基本保障。以下选取一些美国环保先锋和他们的环保历程，以飨读者。

在美国森林法系列法规的制定过程中，西奥多·罗斯福总统功不可没。他被人们公认为20世纪初的一位环保总统。他很早就意识到了环境保护的重要性，特别重视保护森林与防止水土流失的关系。他告诉美国人民，当时美国每年木材的消耗量是每年生长量的三倍，如果消耗量与生长量持续不变的话，他们的全部林木将在下一代用罄。因此，他极力要求联邦政府和各州政府积极保护森林，合理开发利用森林资源，尤其要重视森林采伐带再造林计划和森林防火计划的实施。在他任期内，美国对自然资源开始关注，《林木种植法》《森林保留地法》《建制法》等森林法案相继推出，森林保护及资源管理工作开始走上法制轨道。此外，该时期通过《让渡法》，林业管理从内务部转移，建立了林务局，使得森林管理更加专业化并有针对性。他的努力取得了实实在在的效果：他上任的时候，全美国有1880万公顷的森林，到他卸任时，森林的面积增加到5920万公顷。

在美国野生动物保护法系列法案制定过程中，美国总统尼克松和林登·约翰逊的名字不应该被人们忘记。在尼克松总统任期内，签署《海洋哺乳动物保护法》和《濒危物种法》，有效地保护了美国濒危野生动物，避免了野生物种成为私人财产的可能。在林登·约翰逊总统的“伟大社会”的梦想中，自然环境的保护是最重要的一部分，他曾经通过并签订了《空气质量法》和《荒野保护法案》等法案。约翰逊总统的夫人也是一位环保人士，在约翰逊总统去世之后,也一直致力于环保工作。

克林顿总统是一位无论是在职还是卸任后都很注重环保的人士。克林顿总统本人非常重视对能源的保护，克林顿基金会的主要任务之一就是推动可持续发展和时间环保建筑风格，克林顿本人希望看到全美千家万户的房顶也“绿起来”,为此建立了克林顿总统图书馆。图书馆的地板是用再生橡胶制成的,其中大部分材料来源是废旧轮胎。图书馆大楼所用能源的主要来源之一是太阳能,楼顶有多达336块太阳能板。此外,停车场设有存放自行车的铁架,还有3个充电站,可供那些电力驱动的汽车使用。建筑中的绿色房顶是这座环保图书馆的亮点。屋顶花园7厘米至22厘米的土层可以用来吸收并储藏雨水,灌溉园中植物,它可不是为了愉悦眼球。由此可见,克林顿总统对环保的重视。

奥巴马总统提出了他关于环保的五大梦想:第一大梦想是“清洁大气梦想”。奥巴马在未成为美国总统前就曾表示,未来执政后,将重点改善全球温室气体排放问题，同时他将邀请诺贝尔奖得主阿尔·戈尔参加他的执政团队,共同研究全球变暖和气体问题,并为此制定相应的政策。第二大梦想是“动植物保护和发展梦想”。奥巴马计划采取更严格的措施来保护美国现有的森林和动植物资源,他的梦想是实现人和动物的和谐共处。第三大梦想是“绿色农业”。奥巴马有可能会对农业的环保和绿色问题投入更多的资金支持,将进一步废除有害的有机化肥和农药。第四大梦想是“绿色清洁能源梦想”。奥巴马曾经表示,他会用10年约1500亿美元资金发展无污染的混合性机动车、风能和太阳能,以及其他能源技术。第五大梦想是“绿色生活”,这无疑是最难实现的一个。奥巴马的环保政策让其在总统大选中得到了很多环保组织和选民的支持。

除了重视环保的美国总统们，来自其他行业的美国环保先锋也为美国环境保护、督促美国环保立法的执行贡献自己的力量。

美国著名影星阿诺德·施瓦辛格在当选美国加州州长后，被人们称为最环保的州长。作为美国加州州长，推行环保政策是施瓦辛格的一大作为。他签署了一项在加州强制实行减少温室气体排放的法案，让加利福尼亚州成为美国第一个这么做的州。施瓦辛格在不同场合提倡使用环保能源、开环保汽车等，还批评布什政府对“温室问题”没有作为。施瓦辛格的这些态度让他成为民众眼中最重视环保的美国州长。

加州美国农场主杰克·考尔是一位参加过越南战争的名人，战后过着典型的农民生活。在他的20英亩水果及蔬菜农场使用孟山都农达（草甘膦）近30年，之后发现罹患癌症才停止使用农达。2015年，杰克·考尔太太和几十位农民一起起诉孟山都公司故意淡化农达的致癌风险，最终获胜，从而推动了《美国加州65号法案》的通过。

通过阅读本书，读者可以全面了解美国在环保与生态治理方面法案制定的流程、制定原则及法案的社会影响与效益，从而辩证思考我国生态文明建设中出现的各种问题，从美国环保发展历程中吸取有利的经验和成果，规避曲折和风险，在经济利益和环境保护的冲突中做出理智的选择。

第一章　美国森林法

根据林业专家赵铁珍等人的《美国林业管理及林业资源保护政策演进分析和启示》一文，美国森林保护立法按时段分为三个阶段：初始阶段、完善阶段和升华阶段。国内对森林立法的论述，以赵铁珍的较为详尽全面。赵铁珍主要参考的是美国林务局与农业部等相关出版物，美国林务局在2005年出版的《美国农业部森林服务署》（*The USDA Forest Service*）也是按时间及事件把美国林业立法分成了不同阶段。结合赵铁珍和美国林务局的划分方法，本章对美国森林立法进行介绍。

“通过政策法律手段支持林业活动，保护森林，发展林业，这是美国森林经营管理中的显著特点。美国林业相关法规立法程序科学严谨、体系完备、条文详尽，具有现实的可操作性，对林业的发展起到了积极的促进作用。”① 尽管美国没有一部单独的森林法，但在系统管理森林方面却是依法治林、依法管林的典范。②

① 赵铁珍、柯水发、韩菲：《美国林业管理及林业资源保护政策演进分析和启示》，《林业资源管理》，2011年第3期。

② 参见王志新：《美国森林管理的特点与启示》，《吉林林业科技》，2006年第5期。

国内学者赵铁珍等人将美国森林法的发展划分为三个阶段：初始阶段（1960 年前）、完善阶段（1960—1990 年）、升华阶段（1990 年至今）。美国森林法的初始阶段与当时的历史事件息息相关，可以根据重要历史事件细分为：早期森林立法及机构时期（1873—1910 年）、一战及大萧条时期、二战及战后发展时期。而完善阶段和升华阶段体现了不同时期的资源保护与利用理念：完善阶段的森林法案体现了森林资源的多用途利用，升华阶段的法案则体现了环保和志愿者服务。

在早期森林立法及机构时期（1873—1910 年），《林木种植法》（*The Timber Culture Act*）、《森林保留地法》（*The Forest Reserve Act*）、《建制法》（*The Organic Act*）等森林法案相继推出，美国对自然资源开始关注，森林保护及资源管理工作开始走上法制轨道。此外，该时期通过《让渡法》（*The Transfer Act*），林业管理从内务部转移，林务局建立，使得森林管理更加专业化并有针对性。1873 年《林木种植法》允许西进运动的拓荒者获得额外的 160 英亩土地，条件是在其中 1/4 面积的土地种植并精心养护树木十年。该法案的通过有助于解决木材原料匮乏问题、草原防风林问题，以及防止对 1862 年《宅地法》（*The Hom estead Act*）的滥用。1891 年《森林保留地法》授权总统有从公地中建立森林保留地的权力。同时，它也造就了美国庞大的国家森林系统，标志着美国政府保护森林工作的真正开始，也标志着美国的森林保护和资源管理工作走上法制的轨道。1897 年《建制法》明确了建立保留地、行政管理和保护的目的，也制定了森林保留地的标准。该法案是依法对森林保护区管理、保护的第一步，为其提供了法律依据，并成为美国林务局对森林保护，流域保护，以及木材生产的数十年的管理的思想体系。1905 年《让渡法》将林业管理从内务部转移至农业部，工作重点也从保护过渡到科学管理林业上。

一战及大萧条时期，美国通过的法案有《威克斯法》（*The Weeks Act*）、《克拉克-麦克纳利法》（*Clarke-McNary Act*）。1911 年《威克斯法》正式授予林务局负责森林防火工作，授权美国林务局和各州政府在森林防火方面加强合作，以使森林免遭林火危害，同时授权恢复东部的联邦林地，使得数百万英亩的林地得到了保护和恢复。此外，该法也标志着公共土地的处置向通过购买扩大公共土地的转变，这也是美国东部国家森林建立的起源。1924 年《克拉克-麦克纳利法》赋予美国林务局管理资金调配权，用于各州开展消防工作。它也消除了可通航河流源头土地的购买，限制并提高了州森林机构的配给基金。它实际上扩展并修改了《威克斯法》。

二战后，美国通过的法案主要有《森林病虫害防治法》（*The Forest Pest Control Act*）、《联邦杀虫剂、杀真菌剂和灭鼠剂法案》（*Federal Insecticide, Fungicide and Rodenticide Act*），主要是对于森林生物灾害的控制及规定。1947 年《森林病虫害防治法》为防止森林病虫害爆发开辟了道路。1948 年《联邦杀虫剂、杀真菌剂和灭鼠剂法案》授权联邦政府严格控制杀虫剂的销售和使用。

美国完善阶段的森林立法可以分为两个阶段：森林资源多用途时期（1960—1970 年）和环保浪潮及公众参与阶段（1970—1990 年）。几十年过后，完善阶段的森林法依然对美国森林保护发挥着重要作用，它们对美国森林的保护也不断被人称赞。作为一部承上启下的法律，1960 年通过的《多用途持续高产法》（*Multiple-Used Sustained-Yield Act of 1960*）开启了森林资源的多用途持续利用。历经艰辛通过的 1964 年《荒野法》（*The Wildness Act of 1964*）在之后的许多其他环保理念中都有体现，如公众参与、公众监督等。正是因为它所体现的资源保护理念和决心，许多国家纷纷出台了自己的"荒野法"，也建立起荒野保护区。1965 年《土地与水资源保护基金法》（*The Land and Water Conservation Fund Act of 1965*）进一步解决了森林保护所需的资金问题。荒野保护区的建立为资源的多用途利用提供了资源和可能，同时又因为资源多用途利用的理念，美国森林资源游憩等第三产业发展壮大，改变和完善了美国的林业经济结构，在保护森林的同时使美国收获了更多经济效益。当然,这一时期包括后续的美国林业保护也得益于《土地与水资源保护基金法》提供的资金保障和支持。

因为受到新一轮环保浪潮的影响,1970 年之后的法案开始关注森林保护的整体性。1969 年的《国家环境政策法》(*National Environmental Policy Act*)要求参与主体的整体性,根据法案,国家与个人都应该是资源保护的参与者,环保政策、资源的状况与环保技术更是密不可分。更为重要的是,它为这一阶段的法案指明了方向。之后,1976 年的《国有林管理法》(*National Forest Management Act of 1976*)相对于《国家环境政策法》,则是在森林资源的保护上提出了具体的要求。1974 年的《国家森林志愿者法》(*Volunteers in National Forest Act of 1974*)体现了个人的参与,它明确提出了公众参与的原则。虽然美国志愿者的传统由来已久,也有服务于森林保护的志愿者,但以法案的形式号召参与森林保护还是第一次。1978 年的《森林与牧场可更新资源规划法》(*Forest and Rangeland Renewable Resources Planning Act of 1978*)、1980 年的《可更新资源推广法》(*The Renewable Resources Extension Act of 1980*)虽然也体现了上一时期的多用途持续利用,但作为在《国有林保护法》(*National Forest Protection Act*)之后通过的法案,更加体现了整体性,即经济、生态和社会的综合效益。1990 年的《国家印第安森林管理法》(*National Indian Forest Resources Management of 1990*)更是提出了"文化保护"这一全新概念。

新时期的环保法案则把生态作为主题。2010 年的《森林生态系统恢复和保护法》(*Forest Ecosystem Recovery and Protection Act of 2010*)是顺应新时期森林保护提出的一部重要法案。2008 年的《食物、农场保育及能源法》(*Food, Environmental Conservation and Energy Act of 2008*)和 2009 年的《美国经济恢复和再投资法案》(*American Recovery and Reinvestment Act of 2009*)更是把人——生态不可或缺的一部分——写进法案。

第一节　美国森林法的初始阶段

一、早期森林立法及机构时期(1873—1910年)

在内战后,美国经历了巨大的改变,工业化、城市化的浪潮席卷美国各个角落。硬岩开采及水力采矿是内华达山脉、落基山脉等地的主要支柱产业。采矿可以提取有价值的矿物,但是会严重地侵蚀土地。铁路将美国西部与其他地区连接,美国国会将大量土地授予铁路开发公司,尤其是在北部的一些州(从明尼苏达到华盛顿),以鼓励铁路将城镇连接和西部的发展。木材公司用尽了东部的原始森林和五大湖附近州(明尼苏达、威斯康星、密歇根)的大量松林,并打算将他们的作业转移到南部和西部。①

森林在那时的美国被当作"取之不尽,用之不竭"的燃料和建筑材料。然而随着美国人口和工业同步快速增长,森林被大量砍伐。例如,1850—1900年的50年间,木材的需求量增加了8倍,比美国人口增加的速度快2倍;森林以每天3500公顷的速度消失,西部农业发达地区的森林覆盖率仅为4%。②

占有和剥削是美国当时的时代精神,对保护及未来可持续发展很少有人重视。这个时期对于自然资源滥用引发了政府和民众对美国林业的保护运动。在当时出现了一些有远见的环保人士,如乔治·帕金森·马什(George Perkins Marsh)。他倡导保护森林,但是当时很少有人注意他的言论。另外两

① See Gerald W. Williams, *The USDA Forest Service—The First Century*, Washington, DC: USDA Forest Service, 2005, p.2.

② 参见柯水发、赵铁珍:《美国森林健康及林产品产出与生态服务》,《世界林业研究》,2011年第3期。

个有影响的人物是约翰·威斯利·鲍威尔(John Wesley Powell)和费迪南·范迪沃·海登(F.V.Hayden)。环保人士的呼吁使得联邦政府也开始逐渐参与森林保护行动,林业管理机构不断完善,林业资源保护政策及法律也不断出台。

1901 年,西奥多·罗斯福在总统威廉·麦金莱被刺杀身亡后继任总统,资源保护成为他内政的主基调。他的科学顾问吉福德·平肖(Gifford Pinchot)是罗斯福当政时期多项联邦自然资源保护政策的主要策划者,尤其是林业政策。平肖是美国第一个职业森林管理者(forester)、美国林务局(Forest Service)第一任局长、美国国家森林体系的倡导者、美国林学会和耶鲁大学林学院的创办者。[①]平肖时代正式确立了科学专业人士在森林管理上的权威。[②]在他们二人的推动下,一场对森林、土地、河流、矿产资源的保护运动就此展开,成为罗斯福当政期间其国内改革的重中之重。该运动敦促美国政府对国有土地及自然资源的责任,遏制私人及垄断财团对资源的掠夺和滥用;同时,凭借科学力量、专业知识介入自然生态系统,实施对自然资源的有效管理和合理开发,为人类谋求长期的福利。[③]

在该时期,《林木种植法》(*Timber Culture Act*)、《森林保留地法》(*The Forest Reserve Act*)、《建制法》(*The Organic Act*)等森林法案相继推出,美国对自然资源开始关注,政府的森林保护及资源管理工作走上法制轨道。此外,该时期通过《让渡法》(*The Transfer Act*),林业管理从内务部转移,建立了林务局,使得森林管理更加专业化并有针对性。

从 20 世纪初开始,美国政府对森林的关注程度逐步提高,不仅在政策

---

① 参见祖国霞:《吉福德·平肖自然资源保护思想述评》,《北京林业大学学报》(社会科学版),2011 年第 4 期。

② 参见侯深:《前平肖时代美国的森林资源保护思想》,《史学月刊》,2009 年第 12 期。

③ 参见宋云伟:《美国〈1873 年林木种植法〉刍议》,《山东师范大学学报》(人文社会科学版),2012 年第 5 期。

上鼓励保护森林，而且大力加强对公众的教育。一系列措施使美国森林开始恢复。1920 年美国森林面积首次不再减少。[①]

（一）早期森林立法（1873—1905年）

1. 1873 年《林木种植法》（*Timber Culture Act*）

随着西进运动的发展，人们到达的地区越来越远离大西洋，被草原所覆盖，新的拓荒者需要树木以保障当地生活及建筑用材。为了防止对 1862 年《宅地法》（*The Homestead Act*）的滥用、鼓励拓荒者在西部种植树木（该地区不适合耕作），以解决木材缺乏和草原大风等问题，国会于 1873 年通过了《林木种植法》。

该法案允许开荒者获得额外的 160 英亩土地，条件是在其中 1/4 面积的土地种植管理树木十年。具体规定如下：

> Be it enacted by the Senate and House of Representatives of the United States of America in Congress assembled, That any person who shall plant, protect, and keep in a healthy, growing condition for ten years forty acres of timber, the trees thereon not being more than twelve feet apart each way on any quarter-section of any of the public lands of the United States shall be entitled to a patent for the whole of said quarter-section at the expiration of said ten years, on making proof of such fact by not less than two credible witnesses; Provided, That only one quarter in any section shall be thus granted. (*Timber Culture Act*)

① 参见侯深：《前平肖时代美国的森林资源保护思想》，《史学月刊》，2009 年第 12 期。

法案对于如何种植树木有具体要求，从申请到土地的第一天起，在一年之内至少要犁开5英亩原始土地；第二年对这5英亩土地进行培育使其适合树木生长，同时再犁开5英亩原始土地；第三年在培育好的5英亩土地上种植树木，要求树木之间的间距不能多于12英尺，另外培育第二年犁好的5英亩土地，然后再犁开5英亩原始土地。以后不断重复这个过程，到第十年的时候种植树木的面积便达到40英亩，每英亩种植树木不少于2700棵，后来要求种植的树木降低到10英亩后，有四年的时间就可以达到标准。[①]

此外，该法案主要内容还包括申请人的资格、申请的土地数量、获得土地产权标准、申请程序、违反义务条款等几个方面。

尽管围绕着《林木种植法》出现了许多不合法的投机行为，但这个法案的实施取得了一定的效果。根据该法，共有10866688英亩土地被授予给了个人，这就意味着这些土地的申请者很多达到了每160英亩土地种植40英亩或至少10英亩的树木的要求（根据1893年法令授予产权的林木种植地除外）。许多诚实的拓荒者申请到土地后，努力按照法案要求种植树木，使西部地区林木种植取得一些进展。[②]

但是该法案也有一些局限性，如有许多明显漏洞，没有完全避免土地投机行为等。

2. 1891年《森林保留地法》(*The Forest Reserve Act*)

1891年3月3日，土地法经过修改，授权总统有从公地中建立森林保留地的权力：

① 参见柯水发、赵铁珍：《美国森林健康及林产品产出与生态服务》，《世界林业研究》，2011年第3期。

② 参见宋云伟：《美国〈1873年林木种植法〉刍议》，《山东师范大学学报》（人文社会科学版），2012年第5期。

SEC. 24. The President of the United States may, from time to time, set apart and reserve, in any state or territory having public land bearing forests, in any part of the public lands, wholly or in part covered with timber or undergrowth, whether of commercial value or not, as public reservations; and the President shall, by public proclamation, declare the establishment of such reservations and the limits thereof. (*The Forest Reserve Act*)

大意是，美国总统随时可以在任何州或领地内联邦所拥有的公地上设立或保留公共保留地，不管这些土地上面是全部，还是部分地为森林或灌木所覆盖，也不论这些植被是否具有商业价值，总统都可以通过行政告示而宣布这种保留地的设立及其边界范围。该条款也标志着美国国土政策的转折点，它是迄今为止处理公共领地的一项基本政策。[①]尽管 1873 年通过的《林木种植法》部分动机是为了鼓励在西部草原植树造林，但仍然包含着尽快处理西部土地的意图，而且执行的效果也并不理想，土地投机严重。[②]

《森林保留地法》在本杰明·哈里森总统任期内被国会通过，哈里森总统行动迅速：他首先将黄石国家公园北部及东部的 1239040 英亩划为黄石国家公园森林保护区。在其任期内，他划定了共计约为 1300 万英亩(53000 平方千米)的 15 块森林保留地。1897 年，格罗弗·克利夫兰总统卸任前，又划定了约 2500 万英亩(100000 平方千米)的森林保留地。威廉·麦金莱总统宣布

① See A.D. Folweiler, The Political Economy of Forest Conservation in the United States, *The Journal of Land & Public Utility Economics*, Vol.20, No.3(Aug., 1944), p.204.

② 参见付成双:《自然的边疆:北美西部开发中人与环境关系的变迁》,社会科学文献出版社,2012 年,第 376 页。

划定约700万英亩(28000平方千米)的森林保留地。①

《森林保留地法》的通过加强了总统的行政权力,造就了美国庞大的国家森林系统。它标志着美国政府保护森林工作的真正开始,也标志着美国的森林保护和资源管理工作走上法制的轨道。

1907年1月,许多人反对西奥多·罗斯福总统把华盛顿州北部数千万英亩的花旗松林地变为森林保留地。当地报界、商会、华盛顿州的议会代表都纷纷抗议,认为保留地会对当地居民造成过度重负并阻碍当地的未来发展。在这种施压下,平肖及罗斯福总统不情愿地承认该保留地的划分是"笔误"。之后俄勒冈州的参议员查尔斯·富尔顿提出对每年的农业拨款法案进行修改,即《富尔顿修正案》,该修正案禁止总统对西部的六州,即华盛顿州、俄勒冈州、爱达荷州、蒙大拿州、怀俄明州及科罗拉多州增加任何新的森林保留地,剥夺总统于1891年美国《森林保留地法》中获得的宣布建立保留地的权力,并给予国会唯一建立保留地的权力。在此项法案于1907年3月7日被签署成为法律前,平肖和总统做了最后的努力:平肖及其助手在地图上圈出许多新的森林保留地,之后总统迅速签署文件将其变为保留地。在同年的3月1日和3月2日,罗斯福在这六个西部州成功设立了约1600万英亩的17个森林保留地。它们被称为"午夜保留地"(Midnight Reserves)。总统用实际行动保护并避免了大量的树木落入伐木大财团的手中。《富尔顿修正案》在平肖的建议下,将林业保留地(Forest Reserve)的名称改为"国家森林"(National Forest)。②

3. 1897年《建制法》(*The Organic Act*)

1897年6月4日,威廉姆·麦金利总统签署了杂项法(*The Sundry Act*)。

---

① See Gerald W. Williams, *The USDA Forest Service—The First Century*, Washington, DC: USDA Forest Service, 2005, p.8.

② Ibid., p.25.

其中一个修正案——彼特格罗修正案(Pettigrew Amendment)(之后被称为《建制法》)规定,任何新的保留地要达到森林保护、流域保护、木材生产的标准,才能给予管理森林保留地(之后被称作“国家森林”)的超过75年的执照。《建制法》考虑到对新森林保留地的适当照顾、保护及管理。它指出:

> SEC.2. No public forest reservation shall be established except to improve and protect the forest within the reservation or for the purpose of securing favorable conditions of water flow and to insure a continuous supply of timber for the people of the States wherein such forest reservations are located. (*The Organic Act*)[①]

大意是,除了在保留地范围内改善和保护森林,或者为了确保更有利的水流条件和确保为这些森林保留地所在州人民持续供应木材,公共森林保留地不得设立。

该法律明确了设立保留地、行政管理及保护的目的,也明确指定了新森林保留地的标准。该法案是依法对森林保护区管理、保护的第一步,为其提供了法律依据,并成为美国林务局对于森林保护、流域保护及木材生产的数十年的管理思想。

4. 1900年《雷斯法案》(*The Lacey Act*)

1900年,美国国会通过第一个保护野生动植物的综合法律——《雷斯法案》,并由麦金利总统签署成文。它主要通过立法保护野生动植物,禁止非法获得、加工、运输和买卖野生动物、鱼类和植物的贸易。该法案在1969年、

① U. S. Forest Service, *A Historical Perspective—Organic Administration Act of 1897*, https://www.fs.fed.us/forestmanagement/aboutus/histperspective.shtml.

1981 年、1988 年几经修改。2008 年《雷斯法案》再次被修订,增加了打击木材非法采伐及走私。

《雷斯法案》修订前,仅限于美国本土植物被列入《濒危物种国际贸易公约》(CITES)或美国州法律的物种。2008 年修订后的《雷斯法案》扩展了植物的界定,包括植物界任何野外品种的任何部分或者其衍生产品。这一定义涵盖了所有木质产品,包括来自天然林与人工林的林木,以及由木材制成的各种木材加工产品,如纸张、家具等制品。①

(二)早期林务局机构(1905—1910年)

1876 年,为评估森林资源状况,美国在农业部成立了从事林业研究的林业专员办公室,成员仅有富兰克林·豪弗(Franklin B.Hough)博士一人。1881 年,农业部设立了临时性的林业处,富兰克林·豪弗是林业处的主任,主要负责美国和国外林业事务研究和报告撰写。1883 年,纳撒尼尔·恩格斯顿(Nathaniel H. Egleston)接替豪弗担任主任。1886 年,本哈德·费尔诺(Bernhard E. Fernow)博士继任林业处主任。费尔诺博士在德国接受过林业教育,是美国林学的奠基人。②

1886 年 6 月 30 日,林业处作为美国农业部的一个永久机构被确定下来,从而为其稳定发展提供了条件。1891 年颁布了《森林保留地法》,联邦森林保留地的管理是由美国内政部的两个机构分开管理:土地管理局(GLO)管理林务署长及护林员、美国地质调查局(USGS)管理测量及绘图,在农业部下的林业处的森林专家仅提供林业技术的建议及帮助。

① 参见《美国〈雷斯法案修正案〉实务指南》[EB/OL],国家林业局、WWF、TNC、IUCN、Forest Trends,(中文翻译由森林趋势和大自然保护协会共同完成),2009 年 6 月。

② 参见赵铁珍、柯水发、韩菲:《美国林业管理及林业资源保护政策演进分析和启示》,《林业资源管理》,2011 年第 3 期。

1897 年《建制法》通过后，土地总局设立了一个林业机构，即林业处来管理新建的国有林区。1901 年，农业部下的林业处发展成为林业局，吉福德·平肖（Gifford Pinchot）任局长，在其朋友西奥多·罗斯福总统的支持下，他提倡将林业管理从内务部转移。[①]1905 年，《让渡法》（*The Transfer Act*）颁布，林务部成立。

平肖根据 1905 年《让渡法》，将林业管理从内务部转移至农业部，并于 7 月 1 日将原农业部下属的林业局更名为林务局（Forest Service–USDA），涉及 6300 万英亩（25 万平方千米）的森林保留地和超过 500 名从业人员。1905 年《让渡法》是第一部独立的由林业草案成为的法律，之前的林业法律都是对法律修正而来。该转变也代表着工作重点从保护到科学管理林业。[②]

《让渡法》签订后，林务局首先面临两个主要任务：第一，提高林业人员素质，他们中的许多人是在土地管理局管理下被政治任命的，缺乏相应的专业能力。第二，以分散式管理代替土地管理局过于集中的日常工作，这样更能满足依赖保留地资源的美国人民的需要。

林务局的建立对护林人员选拔带来一些可喜的变化：护林员由任命的传统改变为通过考试选拔，通过用人制度的改变，护林员水平更加提高：

> SEC. 3. Forest supervisors and rangers shall be selected, when practicable, from qualified citizens of the States or Territories in which the national forests respectively...（16 U.S.C. 554 *The Transfer Act*）

---

① 参见赵铁珍、柯水发、韩菲：《美国林业管理及林业资源保护政策演进分析和启示》，《林业资源管理》，2011 年第 3 期。

② See Gerald W. Williams, *The USDA Forest Service—The First Century*, Washington, DC: USDA Forest Service, 2005, p.17.

大意是，在可行的情况下，林务署长和森林护林员应从国家森林所在的州或领土的合格公民中选出。

护林员的主要工作有：绘制国家森林图，保护森林免遭火灾、偷猎、非法侵入及开拓等。

同月，权力进行了下放，六个区域分别成立办事处。它们对本地及区域问题更加贴近、更加熟悉。权力下放可以为偏僻的护林员提供物资，减少运输成本及缩短时间。面对本地情况，国家森林的林务署长被给予更大的财务责任。①

平肖也意识到与各州及私营部门的合作的必要。1908年，他在林务局组建了国家和私营林业部门（The Division of State and Private Forestry，S&PF）。在1911年《威克斯法》通过后，国家和私营林业部门与各州在森林防火方面加强了合作。

二、一战及大萧条时期

在该阶段主要的工作重点是对森林的保护及监管管理、森林防火等。在该时期通过的法案有《威克斯法》（*The Weeks Act*）、《克拉克-麦克纳利法》（*Clarke-McNary Act*）。这两项法案加强了联邦与州间的林业合作及防火合作。

此外，一战（1914—1918年）、"咆哮的20年代"、大萧条时期等历史事件与美国森林保护及林务局的工作息息相关。一战期间，许多林务部职员加入美国陆军工程师兵团以保证战争所用木材。女性被雇用在户外工作，成为火警瞭望员。战争结束后不久，林务局和陆军航空队合作，对飞机巡逻森林火

① See Gerald W. Williams, *The USDA Forest Service—The First Century*, Washington, DC: USDA Forest Service, 2005, p.26.

灾进行了试验。双向无线对讲机的使用让火灾探测的通信更加简便快捷。"咆哮的20年代"繁荣的经济对木制品有了大量的需求，增加了木材的销售,发展了森林游憩的各种娱乐消遣项目及配套设施。而大萧条时期经济的不景气,使得美国民间资源队产生,在提供就业机会、恢复经济的同时,保护自然资源、扩充国家森林、造福后代。为了应对20世纪30年代大平原的风沙侵蚀,防护林工程开始实施。

(一)森林保护及监督管理时期

该时期是美国林务局通过监督管理对森林保护的时期，最重要的是对森林火灾的发现及扑灭。在1910年夏天,美国西部地区极其干燥,大火在西北部和落基山脉北部地区熊熊燃烧，仅爱达荷州和蒙大拿州就被烧了300万英亩。78名消防员在此次火灾中为保护国家森林及偏远山区而牺牲。之后,联邦政府设立消防资金以能够在未来对抗此类火灾。

此外,林务局局长亨利·格雷夫斯(Henry Graves)注意到在这个时期的森林作业中,伐木工人经常留占总数差不多25%的树桩,而且超过50%的树木到达工厂后被作为废料丢弃或被现场焚烧。林务局与威斯康星州立大学(现在为威斯康星大学)合作,于1910年在该州麦迪逊市建立了林产品研究所(Forest Products Laboratory,FPL)。该研究所研究并测试木材的物理性质,开发并测试木材防腐技术,为砍伐损失研究解决办法,提高锯木厂木材生产的产量并为木质纤维设计新的用途，向公众传播木材制品信息并与木制品行业合作。林产品研究所的研究使得木材生产及使用更加科学合理。①

1911年通过的《威克斯法》允许政府购买可通航河流源头重要的私人流域土地。通过对美国极少有公地的东部购买土地,这项法案间接地鼓励新的

① See Gerald W. Williams, *The USDA Forest Service—The First Century*, Washington, DC: USDA Forest Service, 2005, p.35.

国家森林的建立。它还为国家森林消防机构提供了合作及联邦配套资金。到1920年,超过200万英亩土地根据《威克斯法》被收购。到1980年东部有超过2200万英亩土地加入国家森林体系。

林务局研究处于1915年成立，该处调研如何更好管理国家森林的方法,此外还研究数百种树种并探索补种及移植森林的方法。这个时期国家森林木材销售额大幅增长,护林员站、望火楼大量建成,国家森林第一次使用电话。

在这个时期,林务局也开发了一些更好管理国家森林的项目,例如能进入森林的高速公路、消遣娱乐、木材管理等。1911年,《威克斯法》(*The Weeks Act*)颁布。

该法案由马萨诸塞州议员约翰·威克斯(John W. Weeks)提出,并由总统威廉·霍华德·塔夫脱(William Howard Taft)签署生效。洪水、森林火灾、林务局林业工作者的努力等因素促成了1911年《威克斯法》的通过。

在20世纪之交,美国南部、西部,特别是东部及中西部大面积的森林被夷为平地，伐木剩余的残留物会在无法控制的大火中燃烧，土壤被严重损坏,对未来几十年的景观产生影响。那些受损的森林土壤吸收了大量的降雨和融雪并慢慢地随着时间推移释放,使得溪流再次充沛。然而森林砍伐使得流域退化,会导致一年的某些时段的侵蚀、下游淤积。洪灾引起公众的关注。在1889年,超过2000人在宾夕法尼亚州的约翰斯敦的洪水中丧生,原因是暴雨冲刷了被砍伐森林的山坡导致水坝爆裂。在1907年,暴雨侵袭了俄亥俄河谷,新闻报道几乎全都是西弗吉尼亚和宾夕法尼亚州的破坏。①

1910年,森林大火肆虐,尤其在北落基山脉特别具有破坏性。林务部花费了数周的时间设法灭火并围控火势，但8月份又热又干燥的风使得燃烧

① See Tom Tidewell,The Weeks Act:A Story of Perseverance,*Forest History Today*,Spring/Fall,2011,p.36.

的烈焰迅速移动形成大火,87 人在 8 月 20 日至 21 日的大火中丧生,其中很多是消防员。华盛顿州东北部、爱达荷州北部、蒙大拿州西部的约 300 万英亩的林地被大火吞噬,许多村庄被毁坏。此次森林大火由于另一股冷风侵袭所带来的稳定降雨而最终熄灭。①

就公众而言,此次森林大火成为忍耐的极限,他们使国会感到,需要拿出保护森林及流域的规划方案。林业及消防的合作条款与在东部建立国家森林的条款拼凑在一起,成为 1911 年《威克斯法》的正式法律文本。

1911 年 3 月 1 日《威克斯法》的通过有利于林务局的消防工作。《威克斯法》第二部分批准了给予符合政府(林务局)标准的国家森林保护机构消防配套资金。这是国会第一次允许对非联邦政府项目有直接拨款,而且由于它忙于发展火灾控制合作项目,这项举动增加了 1908 年刚刚成立的机构——国家和私营林业部门(State and Private Forestry,S & PF)的任务。

该法正式授予林务局负责森林防火工作, 授权美国林务局和各州政府在森林防火方面加强合作,以使森林免遭林火危害,同时授权恢复东部的联邦林地,使得数百万英亩的林地得到了保护和恢复。②

该法授予农业部部长在他认为是对通航河流管理或木材生产管理有必要的通航河流的流域内进行检查、定位、购买土地。

> "...examine, locate, and purchase such forested, cutover, or denuded lands within the watersheds of navigable streams as in his judgment may be necessary to the regulation of the flow of navigable streams or for the

① See Tom Tidewell, The Weeks Act: A Story of Perseverance, *Forest History Today*, Spring/Fall, 2011, p.36.

② 参见赵铁珍、柯水发、韩菲:《美国林业管理及林业资源保护政策演进分析和启示》,《林业资源管理》,2011 年第 3 期。

production of timber.（*The Weeks Act*）"

这意味着联邦政府能够对美国东部认为有保护河流、流域、水源、国家森林必要的私人土地进行购买。

该法也标志着公共土地的扩大以通过购买的方式得以实现，这也是东部国家森林建立的起源。《威克斯法》的通过使得联邦政府可以购买可通航河流源头的林地，从而使公有土地顺利穿越的大平原东部地区最后形成国家森林系统。在1911年《威克斯法》通过后，国家就着手收购皮斯加国家森林（The Pisgah National Forest）。该国家森林正式建立于1916年10月17日，是第一个几乎全部购买私人土地而成的国家森林。到1920年格雷夫斯（Henry Graves）任期结束，超过200万英亩的私人土地被收购；到1980年，根据《威克斯法》收购及个人捐赠给国家的私人土地，使国家森林土地面积增加了2200万英亩。①

该法案认可水和森林保护的州际协定，允许联邦为保护流域收购土地。它第一次将东部林地置于联邦管辖之下，并为可通航河流源头的土地免受火灾侵害提供财政补助。东部森林的健康状况很大程度上归因于林务局和民间资源保护队（Civilian Conservation Corps，CCC）等组织在当时的重新造林。《威克斯法》保护了大量林地，对生态系统及社会有极大的好处：它为植物及动物提供了栖息地，为游客提供了休闲娱乐的地点，并为当地创造了巨大的经济利益。

该法案也加强了林务局的权威，通过签署保护国家森林和水源目的的契约，奠定了国家和地方林业合作的基础。

---

① See Gerald W. Williams, *The USDA Forest Service—The First Century*, Washington, DC: USDA Forest Service, 2005, p.47.

(二)一战及战后

一战中,两个美国陆军工程师兵团(U.S. Army Engineer Regiments)于1917年和1918年成立并在欧洲参战。很多林务部的职员加入了此兵团,在到达法国后他们的任务是建立锯木厂以保证铁路及战壕的木材供给。他们的指挥官威廉·格里利(Lt. Colonel William B. Greeley)之后成为林务部的第三任局长。另一个战争中独特的组织是美国陆军云杉生产师(U.S. Army Spruce Production Division)。三万名士兵被分配到华盛顿州和俄勒冈州伐木以供给铁路和飞机制造所需云杉木和制造舰船所需的花旗松。尽管美国陆军云杉生产师只存在一年(1918—1919年),但它影响了接下来二十年的私人及公共的伐木运作的联合机制。①

在1919年战争结束后不久,林务局和陆军航空队(Army Air Corps)合作,对飞机巡逻加利福尼亚森林火灾进行试验。此种空中巡逻迅速扩展到俄勒冈州、华盛顿州、爱达荷州、蒙大拿州这样的多山地区。

在一战前及一战后的一段时间,监察员和护林员站没有无线电通信系统,消息只能通过脚力、马、信鸽等传递。之后,野外电话被广泛应用,山顶的监察员可以通过电话线同地面的护林员站进行联系。但这种电话系统经常需要维护及修理。一战期间,双向无线对讲机被发明,在战后该设备被广泛应用到火灾探测的实际中,使得通信更加便捷。

一战后,木材销售增长,休闲娱乐有所发展。“咆哮的20年代”经济的繁荣对木制品产生了大量的需求。大量的国家森林的木材销售被授权,销量巨大。在之前,大多数木材销售量都很小。在此情境下,林务局也发起了大量的户外消遣项目,如在许多国家森林建立露营地。在20年代早期,人们对国家

① See Gerald W. Williams, *The USDA Forest Service—The First Century*, Washington, DC: USDA Forest Service, 2005, p.47.

森林的消遣娱乐设施的需求不断增长，其中很大一部分是对现存森林公路及高速路改进的需求。随着汽车越来越廉价可靠，人们愿意在空闲时间去游山玩水。许多度假胜地在受欢迎的地方开始提供发达的消遣设施，并开始在国家森林运营。长时间的消夏寓所可以被租赁以更好地在国家森林玩耍，数百的新露营地开放以供数千人开车前来游玩，该计划促进了旅游业的发展，也保护了国家的森林。1924 年，《克拉克–麦克纳利法》（*Clarke–NcNary Act*）颁布。

1924 年，《克拉克–麦克纳利法》由众议员约翰·克拉克及参议员查尔斯·麦克纳利得名，它赋予美国林务局管理资金调配权，用于各州开展消防工作，制定消防标准和消防设施标准，加强森林防火合作。它指出：

> That the Secretary of Agriculture is hereby authorized and directed, in cooperation with appropriate officials of the various States or other suitable agencies, to recommend for each forest region of the United States such systems of forest fire prevention and suppression as will adequately protect the timbered and cut–over lands therein with a view to the protection of forest and water resources and the continuous production of timber on lands chiefly suitable therefor. (*Clarke–McNary Act*)

特此授权和指示农业部部长与各州或其他相应机构的官员合作，为美国的森林地区配备森林火灾预防和灭火系统，以充分保护土地、森林、水资源和木材的持续生产。

> SEC.2. That if the Secretary of Agriculture shall find that the system and practice of forest fire prevention and suppression provided by any State

substantially promotes the objects described in the foregoing section, he is hereby authorized and directed, under such conditions as he may determine to be fair and equitable in each State, to cooperate with appropriate officials of each State, and through them with private and other agencies therein, in the protection of timbered and forest-producing lands from fire... In the cooperation extended to the several States due consideration shall be given to the protection of watersheds of navigable streams, but such cooperation may, in the discretion of the Secretary of Agriculture, be extended to any timbered or forest producing lands within the cooperating States. (*Clarke-McNary Act*)

大意是，如果农业部部长发现森林火灾预防和灭火系统及实践大大促进了以上所述的目标，特此授权和指示他，在他认为公平公正的条件下与每个州相应官员及私人机构、其他机构合作，共同保护林地和森林生产用地免受火灾……在和一些州的合作中，应适当考虑保护通航河流的流域，但这种合作可由农业部部长酌情决定扩大到合作州的任何林地或森林生产用地。

1924 年，《克拉克-麦克纳利法》实际上是对《威克斯法》的扩展及修正。该法案赋予美国联邦林务局有直接护林资金的调配权，同时授予农业部与州政府及相关科研机构通力合作，协助并指导农场主和自由林主从事林业经营活动。它消除了对可通航河流源头土地的购买限制，也提高了州森林机构的配给基金。在此法案通过前，还没有一部联邦立法规定私人土地所有者如何实行森林管理，[①]它更加扩展了联邦—州际之间的对于各州及私人林地火灾控制、森林保护的合作。该法律还极大地促进了各州建立并支持本州的

① See A.D. Folweiler, The Political Economy of Forest Conservation in the United States, *The Journal of Land & Public Utility Economics*, Vol.20, No.3 (Aug., 1944), p.214.

林业机构的组建，许多州还建立了消防协会。

（三）大萧条时期

1929年纽约股市暴跌，经济萧条随之而来。由于木材价格很低且需求量少，木材销售额急剧下降，大量木材公司倒闭，工人失去工作。联邦政府工作人员薪水减少但仍在工作。

1. 美国民间资源保护队（Civilian Conservation Corps，CCC）

美国民间资源保护队是罗斯福新政的产物，它成立于1933年4月，目的是"为失业的美国公众提供就业，建设、维护和执行一项公共的自然工程的计划，并在属于联邦或几个州适于林业生产的土地上植树造林，防止森林火灾、洪水和土壤侵蚀，在国家公园或国家森林中建设、维护或修理小径、通道和防火路径，防止植物害虫和控制疾病，诸如此类的工作，也可在下述领地内开展工作：公共领地及国家、州和政府的保留地，该保留地偶然和必要的与上述性质的公共工程有关联"[①]。美国民间资源保护队从诞生之日起，反危机的救济性和资源保护的长久性同时并存，在大萧条时期提供就业机会、恢复经济并对自然资源进行保护。

美国民间资源保护队起初是为大量的年轻失业者提供户外工作，之后成员包括了一战老兵和美国印第安部落成员。第一个CCC营叫作罗斯福营，它于1933年春天开始在弗吉尼亚的乔治华盛顿国家森林开始运作。之后成千的营地在国家和州公园、土壤保护区等地先后建立。

美国民间资源保护队认为，年轻男性是参与户外项目的理想人选，可以提高国家森林的管理能力。通过九年的项目运作，300多万男性在超过2600个营地注册并参加了半年或半年以上的营地工作（平均每个营200名）。每

① 高祥峪：《富兰克林·D. 罗斯福当政时期（1933—1945年）涉及环境的三个问题研究》，南开大学2009年博士研究生毕业论文，第30页。

个国家森林至少有 1 个民间资源保护队。这保证了数以百计的工作项目得以开展,如监测、救火等。对罗斯福政府林业部门的官员而言,保护队的产生和发展是扩充国家森林的有利时机。在民间资源保护队存在时期,成员种植了约 30 亿棵树木,在超过 800 个公园建设相应设施并对许多州立公园进行升级改造,更新森林消防方法,并在偏远地区建立了一系列服务建筑、公共道路等基础设施。[①]森林灭火行动需要高超的技巧和专门人才,因此保护队精心挑选部分队员进行灭火训练。保护队的林业工作的另一项任务是防止树木病虫害工作,通常做法是砍掉已感染的树木或易感染的树木。

2. 防护林工程

1932 年,美国大平原地区爆发了沙尘暴,在此后的十年间,沙尘暴屡屡爆发,席卷了整个中部地区并波及东部,给大平原的社会经济发展造成了巨大的损失。其中最严重的五个州(堪萨斯州、俄克拉荷马州、得克萨斯州、新墨西哥州、科罗拉多州)交界处被媒体冠以"尘暴区"(Dust Bowl)的称号,并在官方治理中得到了承认。漫天黄尘卷走了农业生产中最有价值的表土,也刮走了数以百万计的庄稼,从天而降的黄尘又给居民的生活带来不便,甚至造成了致命的伤害——沙尘肺病。

为了应对 20 世纪 30 年代大平原的风沙侵蚀,防护林工程计划开始实施。防护林的建设对治理沙尘暴具有特殊意义,这样独特的防风计划是 1934 年富兰克林·罗斯福当政时期提出的。

公共事业振兴署(WPA)的工作人员(很多是失业农民)完成了这项工程。在 1938 年春天,他们在内布拉斯加州尼利南部一处严重起沙地种植了大约 52000 株杨树。该项目在保护土壤的同时也减轻了该地区的就业问题。[②]

---

① See Gerald W. Williams, *The USDA Forest Service—The First Century*, Washington, DC: USDA Forest Service, 2005, p.67.

② Ibid., p.71.

1934年，国会通过《泰勒放牧法》(*Taylor Grazing Act*)。该法案批准建立8000万英亩的放牧区，限制在公有林地放牧区过度放牧，保证土地的正常使用。法案决定在西部10个州设立联邦公共牧场，有偿使用，并限制放牧牲畜数量；授权总统从居民手中回收不适合农业耕种的土地将其转变为牧地或林地。[①]《泰勒放牧法》宣告了美国历史上开放性的公共牧场制度的结束，彻底改变了公共牧场的使用和分配性质。[②]该项法案有利于缓解因过度放牧造成的水土流失和土地荒漠化，对改善美国生态环境和农业生产有着积极意义。

三、二战及战后发展时期

二战时期(1939—1945年)对国有森林的需求增加。运送军用物资的板条箱、桥梁、枪托、码头、兵营等都需要木材原料。林产品研究所(FPL)不断进行这一方面的研究以满足军事之需。林务局还有一个重要的开发项目——从银胶菊中生产橡胶替代物。试点项目在加利福尼亚州萨利纳斯启动。到1944年已有超过20万英亩的银胶菊被培植，在这些银胶菊里提取了300万磅用于飞机、轮船、汽车部件的橡胶替代品。由于东南亚的橡胶在战后的重新供应，该项目在战争后被废除。[③]

① 参见张伟:《论美国自然资源保护运动(1890—1920)》，西南大学2011年硕士研究生毕业论文，第36页。

② 参见温培丹:《美国20世纪30年代若干法案对制定内蒙古草原生态环境保护政策的启示》，内蒙古农业大学2015年硕士研究生毕业论文，第13页。

③ See Gerald W. Williams, *The USDA Forest Service—The First Century*, Washington, DC: USDA Forest Service, 2005, p.81.

在战争期间,休闲娱乐在全国范围内变得不被注重。森林火灾的预防则相当重要,尤其是在西海岸。空袭警报站(AWS)通常设在一些森林监察站,为东西海岸可能即将到来的空袭做预警。2000 名左右的林务局雇员加入了该预警部队。在 1943 年,许多因为宗教信仰或其他原因没有去部队的人员志愿成为空降森林灭火员。[①]像一战一样,一些女性又被雇用,成为火灾和空袭的瞭望员。同时,民间志愿者及户外团体被鼓励成为监察员,为国家森林消防工作提供帮助。林务局及州林业官员在战争期间通力合作,积极宣传森林防火工作。

森林大火是战时备受关注的一个问题，林务局鼓励民众积极参与森林消防的各项工作。它利用迪士尼电影角色小鹿斑比进行消防安全宣传,不久之后斯莫基熊永久取代了斑比，开始出现在海报上，督促民众预防森林火灾。1944 年,斯莫基熊成为国家官方消防安全宣传及森林防火的形象大使。几年后，一头活生生的护林熊出现了——消防队队员救出一头在森林大火中受伤但侥幸逃生的幼熊，并给了它斯莫基熊的称号。在 1950 年 6 月 27 日，这只唯一在林肯国家森林大火中幸存的幼熊被转移到华盛顿特区的国家动物园,直至它在 1976 年 1 月死亡。[②]

二战后通过的法案主要有《森林病虫害防治法》(*The Forest Pest Control Act*)、《联邦杀虫剂、杀真菌剂和灭鼠剂法案》(*Federal Insecticide, Fungicide and Rodenticide Act*)，主要内容是对于森林生物灾害的防控及一些具体的规章制度。此外,战争后人们对于休闲娱乐、森林游憩的需求增加,对配套设施的要求也相应提高了。

1946—1959 年成为战后发展时期。由于战后建设新家园及对木制品的

① See Gerald W. Williams, *The USDA Forest Service—The First Century*, Washington, DC: USDA Forest Service, 2005, p.81.

② Ibid., p.83.

需求大量增加，国家森林管理部门调整战略，将大量森林地区开放，向木材经营让步。在那之前，木材工业将国家森林视为应该远离市场的资源，因为这样可以使私人经营的木材市场保持稳定。在战后，木材工业将价格低的国家森林木材投入市场作为私人林地供给不足的补充或替代。

伐木技术在这一时期也取得了进步。在大萧条时期及二战前，大量伐木都是通过斧头和锯，战后伐木工几乎都使用新型高效的链锯。原木的运输起初是通过马、牛或顺河流而下，而铁路、公路和卡车为圆木的运输提供了便捷，在20世纪70年代甚至使用了直升机。全国林业学校培养了上千名新的林业工作者，他们致力于国家森林更有效的管理和开发。

也是在这一时期，国家森林的开发和研究走向成熟。研究所和试验林致力于找到采伐树木、修建新公路更好的方法，并评估伐木及公路对溪流或周围水域的影响。1946年多功能研究中心建成，每个分中心专注于自己所分配的研究领域。此外，新的项目致力于解决当地森林及山脉问题。

《森林病虫害防治法》(*The Forest Pest Control Act*)和《联邦杀虫剂、杀真菌剂和灭鼠剂法》(*The Federal Insecticide, Fungicide and Rodenticide Act*)相继颁布。

1947年《森林病虫害防治法》为防止森林害虫爆发开辟了道路。这项法案鼓励联邦、各州及私人合作预防、控制，甚至消灭阻碍树木生长或使树木死亡的森林昆虫及疾病。规定联邦对各州林业机构给予技术和经济支持，以控制林区病虫害的爆发与蔓延。该法认可联邦在全境各种所有权林地的森林病虫害的防控，同样也向各州林业机构提供技术及财力支持，以控制病虫害的突然爆发。该法案是一部对预防森林生物灾害的专门立法，这项法案在美国只存在了31年，1978年国会废除了这项法案，其主要立法精神及重要条款被整合到了《合作森林资助法》等法案中。[①]

1948年《联邦杀虫剂、杀真菌剂和灭鼠剂法》通过,并于1996年进行了修订。该法案旨在授权联邦政府控制杀虫剂的销售和使用,要求使用杀虫剂需获得许可,任何在美使用的杀虫剂都需要在环境保护署注册登记。[②]

1948年林务局参与亚祖-塔拉哈奇防洪工程(Yazoo-Little Tallahatchie Flood Prevention Project),在此期间有621000英亩荒地被种植。这项计划的目的是恢复受严重侵蚀的土地。美国农业部土壤保护局与联邦、州、19个县,以及许多当地机构通力合作,于1985年完成此项目。[③]

此外,二战后美国人民对于国家森林的休闲娱乐的需求不断增加,数百万的游客来到国家森林公园度假。重建休闲地的计划——"户外行动"(Operation Outdoors)于1957年启动,国家森林娱乐休闲设施不断发展配套以满足人民之需。此外,许多旧的路线被新的公路网及公路系统所代替,民众可以去更远的森林地区进行休闲娱乐。

---

① 参见刘春兴、侯雅芹、宋冀莹、骆有庆:《国外森林生物灾害立法探析:以美国、日本、德国和新西兰为例》,《北京林业大学学报》(社会科学版),2013年第1期。

② 参见赵铁珍、柯水发、韩菲:《美国林业管理及林业资源保护政策演进分析和启示》,《林业资源管理》,2011年第3期。

③ See Gerald W. Williams, *The USDA Forest Service—The First Century*, Washington, DC: USDA Forest Service, 2005, p.93.

第二节 美国森林法的完善阶段

一、森林资源多用途时期

1960年开始,美国进入了森林资源的多用途时期,该时期通过的法案以1960年的《多用途持续高产法》(*Multiple-Used Sustained-Yield Act of 1960*)为典型代表。同时美国的森林立法及对法规的执行也在这一时期得到了进一步完善,《土地与水资源保护基金法》(*The Land and Water Conservation Fund Act of 1965*)的通过为森林立法提供了财政支持。在这期间还通过了其他方面的环保法案,虽然没有直接涉及对森林的保护,但也对森林资源的保护起到了推动作用。以在反对大坝兴建浪潮中通过的《荒野与风景河流法》为例,它强调荒野与风景河流系统保护的不仅仅是河流,还有整个流域的生态系统(包括森林)。为了保护流域的生态系统,木材开发也会受到限制。一方面,荒野与风景河流生态走廊的木材开发应符合土地管理的目标;另一方面,河流的价值应该得到重视,木材开发应实现对河流的保护。

> Timber management activities on federal lands within WSR corridors must be designed to help achieve land-management objectives consistent with the protection and enhancement of the values that caused the river to be added to the National System. ①

① See Interagency Wild and Scenic Rivers Coordinating Council, *A Compendium of Questions & Answers Relating to Wild & Scenic Rivers*, https://www.rivers.gov/documents/q-a.pdf.

这一时期的法案多是对初始阶段法案的再补充，是为了应对不断发现的新问题，更是一种新的理念的体现。一系列法案的通过，有的是环保组织的努力，有的是国会应对不断出现的新问题而采取的解决方案。战后的美国，伴随着经济的发展和不断加速的城镇化进程，森林资源也面临着诸多挑战，问题也日益凸显：例如荒野的减少、大片森林被过度砍伐、资源的浪费等。在这样的背景下，美国兴起了一场声势浩大的生态保护运动。而此时，森林保护管理方面的争端和对环境保护法案的争端也不断出现。吉奥·阿格诺尼称“自1960年起的环保运动无疑是20世纪美国最成功的社会运动”[①]。在不断的争吵声中，美国森林保护法案逐渐完善。同时，这些法律不是各自独立的，它们是互为补充、紧密联系的，共同构建了这一时期的森林法体系。

（一）1960年《多用途可持续高产法》(*Multiple-Use Sustained-Yield Act*)

早期森林的立法强调木材使用与森林保护这两个方面，不注重适度开发与合理利用。其实，早在林务局创立之初，第一任部长吉福德·平肖就提出了保护与开发并存的理念。平肖认为，如果自然资源保护的目的只是为了保护而保护，或只是为了给后代节省资源，那么意义不大。因为除此之外，它更重要的意义是要认识到当下的人们充分利用资源的权利。[②]由此可见，森林资源多用途的观念存在已久。在19世纪60年代，国会对森林利用的争论愈演愈烈。二战之后，国家森林保护与开发的重心还是木材资源，而对于其他资源，特别是旅游资源的关注少之又少。

另外，1960年前后，人们对国家森林公园旅游需求量增加，然而现有的

① Agnone, Jon-Jason M., Amplifying Public Opinion: The Policy Impact of the U.S. Environmental Movement, *Social Forces*, Vol.85, No.4, 2007, pp.1593-1620.

② 参见祖国霞：《吉福德·平肖自然资源保护思想述评》，《北京林业大学学报》（社会科学版），2011年第4期。

国家设施与交通都是1933年完成的。1933年正直美国经济大萧条时期，作为新政政策之一的国家森林护卫队，不仅解决了就业问题，而且也建立了一批优质的旅游胜地。但是到了1950年，许多设施都已经过时、毁坏，或者这些设施已经不能满足不断增长的娱乐大众。[①]户外游憩评价系统委员会（ORRRC）的报告引起了美国政府进一步对户外游憩资源的广泛关注和投入。

户外游憩评价系统委员会的报告也加速并且保障了《多用途可持续高产法》的产生和通过。1960年，户外游憩评价系统委员会开始举行听证会，并且收集相关数据，多用途、自然资源和户外游憩的关系在立法层面也变得更加清晰。[②]也正是在这一年，《多用途可持续高产法》在国会得以通过。

在1960年，经过几轮谈判，不同的利益集团终于达成一致。从此，木材不在国家森林中占主导地位，其他资源将会和它平起平坐。方案规定，国家森林的建立和运营应该以休闲、牧草、木材、水源涵养、野生动物气息地和垂钓各方面的综合利用为目的。

1960年《多用途可持续高产法》建立在两个原则之上：多用途（Multiple-use）和可持续生产（Sustained-Yield）。法案的第四部分也对这两个原则进行了定义。简而言之，通过多用途利用国家森林资源来更好地满足人们不同的需求，国家森林资源的使用应该以不损害土地的生产力为前提。它强调森林资源在更大范围内的可持续利用，要求森林在不损害土质的前提下，既尽可能多地持续提高林木产品的产量，又为人民提供休闲、牧草、水源涵养、野生动物栖息和垂钓等产品和服务，对林业的可持续发展提出了更加明确、具体

---

① See Maher, Neil M., *Nature's New Deal: The Civilian Conservation Corps and the Roots of the American Environmental Movement*, Oxford University Press, 2007.

② See Olson, Brent A. Paper trails: The Outdoor Recreation Resource Review Commission and the rationalization of recreational resources, *Geoforum*, 41.3(2010), pp.447-456.

的要求。[①]

《多用途可持续高产法》通过之后,它主要分两个阶段对法案进行推广:在第一阶段,林业部门为不同的资源分别制定计划书;在第二阶段,林务局开始在不同的区域进行试验。林务局希望通过区域管理实现不同资源的综合利用,但是由于缺乏相关的数据,以及各种资源管理冲突不断,《多用途可持续高产法》的理念不能得到很好的执行。

美国林业法案不是凭空产生的,它都有一定的历史基础和现实基础,《多用途可持续高产法》就是对 1873 年《建制法》的补充。1996 年美国出台的《综合公园和公共土地管理法案》(*Omnibus Parks and Public Lands Management Act of 1996*)则是对 1960 年《多用途可持续高产法》的延续与完善。虽然 1960 年《多用途可持续高产法》没有得到很好的执行,但是它为美国以后的林业管理指明了方向,为资源的平等保护开辟了理论的先河,也为以后美国的森林立法和森林管理确立了基本的原则,即多用途和可持续生产。

《多用途可持续高产法》在作为决策指导及规划评价标准方面不是很有效,也没有给出资源保护优先顺序上的指导。[②]但是 1960 年《多用途可持续高产法》的通过标志着一个崭新但不够稳定的林务局规划时代的开始。与其说《多用途可持续高产法》是一个立法,不如说它是一块基石,是一部完善立法演进的里程碑。

(二)1964年《荒野法》(*The Wildness Act*)

1964 年,历经 8 年、66 次修正,《荒野法》终于签署生效。《荒野法》的通过不仅仅是在于这八年的努力,更在于美国自身的历史文化传统和当时的社会环境,当然也少不了自然保护组织和自然保护主义者的坚持不懈。

① 参见文振军:《美国林业持续发展的经验和启示》,《林业科技管理》,2002 年第 3 期。

② 参见刘萍、曹玉昆:《美国国有林经营及对中国的启示》,《世界林业研究》,2010 年第 5 期。

滕海键对《荒野法》的成立背景及缘由进行了详尽介绍。首先是美国的文化传统，或者说美国对荒野的认同感。离开旧大陆的人们在一片“荒野”上建立了自己的国家，创造了自己的“文明”。可以这样说，倘若没有北美大陆辽阔的“荒野”，很难想象会有后来发达的美国“文明”。当美利坚民族国家建立后，“荒野”在美国人的思想和文化语境中又有了新的蕴意，此时的“荒野”又成为民族文化赖以形成的基础和有别于旧大陆的独特之处及民族自豪感的源泉。[①]二战之后美国经济迅速发展，对资源的需求增加，例如人们对国家公园的休闲娱乐需求给荒野带来巨大破坏力。然而美国历来有保护荒野的传统，同时也不乏拥有高度荒野保护观念的环保人士。对黄石公园的保护，是政府首次保护荒野的实践。从19世纪下半叶直至1964年《荒野法》颁布之前，美国联邦政府及相关机构与国会为保护美国的自然与荒野实施和推出了一系列政策和举措。[②]也是在这一时期，美国各地不断建立荒野地带。但是这些都是州或地方政府建立的，没有一个统一的标准来规范什么是荒野。同时因为缺乏立法，荒野保护没有取得很大的进展。在20世纪40年代，美国“荒野法之父”——霍华德·扎尼泽积极推进荒野立法。20世纪50年代，反对回声谷筑坝斗争的胜利是荒野立法活动的转折点。这增强和坚定了荒野保护主义者的信心，鼓舞了他们采取更为积极的行动争取通过一部荒野立法的热情。[③]因此，《荒野法》最直接的推动力还是自然保护组织和自然保护主义者的不断努力。

《荒野法》是一部比较完善的法律。首先就体现在法案的内容方面。法案由七个部分构成：第一部分是法案的名称。第二部分是方案的政策声明，内容主要包括法案通过的原因、目的，以及一些相应的管辖权的划分，最后对荒野进行了定义：

---

①②③　参见滕海键：《1964年美国〈荒野法〉立法缘起及历史地位》，《史学刊》，2016年第6期。

> A wilderness, in contrast with those areas where man and his own works dominate the landscape, is hereby recognized as an area where the earth and its community of life are untrammeled by man, where man himself is a visitor who does not remain. (*The Wildness Act of 1964*)

这一段是《荒野法》中对荒野的定义,也是比较著名的一段。大意是,荒野是与以人类耕作的田地形成鲜明对比的区域。这片区域没有被地球上的人类,以及人类群体活动影响,即使有人类来过,也只是匆匆过客,从未停留过的区域。它对“荒野”的定义简洁而准确。第三部分对国家荒野体系进行了介绍,内容包含了荒野区域的规定与划分,初步将国家森林公园列入荒野;荒野调查报告的相关事项和总统与民众的荒野推荐权及其推荐程序。不论是调查报告还是推荐都有一套严格的标准。另外,第三部分也赋予了民众在荒野治理方面极大的发言权与参与权。第四部分的内容则具有极大争议性。它描述了荒野体系管理的具体政策。它明确指出,法案是对已经存在的制度的补充,并且表明它和 1987 年《建制法》、1960 年《多用途可持续高产法》不存在冲突。它在荒野的活动上设定了严格的要求,各项活动、现代机器设备与工程都是不允许的,各项设备与活动只在特殊状态下才被允许。但是《荒野法》允许在 1983 年 12 月 31 日前在荒野采矿。采矿权的放松是妥协的结果,是为了实现法案的通过的无奈之举,但是它为采矿权设定了期限。第五部分说明了州和私人的土地只要符合要求,也可以申请成为荒野。第六部分则是对馈赠土地的规定。最后一部分则要求内政部和农业部每年就荒野区域的情况上交报告。

《荒野法》不仅在内容上详尽,在执行效果上也可见一斑。根据法案的第三部分第一条, 所有在 1964 年 12 月 31 日之前的 30 天已经被林务局或者农业局划分为“荒野”“荒地”和“独木舟地区”的国家森林公园都被指定为荒野。因此,法案通过之后,美国就拥有了 910 百万英亩的荒野区域。根据法案的第二部分的第一条,荒野区域将归为国家荒野体系。方案通过后不久,一批森林荒野管理者在华盛顿特区会面,共同商讨关于《荒野法》的具体实行措施。因为没有同样的标准,会议持续了数月之久。

最终,四个联邦土地管理机构——林务局、国家公园管理局、土地管理局和美国鱼类与野生动物管理局共同管理国会创造的荒野地区。[①]除了联邦的机构,为 1964 年《荒野法》做出巨大努力的荒野协会也一直不遗余力地监督并且推进荒野保护工作的进行。2014 年,是法案通过的第 50 年,荒野面积已经由最初的 910 百万英亩扩展到 750 个荒野区域、1.09 亿英亩。50 年过去了,许多人对法案提出了质疑,《荒野法》是否还会适应环境的不断变化?

对于应对环境变化,积极的管理,甚至是使用通常被禁止的工具的管理是允许的,如果它可以被证明是必要的达到保护的目的,如果它对荒野的影响可以控制到最小值。[②]因此,除了最初的保护荒野的愿望,荒野也可以用来应对全球环境变化。

第一,《荒野法》一直被美国人视为里程碑式的法律。相对于行政令,立法更具有权威性。第二,《荒野法》列出了许多规定,为全国荒野保护提供了统一的标准。正是由于立法的权威性和统一化,美国荒野面积不断增加,荒野管理更加一体化。第三,《荒野法》在世界上也是首个荒野立法,并且也是成功的立法。它为其他国家的荒野保护提供了范例,同时也激励着其他国家根据国情建立荒野保护体系。两位国际荒野保护专家万斯·马丁和艾伦·沃森说道:“荒野的观念——尽可能不受人类影响的自然生态进程起作用的陆

① See Stroll, Theodore J., Congress's Intent in Banning Mechanical Transport in the Wilderness Act of 1964, *Penn St. Envtl. L. Rev.*12(2004), p.459.

② See Long, Elisabeth, and Eric Biber, The Wilderness Act and climate change adaptation, *Envtl.L.* 44(2014), p.623.

地和水，并且在那里拥有原始的娱乐机会和独居机会——已经从美国起源地向外传播。其他的国家，例如澳大利亚、新西兰、加拿大、芬兰、斯里兰卡、苏联、南非已经通过立法建立了荒野自然保护区。”[①]《荒野法》的通过也推进了其他荒野立法。例如《阿拉斯加国家利益土地保护法》(*The Alaska National Interest Lands Conservation Act of 1980*)。卡特总统签署的《阿拉斯加国家利益土地保护法》保护了阿拉斯加的5000万英亩的荒野。最后，也是最重要的一点是民众的参与。《荒野法》的通过是民间机构的努力，荒野协会是美国荒野方案的积极推进者；方案的通过也少不了上面提到的户外游憩评价系统委员会的支持，该委员会在后来支持了《荒野法》的通过。现在荒野协会仍然发挥着作用，积极推进其他荒野立法，吸引更多的人加入荒野保护的行列，监督着美国的荒野工作。“美国荒野保护经历最重要的一个贡献是证明了公众参与与公众意见起到的重要作用。当我们环顾世界，我们可以发现最早的荒野保护就是来自公众的主张，随着新千年的到来，无论是在美国还是在发展中国家，我们不仅仅需要有组织的主张，我们还需要周围居民的参与，这对任何成功的荒野保护运动都非常重要。”[②]

(三)1965年《土地与水资源保护基金法》(*The Land and Water Conservation Fund Act*)

在二战之前，美国已经发展了一批户外游憩场所供公民使用。但是二战以后，随着州际公路的建立，户外游憩的需求也随之增加。虽然国会也在国家森林中建立起新的游憩地，但是游客需求的增长远远超过国家公园的增长，同时新建立的公园大多是私有的。国会很快意识到，为了开辟更多的旅游区，资金的支持十分迫切。同时根据户外游憩评价系统委员会在1961年

①② John C. Hendee and Chad P. Dawson, *Wilderness Management: Stewardship and Protection of Resources and Values*, 3rd ed., Golden, Colo.: The Wild Foundation and Fulcrum Publishing, 2002, p.49.

发布的报告，国家和地方及联邦政府和私营部门是提供户外娱乐机会的关键要素。

由于户外游憩评价系统委员会的不断努力，肯尼迪政府先后两次为立法做出努力。肯尼迪的第一届国会没有采取行动，第二届国会提出了建立“土地与水资源保护基金的必要性”。1964 年，在众议院和参议院的支持下，《土地与水资源保护基金法》正式通过。国会授权森林与水资源保护基金(Land and Water Consewation Fund，LWCF)作为基金的来源。通过森林与水资源保护基金，国会可以为联邦政府和州政府的土地购买提供资金。联邦政府只能用基金购买土地，而州政府还可以把基金用于土地的发展与规划。

土地与水资源保护基金的法律保障是《土地与水资源保护基金法》。虽然该法案在 1964 年通过，但是它在 1965 年正式生效。所以被称为“*The Land and Water Conservation Fund Act of 1965*”。

法案的第一部分的第二段，主要陈述了立法的目的：为了协助满足保护、发展和确保美国公民及其子孙后代可以在美国境内享受娱乐消遣和健康的需求，该法案为各州、联邦政府提供基金和帮助；该法案也为联邦政府对个别土地的兼并和发展提供基金。

[This Act may be cited as the “Land and Water Conservation Fund Act of 1965”and shall become effective on January 1, 1965.(*The Land and Water Conservation Fund Act of 1965*)]

PURPOSES.—The purposes of this Act are to assist in preserving, developing, and assuring accessibility to all citizens of the United States of America of present and future generations and visitors who are lawfully present within the boundaries of the United States of America such quality and quantity of outdoor recreation resources as may be available and are necessary and desirable for individual active participation in such recreation and to strengthen the health and vitality of the citizens of the United States by(1)providing funds for and authorizing Federal assistance to the States in planning,acquisition,and development of needed land and water areas and facilities and(2)providing funds for the Federal acquisition and development of certain lands and other areas.(*The Land and Water Conservation Fund Act of 1965*)

大意是,户外游憩资源具有健康价值,它也可以调动美国人民的活力。该法案以保护、发展和确保户外游憩资源的数量和质量为目的,保障户外游憩资源的可持续性发展与经济价值,使当代美国人和其子孙后代可以享受资源,使游客可以获得资源的享受。联邦政府可以采取下列措施实现目标:①为各州提供资金并授权联邦援助、收购、开发所需的土地、水域和设施;②为联邦收购和开发土地及其他领域的活动提供资金。

根据法案的第二部分,美国财政部将建立土地与水资源保护基金来推进法案的实施。保护基金和法案的目的是一致的。因此,想要对法案进行具体了解和解读,土地与水资源保护基金是其中的关键。

在森林与水资源保护基金成立之初,它隶属于户外游憩局(BOR)。自1981年以来,它则归属于国家公园管理处。本书通过对项目的资金来源、资金的分配与使用、土地购买的流程及相关部门的描述,来介绍该法案的具体实施。

资金的收集是森林与水资源保护基金工作的保障。从2015年开始,国会每年会拨出9亿美元用于森林与水资源保护基金工作,当然森林与水资源保护基金的实际使用值不一定是9亿。为了达到9亿美元,基金主要从沿海大陆架石油开采的租赁费用中收集,石油行业的贡献比一直保持着100%。[①]有了稳定的基金来源,接下来就是哪些部门有权利申请使用基金。每年,采购建议都由国家森林确定,提交各区域办事处并转交国家办事处。国家办公室确定购买计划是否被列入土地和水资源保护基金名单，然后一并提交给国会。由总统提交的购买计划,最后由国会进行审议及修改。购买土地的价格要和市场价保持一致,这也是审核的项目之一。

1964 年以来,森林与水资源保护基金保护了数百万公顷的土地,共计支持了国家和地方 3800 个项目。[②]以栗色铃铛荒野(Maroon Bells Wilderness)为例，拥有 472 英亩矿产和林木权的业主表示将在这片荒野创建大型采石场,游客的荒野体验受到威胁。除了造成噪音和干扰交通运输外,这一行动还损害该地区的景区价值,摧毁野生动物栖息地,并扰乱数千名徒步旅行者每年使用的小径。林务局在 LWCF 的资金支持下,在 1999 年购买了矿产和木材权,保留了该地区的独特性。[③]对于覆盖了 13 个州的阿巴拉契亚国家步道(Appalachian National Scenic Trail),林业部分几个区域进行投资,让 98%的区域保持了原貌。

森林与水资源保护基金购买的不一定是土地,也可能是对土地的使用权,以此来保护土地,例如矿产和木材开采权。另外《土地与水资源保护基金法》也可以用来对荒野地区的开发与保护。森林与水资源保护基金建立之后,它拥有 25 年的有效执照;25 年期满之后,又获得了 25 年的有效续期。在森林与水资源保护基金成立 50 年的时候,也就是 2015 年,森林与水资源保护基金

---

① See Vincent, Carol Hardy, Land and water conservation fund: overview, funding history, and issues, *Congressional Research Service*, 2010, pp.1-14.

② See Land and Water conservative Fund, *Land and Water*, https://www.nps.gov/subjects/lwcf/upload/lwcf_brochure.pdf.

③ See US.FOREST.SERVICE, *LWCF Purchases-Accomplishment*, https://www.fs.fed.us/land/staff/LWCF/accomplishments.shtml.

经营许可已经期满。在这时，该基金在2016年的《合并拨款法》（*Consolidated Appropriations Act of 2016*）暂时延长三年，于2018年9月30日到期。[①]现在，对于该基金的是否再次延期及该怎样利用这项基金成为讨论的热点。

1960年的《多用途可持续高产法》和1965年的《土地与水资源保护基金法》都涉及了户外游憩，特别是森林游憩的内容。森林游憩也是森林多用途时期的一个典型产物。发展至今，美国的森林游憩已经相当成熟。

美国森林游憩形成的标志是第一家国家森林公园——黄石公园的建立。国家公园管理局森林游憩业的建设与管理也逐渐走向法制化和行业化。俞晖更是在《用科学发展观统领我国森林公园建设与森林旅游产业的发展》中指出："美国1960年通过的《森林多种利用和永续利用法案》、1976年通过的《国有林管理条例》都以法律形式确定森林游憩为森林经营的首要目标。"[②]《森林多种利用和永续利用法案》即1960年《多用途可持续高产法》。

根据1960年《多用途可持续高产法》，森林资源被分为五个经营项目，分别是户外游憩、放牧、木材、集水区（流域）和野生生物。法案把户外游憩放在第一位，因此户外游憩在法律层面成为森林经营的首要目标。因为户外游憩资源发展的资金不足，美国在1965年通过了《土地与水资源保护基金法》。陈应发在《美国的森林游憩》中指出："在1977年，美国野外游憩的消费突破了1600亿美元，从而超过了石油工业而成为美国最大的产业；到80年代，野外游憩消费高达3000亿美元，美国人均1/8的收入都花在了野外游憩上。目前，森林游憩已经成为美国人现代生活方式的一个重要组成，每年参加森林游憩的人次高达20多亿，几乎是美国人口总数的十倍。"[③]

---

① See US.FOREST.SERVICE, *LWCF Purchases–Accomplishment*, https://www.fs.fed.us/land/staff/LWCF/accomplishments.shtml.

② 俞晖：《用科学发展观统领我国森林公园建设与森林旅游产业的发展》，《北京林业管理干部学院学报》，2005年第3期。

③ 陈应发：《美国的森林游憩》，《世界林业研究》，1993年第4期。

值得注意的是，在石油工业提供的资金支持的前提下，森林游憩取代了石油工业而成为美国最大的产业，森林游憩的发展不仅满足了当时美国人对森林游憩的需求，也进一步促进了美国森林游憩业的发展。

二、环保浪潮和公众参与阶段

20世纪的美国兴起了一场环保浪潮，1969年《国家环境政策法》不仅体现了这一时期的环保思想，更是为这一时期的环保立法指明了方向。在《国家环境政策法》出台之前，美国已经通过多部环保法案。但是法案通常是对某一个具体问题的规范，而不是把环境作为一个整体来考虑。在同环境污染做斗争的过程中，美国逐渐认识到环境问题是一个牵涉面十分宽泛的社会问题，是由自然、政治、社会和技术等因素错综复杂地交织在一起形成和发展的，必须在国家政策、国家计划、国家立法的最高层次中进行解决，必须寻找一种全面的整体性的方法来处理环境问题。① 1969年圣巴巴拉的石油泄漏事件对思考环境问题起了直接推动作用，它让公众的目光又一次集中于环保这个话题。在参议员亨利·杰克逊和国会议员约翰·丁格尔的努力下，尼克松总统在1970年签署了《国家环境政策法》。

根据法案的第二部分，《国家环境政策法》的主要内容有四个方面：一是宣布国家环境政策和国家环境保护目标，二是明确国家环境政策的法律地位，三是规定环境影响评价制度，四是设立国家环境委员会。这四个方面的内容具有紧密的内在联系，是一个整体。②另外，这部法律提出的概念在当时相当超前，对美国国家环境政策的表述是相当精辟的。它充分体现了国际社

① 参见陈立虎：《美国〈国家环境政策法〉》，《法学》，1984年第4期。

② 参见王曦：《论美国〈国家环境政策法〉对完善我国环境法制的启示》，《现代法学》，2009年第4期。

会到1987年才正式提出，到1992年才得到公认的“可持续发展”思想。美国提出这个国家环境政策的时间是1969年，比国际社会提出类似的思想早了十八年。[①]自颁布以来，它不断被其他国家效仿。根据法案，美国成立了环境质量委员会（CEQ）来保证法案的实施。自《国家环境政策法》通过以来，公众参与地方、州及国家层面的环境决策也越来越体系化。[②]《国家环境政策法》也被当作环保法的大宪章，它在美国环保史上具有里程碑式的作用。虽然它不是一部森林法案，但是该法案要求林务局下属各机构开展的项目，从计划制定到文件归档都必须吸收公众参与，从而扩大了公众参与环境决策的机会，也促进了资源保护。[③]

SEC. 2. The purposes of this Act are: To declare a national policy which will encourage productive and enjoyable harmony between man and his environment; to promote efforts which will prevent or eliminate damage to the environment and biosphere and stimulate the health and welfare of man; to enrich the understanding of the ecological systems and natural resources important to the Nation; and to establish a Council on Environmental Quality. (*National Environmental Policy Act of 1969*)

大意是，该法令的目的是宣布一项国家政策，鼓励在人与其周边的自然环境之间建立一种愉快而富有成效的和谐关系；防止或消除对环境和生物

① 参见王曦：《论美国〈国家环境政策法〉》对完善我国环境法制的启示》，《现代法学》，2009年第4期。

② See Depoe, Stephen P., John W. Delicath, and Marie-France Aepli Elsenbeer, eds. *Communication and Public Participation in Environmental Decision Making*, SUNY Press, 2004, p.1.

③ 参见赵铁珍、柯水发、韩菲：《美国林业管理及林业资源保护政策演进分析和启示》，《林业资源管理》，2011年第3期。

圈的破坏，努力保护人类的健康和福祉；增进对国家重要的生态系统和自然资源的了解；成立环境质量委员会。

这一时期通过的多部法案大多都围绕这部《国家环境政策法》所确立的环境保护原则。1972 年的《国家森林志愿者法》则是对《国家环境政策法》公众参与原则的具体体现。1973 年的《濒危物种法》、1974 年的《森林与牧场可更新规划法》、1980 年的《木材残余物利用法》主要遵循了“可持续发展”的思想原则。

（一）1972年《国家森林志愿者法》（*Volunteers inNational Forest Act*）

《国家森林志愿者法》虽然体现了《国家环境政策法》关于公众参与的原则，但是《国家环境政策法》强调的是在决策上吸引公众的参与，而《国家森林志愿者法》则主要是强调在保护的具体活动上吸引公众的参与。美国在志愿者活动方面也算是经验丰富，例如 1933 年的美国民间护林保卫队（Civilian Conservation Corps，CCC）、1963 年的快速公共工程队（Accelerated Public Works，APW）、1964 年的就业工作团（Job Corps）、1970 的青年保育队（Youth Conservation Corps，YCC）和 1977 年的青少年保育队（Young Adult Conservative Corps，YACC）等。

在国家层面组织的志愿者活动最早是为应对美国经济大萧条时期新政所提出的建立美国民间护林保卫队。1933 年至 1942 年间，有近 300 万失业青年男子在美国民间护林保卫队工作，他们以恢复和建设美国的自然资源为工作目标。他们的主要工作有种植树木、修筑大坝、修建小径、扑灭火灾和防止洪水等。罗斯福总统评价道：“conserving not only our natural resources，but our human resources”①，即不仅要保护我们的自然资源，更要保护我们的

① Franklin D. Roosevelt，*The Public Papers and Addresses of Franklin D. Roosevelt*，Volumes 1–12，ed. Samuel I. Rosenman，New York：Random House，1938–1950，1933/1938，p.162.

人力资源。对于新政的决策者罗斯福来说，新政一举两得，在保护自然资源的同时也保存了国家的人力资源。虽然是应对经济危机而提出的项目，可美国民间护林保卫队保护了森林资源，也为美国志愿者活动提供了成功范例。之后的1963年的快速公共工程队也发挥了和美国民间护林保卫队同样的作用。

虽然美国民间护林保卫队项目在1942年结束，但对环境保护的任务和工作并没有结束，环保任务反而日渐增多。在1970年，为了应对对年轻人不利的不断恶化的工作前景，青年保育队项目正式签署生效，具有了法律效力。在暑假期间，来自全国各地、各行各业的15岁到19岁的男女青年将在国家森林进行志愿活动。不论是项目的建立目的还是项目的具体工作，青年保育队和美国民间护林保卫队都有许多共同之处。弗兰克·哈里斯·阿姆斯特朗（Frank Harris Armstrong）把青年保育队比作美国民间护林保卫队的复兴，他在《论民间环保组织的复兴》（*Civilian Conservation Corps Revival*）中写道：

> ...indubitably a favorable and lasting impact has been made on many young people. The participating youths will be far more capable of managing our natural resources as they mature and assume positions of responsibility...①

大意是青年保育队对年轻人的影响是深远而持久的，对自然资源的影响更是深远持久。参加的青年人是以后森林保护的后备军，他们同时具备了能力和责任心。

1972年，《国家森林志愿者法》授权林业部部长招募和训练志愿者的权

① Frank Harris Armstrong, Civilian Conservation Corps Revival, *Journal of Forestry*, 1975.

力。不同于以上这些项目,《国家森林志愿者法》发起的项目多是由退休人员参与。

That the Secretary of Agriculture(hereinafter referred to as the"Secretary")is authorized to recruit,train,and accept without regard to the civil service classification laws,rules,or regulations the services of individuals without compensation as volunteers for or in aid of interpretive functions,visitor services,conservation measures and development,or other activities in and related to areas administered by the Secretary through the Forest Service. (*Volunteers inNational Forest Act of 1972*)

大意是,农业部部长(以下简称"部长")被授权招募、培训和接收志愿者提供政策解读、游客接待等服务的权力,鼓励志愿者为森林保护建言献策和参与森林保护。志愿者不纳入公务员体系,志愿者为森林保护提供无偿服务。

(二)1973年《濒危物种法》(*The Endangered Species Act*)

《濒危物种法》由尼克松总统在1973年12月28日签署生效,该法经过三十多年的立法完善、执法和司法实践,目前是美国生物多样性保护法律体系中的重要法律,也是美国联邦环境法中最强有力的部分。①

美国对物种的保护可以追溯到1900年的《雷斯法案》。然后就是《濒危物种保护法》(*Endangered Species Preservation Act of 1966*),后在1969年修订后改为《濒危物种保护法》(*Endangered Species Conservation Act*)。这两部法案主要是针对动物的保护。在1973年,80个国家齐聚华盛顿签署了《濒危野

① 参见陈冬:《美国〈濒危物种法〉介评》,《世界环境》,2006年第3期。

生动植物贸易公约》(*Convention on International Trade in Endangered Species of Wild Fauna and Flora*):在某些情况下,对国际贸易可能对动植物造成的危害进行限制。[①]之后,美国就通过了《濒危物种法》来保护野生动植物。

1973年通过的《濒危物种法》授权美国鱼类和野生动植物管理局(U.S. Fish and Wildlife Service,FWS)和国家海洋渔业局(National Marine Fisheries Service,NMFS)负责对濒危物种的保护与管理。公众参与是《濒危物种法》的一大特色，公众参与原则已深深渗入美国环境保护立法各项具体制度中，ESA各项制度几乎都对公众的知情权、参与权做了程序性或实体性规定,体现了公民、社会团体的监督权、参与权、知情权和评论权。[②]

许多人批评《濒危物种法》过分关注对动物的保护。针对这一情况,环保者正为植物争取平等的权益，以为生物学家和植物学家争取更多的资金支持,教育人们植物的重要性。[③]还有人批评《濒危物种法》是在强制性保护单一物种,而不是整个生态系统。实际上,该法案在生态系统管理方面发挥了极其成功的推动作用，最为瞩目的便是1994年实施的美国西北林业计划(Northeast Forest Plan)。这些关于土地使用方面的政策保护了森林和水生栖息地,使得稀有动物如斑点猫头鹰、斑海雀和太平洋大马哈鱼得以生存和繁衍。[④]在1989年,因为斑点猫头鹰栖息地的破坏,环保人士展开了一场关于“什么才是森林经营目标”的讨论。之后在1993年,克林顿总统在俄勒冈的波特兰举行了一场“林业峰会”。为了解决西北林业的管理危机,来自生态

---

① See U.S. Fish & Wildlife Service, *A History of the Endangered Species Act of 1973*, https://www.fws.gov/endangered/esa-library/pdf/history_ESA.pdf.

② 参见成克武、周晓芳、张炜银:《美国〈濒危物种法〉及其相关政策措施》,《世界林业研究》,2008年第4期。

③ See Earthjustice, *Citizen's Guide to the Endangered Species Act*, http://earthjustice.org/sites/default/files/library/reports/Citizens_Guide_ESA.pdf.

④ 参见陈轶翔:《写在〈濒危物种保护法〉通过四十周年之际》,《世界科学》,2014年第2期。

学、生物学、经济学、林学等各个领域的专家成立了森林生态系统管理评估小组(Forest Ecosystem Management Assessment Team),经过三个月的讨论,评估小组提交了一份长达1366页的研究报告,最后克林顿选择了其中一个方案——美国西北林业计划。美国密西根州立大学林学系的一篇文章这样评价道:"1994年12月21日,联邦法官德怀(Dwyer)最终裁决认为西北林业计划和《国有森林管理法》的要求相一致。这一裁决为西北林业计划的实施,保护以国有森林为栖息地的物种(包括没有被列入濒危物种的生物)提供了法律依据,也标志着美国国有森林管理模式已经从原先的注重单一物种保护(如保护花斑猫头鹰)演变成为一种生态系统管理方法。"①

《濒危物种法》还经常被拿来与《雷斯法案》进行比较。《雷斯法案》致力于打击个人和组织的野生动物犯罪行为,而《濒危物种法》的大量法律条文关注政府部门和内务部部长的法律权力和责任,意图从政府部门这一环节努力为物种提供较为适宜的生存环境。从某种程度上说,前者是常规的预防、打击犯罪的法律,后者是规范相关政府行政行为的法律,两者各有侧重、互为补充,为生物多样性提供了较为全面的保护。②

(三)1974年《森林与牧场可更新资源规划法》(*Forest and Rangeland Renewable Resources Planning Act*)

在1960年《多用途可持续高产法》的影响下,19世纪70年代的美国致力于国家森林的治理工作。这些法案大多以多用途和可持续为原则;同时,因为新的计划的需要,林务局雇用了一批专家——野生生物学家、土壤科学

① 孙顶强、尹润生:《西北林业计划:美国国有森林经营的经验与启示》,《林业经济》,2006年第2期。

② 参见秦红霞:《美国〈雷斯法案〉与〈濒危物种法〉比较》,《重庆科技学院学报》(社会科学版),2012年第13期。

家、景观设计师和水文专家。1974年,《森林与牧场可更新资源规划法》正式通过,为提高美国森林利用价值提供指导。

法案的通过为了服务于国家的利益。为了实现该目标,需要三方面的配合:第一,林务局和农业局需要建立可再生资源评估体系(Renewable Resource Assessment);第二,可更新资源项目要以《多用途可持续高产法》提出的多用途和可持续生产为原则;第三,要关注公众的参与度。

> The Congress finds that to serve the national interest, the renewable resource program must be based on a comprehensive assessment of present and anticipated uses, demand for, and supply of renewable resources from the Nation's public and private forests and rangelands, through analysis of environmental and economic impacts, coordination of multiple use and sustained yield opportunities as provided in the Multiple-Use Sustained-Yield Act of 1960, and public participation in the development of the program. (*Forest and Rangeland Renewable Resources Planning Act of 1974*)

大意是,国会认为,为了符合国家利益,可再生资源计划的制定,必须基于对国家公共和私有森林及牧场的可再生资源的当前和预期用途、需求和供应的全面评估,且必须基于环境和经济影响的分析。1960年《多次使用可持续收益法》提出可再生资源的多次使用性和可持续收益性,并强调公众应参与该计划的制定。

木材的循环利用、木材残余物的利用是该法案一直强调的话题。关于木材残余物,1980年国会还专门立法探讨它的使用。法案关于公众参与的定位十分准确。法案指出:国家的生产产品与服务的能力依赖于非联邦土地的可更新资源。联邦政府应该支持和鼓励私有土地者制定长远的发展计划。根据方案，林务局每五年都要对所开发的项目进行评估。由于法案的通过，林务局可以为项目获取必要的资金支持。同时由于法案的建立，长期的自然资源规划代替了年度的计划。

（四）1976年《国有林管理法》（*National Forest Management Act*）

二战之后，美国军人回家团聚，对住房所需的木材急剧增加。同时，二战之后的“婴儿潮”为美国带来了庞大的人口，人们对资源的需求也急剧增加。因此，满足人们日益增长的需求和保护环境成了当时社会的矛盾焦点。为了应对这一问题，美国先后通过了 1964 年《荒野法》、1973 年《濒危物种法》和 1974 年《森林与牧场可更新资源规划法》等。虽然还没有出现一部完善且详细的法案，但美国的森林保护法律日趋完善。

20 世纪 60 年代，美国国有林场的木材采伐问题引起广泛争议，尤其是蒙大拿州的比特鲁特国家森林公园和西弗吉尼亚州的莫农加希拉国家森林公园的乱砍滥伐问题受到人们的普遍关注。很多法律人士开始寻求国家立法，用于保护国有森林的原始自然状态。[①]在以上几部法案的基础上，国会通过了《国有林管理法》。

1976 年通过的《国有林管理法》具有承上启下的作用，它既是对之前森林法的发展，也为以后的森林立法确定了标准。

《国有林管理法》在一定程度上是对《森林与牧场可更新资源规划法》的完善，并把《森林与牧场可更新资源规划法》的第二部分到第十一部分作其第三部分到第十二部分，并做了一定的修改。

The Forest and Rangeland Renewable Resources Planning Act of

① 参见惠强：《美国〈国有林管理法〉的内容分析及其借鉴》，《世界农业》，2017 年第 5 期。

1974(88 Stat. 476;16 U.S.C. 1601–1610)is amended by redesignating sections 2 through 11 as sections 3 through 12, respectively; and by adding a new section 2 as follows.(*National Forest Management Act of 1976*)

因此,两个法律有极大的相似之处。《国有林管理法》包括以下议题与原则:第一,在 1979 年,林务局公布关于纤维生产潜力、木材在工厂的利用,以及木材废料和木材产品的回收利用;第二,重新造林(Reforestation);第三,可再生资源计划;第四,国家森林体系资源规划;第五,公众参与的原则与咨询委员会;第六,森林交通体系;第七,国家森林体系;第八,木材砍伐的限制。[①]

《国有林管理法》是对其他法律的发展与继承,在《森林与牧场可更新资源规划法》的基础上进一步强调重新造林的理念。国会倡导国有林系统的所有林地都应覆盖适合的树种,保持树木的成活率和增长率及良好的生长状态,以确保多用途可持续的高效产出,并符合国有林管理规划的要求。《国有林管理法》在修改了 1974 年《森林和牧场可再生资源规划法》的基础上,加强了对木材采伐的限制。

国家森林体系的建立是法案的内容之一。以美国查塔胡奇(Chattahoochee)国家森林公园为例, 在河流的 283 个入口中,22 个河流系统的 33 个入口的水源来自森林并服务于 256 万人。[②]

美国《国有林管理法》通过的直接因素是当时出现的对森林的过度砍伐,法案的通过在当时是为了对木材开发进行限制。在《国有林管理法》的框架之下,国会又通过了对于木材管理的具体法案。在 21 世纪,美国又通过了以

① 参见惠强:《美国〈国有林管理法〉的内容分析及其借鉴》,《世界农业》,2017 年第 5 期。

② See United States Department of Agriculture, *Quantifying the Role of National Forest System Lands in Providing Surface Drinking Water Supply for the Southern United States*, https://www.srs.fs.usda.gov/pubs/gtr/gtr_srs197.pdf.

森林健康为目标的法案。美国《国有林管理法》体现的是一种可持续的、多用途的生态系统经营的理念，首次以法律的形式规定了国有林发展的管理规划程序，并在具体实施中引入公共参与制度，被称为“具有划时代意义的法律”。[①]

（五）1978年《可更新资源推广法》（*The Renewable Resources Extension Act*）

按照《可更新资源推广法》，为了法案的施行，农业部需要制定为期五年的“可更新资源项目”（Renewable Resources Extension Program，RREP）。项目的目的和法案的目的是一致的，农业部指导并与各州项目的负责人和合格的高校进行合作。合作的主要项目是各类教育活动，通过教育项目，让个人、集体了解并且学会可更新资源是什么，自己应该做些什么。与大学的合作，也有利于为环保事业提供人才的支持。针对土地所有者，法案制定了“可持续林业推广计划”（Sustainable Forestry Outreach Initiative），希望通过该计划，让土地所有者明白可持续林业的重要性，以及学会如何发展可持续林业。不论是学校的项目还是土地所有者的项目，都为可更新资源这一任务提供了人力储备。除了人力的支持，还有资金的支持。从 2002 年到 2008 年，每年都会有 3000 万美元的财政支持与该计划配套。

> The Renewable Resources Extension Program shall provide national emphasis and direction as well as guidance to State directors and administrative heads of extension for eligible colleges and universities in the development of their respective State renewable resources extension programs，which are to be appropriate in terms of the conditions，needs，and

① 参见刘新晓爱：《美国国有林管理法研究》，北京林业大学 2016 年硕士学位论文，第 35 页。

opportunities in each State. (*The Renewable Resources Extension Act of 1978*)

大意是，可更新资源推广法为各州项目的负责人和合格的高校之间进行合作提供指导和方向。合作要建立在充分考虑各州具体条件、需求和机遇的基础上,设计符合各州的可更新资源项目。

在 2005 年到 2009 年的五年计划中，总共拥有 1670 万公顷土地的 317000 人参加了 4300 场可更新资源教育活动,有 580 万人从教育工作者获得了信息,21000 个森林和牧场业主在其土地上至少采取了一种新的保护措施,参与的牧场主和农场主赚到或者节约了 1.9 亿美元,由于 RREP 项目,超过 1400 家企业建立或者扩大经营。①

(六)1980年《木材残余物利用法》(*Wood Residue Utilization Act*)

进入 20 世纪 80 年代,美国在强调环境保护的同时,也开始重视森林的综合效益,更加注重经济效益、社会效益和生态效益的综合发展。

《木材残余物利用法》的目的是为了发挥木材剩余物的经济价值,提高木材在住房、商业、工业和发电站的利用率。通过森林产品,发挥木材开采和森林保护与管理的经济价值。为了实现这一目标,法案还要求林务局开展试点项目来完成既定目标。在 1982 年、1983 年、1984 年和 1985 年,每年都会有 2500 万美元用于试点项目的开展。

The purpose of this Act is to develop, demonstrate, and make available

① See National Institute of Food and Agriculture, *Sustaining the Nation's Forest & Rangeland Resources for Future Generations*, https://nifa.usda.gov/sites/default/files/resource/RREA_Strategic_Plan_2012_2016.pdf.

information on feasible methods that have potential for commercial application to increase and improve utilization, in residential, commercial, and industrial or power plant applications, of wood residues resulting from timber harvesting and forest protection and management activities occurring on public and private forest lands, and from the manufacture of forest products, including wood pulp.（*Wood Residue Utilization Act of 1980*）

大意是，该法案的目的是开发，证明和提供有关可行方法的信息，这些可行方法具有商业应用潜力，以提高和改善在住宅、商业、工业或发电厂应用中木材采伐和砍伐所产生的木材残留物的利用率。在公共和私人林地上，以及从包括木浆在内的林产品的生产中进行的森林保护和管理活动。

法案规定的试点项目结束后，美国也开始了木材剩余物的研发使用，并且通过成功案例来指导木材剩余物的科学使用，美国各相关部门及个体也继续支持着木材剩余物的开发利用。例如成立于 1986 年的雷纲木材回收公司(Rainier Wood Recyclers)，该公司就是以加工木屑为主业，木屑可以用来制造家具、景观产品和锅炉燃料。正是因为这个项目成功研发，每年有 18 万吨木材剩余物免于直接被填埋。就经济效益来说，销售木片的收入足以抵销与生产木屑相关的收集、处理和运输成本。[①]美国十分重视可再生资源的开发与利用，在 2011 年，美国从事可再生化学品和先进生物燃料生产的杰沃(Gevo)公司从美国农业部得到 500 万美元拨款，用于对林产品残余物的开发利用。该项目将致力于通过开发高价值生物基联产物代替石化产品提高木材基燃料的盈利能力。[②]对于美国这个能源消耗大国，资源的浪费问题和

① See United States Department of Agriculture, *Successful Approaches to Recycling Urban Wood Waste*, https://www.fpl.fs.fed.us/documnts/fplgtr/fplgtr133.pdf.

② 参见《美国拨款 500 万美元给 Gevo 公司开发纤维素喷气燃料》，《石油化工》，2011 年第 12 期。

资源的利用问题同样重要，通过技术的支持，既可以解决资源浪费的问题，也可满足能源消耗大国对能源的需求。

（七）1990年《国家印第安森林管理法》（*National Indian Forest Resources Management*）

印第安森林作为美国森林的一部分，同样也需要受到保护。另外，部族森林可以保护印第安人民的环境、文化和经济利益，同时也为非印第安社区创造就业机会和收入及重要的生态系统价值。如清洁水和空气、物种栖息地和碳储存。1990 年《国家印第安森林资源管理法》的颁布为联邦信托管理的一系列挑战和目标提供指导，以支持印第安森林的可持续管理。

法案通过后一年，内政部部长需要发布对印第安森林及其管理的初步评估。除了初步评估，内政部部长每十年需要定期发布评估。法案比较特殊的是在印第安社区和阿拉斯加进行教育援助，合格毕业之后的当地人，政府优先考虑将他们安置在当地印第安森林做管理工作。

> Within 1 year after November 28, 1990, the Secretary, in consultation with affected Indian Tribes, shall enter into a contract with a non-Federal entity knowledgeable in forest management practices on Federal and private lands to conduct an independent assessment of Indian forest lands and Indian forest land management practices. (*National Indian Forest Resources Management of 1990*)

不包括阿拉斯加，印第安最初的 24 亿英亩土地减少到 5700 万英亩。通过对美国 36 个州和 334 个印第安人保留地的评估，制定了专项的重新采购计划,印第安部落逐步将其累积森林持有量增加了 280 万英亩。[1]在印第安人保留的 1800 万英亩林地中,有 600 万英亩被认为是商业木材林地,近 400 万亩是商业林地,800 多万英亩是非商业性森林和林地的混合物。超过 100 万英亩森林已经由部落政府安置为文化和生态保护区。[2]

第三节　美国森林法的升华阶段

经过一个世纪的发展,美国的森林保护法案已经趋于成熟。但是面对复杂且不断变化的环境问题，美国还是不遗余力地进一步完善环保法案来面对和解决环境问题,20 世纪 90 年代的美国森林保护因此又进入了一个新的阶段。发展于 80 年代的“新林业”经济理论逐渐被政府重视。1989 年和 1990 年,美国国会曾先后两次邀请新林业的倡导者富兰克林(J.F.Franklin)赴华盛顿参加众议院关于新林业的听证会。他还应众议院等人之邀,提出了一个包括研究、教育、实践和社会机构等推行新林业的庞大的综合计划。[3]之后美国通过的森林保护法,无不体现了新林业的理念。这一时期美国先后出台了《食物、农场保育及能源法》(*Food,Environmental Conservation and Energy Act of 2008*)、《美国经济恢复和再投资法案》(*American Recovery and Reinvestment Act of 2009*)和《森林生态系统恢复和保护法》(*Forest Ecosystem Recovery and Protection Act of 2010*)等多部法律。

①② See The Indian Forest Management Assessment Team, *Assessment of Indian forests and forest management in the United States Final report*, *Volume 1*, http://faculty.washington.edu/stevehar/IFMAT_III_Vol_Ⅰ.pdf.

③ 参见赵士洞、陈华:《新林业——美国林业一场潜在的革命》,《世界林业研究》,1991 年第 1 期。

一、2008年《食物、农场保育及能源法》(*Food, Environmental Conservation and Energy Act*)

《食物、农场保育及能源法》是一部相当详尽的法案，法案分为十五部分，第二部分的“保育”、第七部分的“森林”体现了对自然—森林生态系统的保护。根据法案，《食物、农场保育及能源法》的林业部分基于过去的农场法案，主要支持以下几个方面：改善私人森林保护、防止非法采伐、恢复灾后的私人森林、加强森林保护计划。法案提出了优先事项：维护多种用途的工作林、保护森林免受害虫侵害、提高私人森林对公众的好处。

> PRIORITIES—In allocating funds appropriated or otherwise made available under this Act, the Secretary shall focus on the following national private forest conservation priorities, notwithstanding other priorities specified elsewhere in this Act. (*Food, Environmental Conservation and Energy Act of 2008*)

二、2009年《美国经济恢复和再投资法案》(*American Recovery and Reinvestment Act*)

2008 年，美国爆发了新一轮的经济危机；2009 年 2 月 17 日，奥巴马总统签署的《美国经济恢复和再投资法案》也被称为“恢复与投资法”，此时国家正经历自大萧条以来最严重的经济和金融危机。在该法案通过之前的一年里，私营雇主解雇 460 万人，仅 2 月份又有 69.8 万人离职。按实际国内生产总值(GDP)衡量，美国正处于战后时期最严重的衰退之中。该法案是为了应对2008年经济危机，也是为了建立一个稳定的经济环境。联邦政府依据该法案资助了512个项目，用来开展林内可燃危险物清理、森林环境保护、灾后恢复重建等活动，同时创造就业机会和恢复私有、州有和国有林，其中有近170个项目致力于减少森林火灾，以保障森林健康。①

"恢复与投资法"还投资于恢复或改善基础设施。投资10亿美元给国家公园管理局、鱼类和野生动物管理局、林务局延期维修设施和小径，以及进行其他关键的修理和修复项目。这些项目有助于支持维持户外休闲所需的基础设施建设，有利于公共土地的游憩。②

三、2010年《森林生态系统恢复和保护法》(*Forest Ecosystem Recovery and Protection Act*)

2010年4月28日，怀俄明州的一名女众议员辛西娅·卢米斯向国会提交了法案申请。之后在2010年的6月，来自科罗拉多的一位众议员和另外两位来自犹他州的众议员也加入了法案的申请。③

根据法案，农业部和内政部指定25个示范项目。这25个项目分别位于亚利桑那州、加利福尼亚州、科罗拉多州、爱达荷州、蒙大拿州、内华达州、新墨西哥州、俄勒冈州、南达科他州、犹他州、华盛顿和怀俄明州。

COVERED STATE. —The term"covered State"means the States of Arizona, California, Colorado, Idaho, Montana, Nevada, New Mexico, Oregon,

① 参见赵铁珍、柯水发、韩菲:《美国林业管理及林业资源保护政策演进分析和启示》,《林业资源管理》,2011年第3期。

②③ See Council of Economic Advisers Council, The Economic Impact of the American Recovery and Reinvestment Act Five Years Later, Political Studies, Vol.3, 2, pp.133-142. Jun.1995.

South Dakota, Utah, Washington, and Wyoming.（*Forest Ecosystem Recovery and Protection Act of 2010*）

农业部和内政部确定项目森林内的具体项目地点，并为这些地点开展松树甲虫预防、减灾或森林恢复项目，满足每个项目地点需求的管理合同的签署。

授予支持林业开发的补助金：①按规定参与松树甲虫防治和森林恢复活动，②使用从这些活动中获得的森林治理资料。

授权在国家森林体系或公共土地上：①指定昆虫或疾病的应急区域，出于对人类健康和安全的目的，按具体情况将死亡和将死的树木移除；②利用各州的森林护林人提供森林、牧场和流域恢复和保护服务；③从国家交通部门、州或联邦公共事业委员会或私有企业的区域移走死亡的树木。

第二章　美国野生动物保护法

美国地域面积930多万平方千米，十分广阔。在这片广袤的大地上，生存有379种兽类、700余种鸟类和400余种两栖爬行类动物，具有十分丰富的野生物种资源。在美国，保护野生动物的观念也已经深入人心，随处可见动物与人和谐相处的场景。寻常人家的后院时常有小松鼠出没，居民区里丛林较密的地带，常见麋鹿三五成群地栖息觅食。

不过美国今天的生态文明形成得并不容易，其间经历了漫长的过程，公众意识也经历了很大的转变。

美国建国之初，北美大陆上的野生物种资源极为丰富，而且单品种生物数量庞大，如美洲野牛、棕熊、美洲驼鹿等。一些公众认为野生动物资源取之不尽，联邦政府的土地也向公众开放，人们四处耕种、放牧、狩猎、采矿和定居。尽管地方政府也出台法律，对猎取价值高昂的物种施加一定限制，但多半形同虚设。美国人一直都秉持着征服自然的思想，对自然资源的大规模开发使得美国得以有繁荣的物质基础。

然而19世纪后期的工业革命催生了庞大的劳动力大军和城市人口，为满足人们的食物需求，北美野牛和珍稀水鸟等野生动物遭到市场化屠宰，生态格局被严重破坏。工业化时期，人们对野生动物的狩猎规模达到高潮。至19世纪末期，过度捕猎导致野生动物的栖息地大量流失，野生动物资源急剧减少。过去数量庞大的原生旅鸽和新英格兰草原松鸡濒临灭绝，原野上的北美野牛也近乎绝迹。

野生动物急剧减少和灭绝的情况促使美国的自然保护工作开始出现。为了加大对野生动物的保护力度，美国采取了一种先进的保护理念，不仅将保护重点放在野生动物本身，还注重对野生动物生活环境的保护。为此，美国联邦政府及州政府不仅出台了一系列相关法律，相关环保组织和协会也应势而生。本章将详细介绍几个具有代表性的大陆和海洋野生动物法案及保护机构。

第一节　野生动物保护机构

一、美国国家野生动物联盟（National Wildlife Federation，NWF）

美国国家野生动物联盟是美国最大的私立非营利性鸟类保护教育和宣传组织，拥有超过600万名的成员和支持者，影响范围遍布美国各州，以及波多黎各和维尔京群岛。该联盟的成立离不开美国总统富兰克林·罗斯福和美国环保主义者杰伊·诺伍德·达林的支持与努力。在罗斯福的组织下，野生动物总联盟于1937年在密苏里州的圣路易斯成立，并于1938年更名为“国家野生动物联盟”。

联盟以“为了孩子的未来，激励美国人民保护野生动物”为宗旨，注重环保教育和保护野生动物栖息地工作，为保护野生动物做出了很大贡献。在宣传教育方面，国家野生动物联盟通过杂志、电视节目和电影等大众传媒宣传野生动物的重要性，普及野生动物保护的知识；对于野生动物及其栖息地的保护，联盟则已经做出了许多成效。

（一）挽救日益减少的湿地

联盟成立不久就与另一个环境保护机构——密西西比野生动物联盟携手保护野生动物的栖息地。当时美国政府计划将密西西比河三角洲地区20000多公顷的重要水禽湿地栖息地通过排水改造成耕地，纳税人需要为这个计划的排水方案——亚组泵——缴纳2.2亿美元，这一项目还因其对野生动物栖息地的破坏而引起了巨大争议，因此被搁置了几十年。

前任密西西比野生动物联盟主席兼国家野生动物联盟董事会成员杰拉尔德说道："本能从这一改造项目中获益巨大的大型农业利益团体指责阻碍我们，说我们这些环保人士对野鸭的重视都超过了人类，但是我们知道该地区的生态完整性已经遭到了严重破坏，这对这一地区的居民和野生动物来说都是很大的威胁，所以我们坚持反对这项计划。"

最后在成千上万的联邦成员和该项目反对者的努力下，美国当局于2008年否决了这项排水计划。这是野生动物联盟及其同盟第一次（也是时间最长的一次）成功地保护了水鸟及其他本地野生动物的栖息地。

至今该联盟仍在积极支持湿地保护措施的施行，比如助力《清洁水法案》（*Clean Water Act*）对数百万公顷沼泽地和美国60%溪流的恢复，尽力挽救石油危机导致的栖息地减少问题等。联盟还率先关注石油泄漏对海豚、鹈鹕、海龟和其他墨西哥湾物种带来的严重灾难。2015年，联盟积极推动了美国历史上最大的环境法庭案件的解决，使得案件中的基金得以用于保护该地区的栖息地。

为了进一步保护密西西比河三角洲的野生动物，路易斯安那州野生动物联盟与野鸭基金会携手开展了“消失的天堂”这一影响范围广大的活动，该活动的目的是恢复逐渐消失的水鸟栖息沼泽地，现在每年冬天都会有3万至5万只水鸟迁徙到该地区。[①]

(二)挽救濒危野生动物

1951年，美国国家野生动物联盟及其分支机构第一次开始保护一种特定物种——礁鹿，它是白尾鹿的亚种，在美国甚至很少有人知道这种鹿的存在。这种鹿体型比较小，站立时不到1米高，它们只有一个栖息地，就是佛罗里达礁群，而当时其数量只有不到50只。在联盟的努力下，国家礁鹿保护区才得以在1957年在大松礁岛设立。此外，联盟还不遗余力地保护那些被列在1966年第一份官方公布的濒危物种名单上的物种。

自此以后，保护濒危动植物一直是美国国家野生动物联盟的优先任务。该联盟及其下属机构不仅努力保护那些濒危的物种，而且为了整体生态系统的平衡，还大力保护野生动物栖息地。

2010年，美国国家野生动物联盟成功推动了一宗具有里程碑意义的法律案件的判决，此案的结果是联邦应急管理局停止了对鹿和其他几种野生动物栖息地的开发。这一案件还为联邦洪水保险的颁布开了先例。

(三)为野生动物争取更多自由活动的空间

2015年夏天，国会将爱达荷州的博尔德白云山列为联邦自然保护区，这一措施保护了美国西部一些最具标志性的物种，比如努克鲑鱼、美洲鲑、叉角羚、美洲狮和驼鹿等。该保护区的建立与美国国家野生动物联盟及其分支机构即爱达荷州野生动物联盟的长期努力密不可分。20世纪70年代，美国

---

① See Mark Wexler, Guardians of Abundance, *National Wildlife*, 2016, pp.24–33.

国家野生动物联盟向美国林业局提起诉讼，控诉一矿业公司不应为了便于采矿而在白云山地区修建道路，这也是该机构首次提起诉讼，成功地阻止了这一破坏野生动物栖息地的行为。

二、全国奥杜邦学会（National Audubon Society）

20世纪初，美国流行利用鸟的羽毛装饰妇女的帽子，鸟肉也大量出现在餐桌上，因此很多野生鸟类遭到捕杀。为了遏制这种对鸟类的无节制的猎杀现象，乔治·格林尼奥先生于1886年成立了奥杜邦学会。该学会是世界上同类组织中历史最悠久的非营利性民间环保组织，为纪念美国鸟类学家、博物学家和画家约翰·詹姆斯·奥杜邦，学会用他的名字而命名。学会总部设在纽约，在美国各地设有500多个分支机构，有超过55万名会员，还有300位左右包括科学家、教育家在内的专职工作人员，大批志愿者和遍布美国的100多个保护区。①

目前，奥杜邦学会通过立法、理念的倡导、禁猎区的管理、科学研究、扩大参与层面与教育等多种途径对抗来自不同领域的威胁，但最重要的还是对鸟类栖息地的保护。一个多世纪以来，学会一直致力于鸟类保护工作，并取得了许多工作成效。

1924年，全国奥杜邦学会在纽约蚝湾建立了第一个鸟类保护区——罗斯福西奥多鸟类保护区。该保护区由罗斯福后人捐赠，用于研究鸟类保护，其占地12英亩，俯瞰着前总统罗斯福的墓地。今天，这块保护区已经成为功能齐全的奥杜邦研究中心，每年接待10万人次前来进行鸟类保护现场培训或在校课程培训。②

---

① 参见焦玉洁:《全美奥杜邦学会》,《NGO之窗》,2012年第3期。

② See David Miller, Celebrating National Audubon Society's Centennial, *New York State Conservationist*, 2005, pp.1–5.

20 世纪 70 年代末，一生致力于保护环境的商业巨子劳伦斯·洛克菲勒将其私有的一块位于雄伟的暴风王山下哈德逊河附近的土地捐赠给了国家，成为宪法沼泽保护区，但是捐赠的要求是该保护区要由奥杜邦学会来管理。今天，宪法沼泽保护区在奥杜邦学会的管理下俨然已经成为哈德逊河谷上的一颗明珠。

有着黄金色面颊的莺是得克萨斯州中部的原生物种，但它所用于筑巢的橡木和杜松树木已遭到大量砍伐，生活区域也遭侵占，成为人类居住、道路、畜牧场，甚至成为湖泊或因建设水库而被淹没。为了提高人们对鸟类困境的认识，2017 年，特拉维斯奥杜邦鸟类保护协会与得克萨斯州奥斯汀的酸啤酒专家——蓝色猫头鹰啤酒厂（Blue Owl Brewing）合作，为金颊黑背莺酿造了一款特制啤酒。

此外，美国相关政府部门及一些其他环保机构也在野生动物的保护方面发挥了极其重要的作用。

据美国环保组织报道，全国每年有 100 万只脊椎动物因公路交通而死亡。以佛罗里达州为例，1980 年至 2003 年，该州人口由 970 万猛增到 1700 万，几乎翻了一番。与人口膨胀随之而来的城市的扩张、高密度的车辆、高速公路的延伸，以及日渐被破坏的栖息地，都给当地的野生动物种群带来了极大的威胁。生活在该州的美洲狮是世界上最为珍贵和濒危的野生动物之一，该州美洲狮数量仅百余只。然而从 1978 年至 1994 年，已经有 20 头美洲狮丧生在车轮之下，6 只受重伤。2001 年更是野生动物的灾难性的一年，仅 3 个月就有 7 头美洲狮被撞死在高速公路上，相当于 2000 年全年的死亡总数。黑熊是佛罗里达另一个重要野生动物种群，它们也同样有着令人担忧的命运。1976 年至 2002 年已经有超过 800 只死于交通事故，其中仅 2001 年、2002 年两年就有 234 只，占死亡总数的 30%，这与公路的快速发展密切相关。

为此，美国政府做了一系列努力。1994 年，佛罗里达州鱼类及野生动物保护委员会在该州的 46 号公路上建立了"黑熊通道"——将公路架高以给动物提供一个明亮清晰的视野、减少动物对黑暗狭窄通道的畏惧心理;在公路的一侧种植成排的松树以引导黑熊顺利走进通道;为了监测黑熊是否能够顺利通过,委员会还在黑熊迁移的主要路线两侧购买了 40 英亩土地加以观察和保护,结果发现通道建成后至少有 12 种其他野生动物从中获益。南佛罗里达州也陆续建成 24 座美洲狮通道。该通道同样采取地下通道形式,设计者通过无线跟踪定位确定建立通道的最佳位置,在公路两旁架起了高达 3 米的防护网,防止动物穿越繁忙的公路。①

之后,美国联邦高速公路管理局和美国交通部于 2011 年印发了《野生动物通道结构手册》(*Wildlife Crossing Structure Handbook Design and Evaluation in North America*),该手册对通道设计具有重要的参考意义,野生动物通道已经像人行道和过街天桥一样,成为美国公路、铁路建设中不可或缺的组成部分。

综观美国野生动物保护法及野生动物保护的案例我们可以发现,今天美国野生动物的保护成果不是单靠政府、某部法律或者某个机构的执行力实现的,而是整个社会共同努力的结果。

第二节 《雷斯法案》(*Lacey Act*)

19 世纪末,美国本土鸟类数量的减少促使艾奥瓦州国会议员约翰·F.雷斯(John F. Lacey)将《雷斯法案》经众议院提交到美国国会,并在 1900 年 5 月 25 日由时任总统威廉·麦金利签署。该法案旨在通过打击州际之间鸟类

① 参见张瑜:《车轮下的野生动物》,杭州网,http://jrsh.hangzhou.com.cn/ent/content/2011-09/23/content_3893166_3.html。

的非法运输和控制外来物种的入侵来保护当地鸟类。《雷斯法案》是美国最古老的保护野生动物的联邦法律，迄今为止仍然是美国打击野生动物非法贸易的有力武器之一。

一、制定背景

(一)鸟类数量减少造成农业减产

19 世纪末 20 世纪初，美国国会议员约翰·F.雷斯(John F.Lacey)发现当时的农业减产与鸟类数量的锐减密切相关。他发现其所在的艾奥瓦州信鸽灭绝，松鸡和草原鸡等数量急剧下降。而且由于对羽毛、野味和宠物等的需求，鸟类大量向国外出口，州际之间的鸟类贸易也十分盛行，以营利为目的的非法猎捕泛滥，过度猎捕对鸟类的生存构成了主要威胁。此外，一些外来物种的引进，如英格兰麻雀和来自法国的一种粉红色花等也对本地物种的生态平衡造成了程度不一的影响。在农业受到影响的情况下，雷斯认为有必要采取措施保护鸟类来促进农业发展。

(二)“州有政策”和“贸易条款”阻碍动物保护

当时联邦层面没有保护动物更没有专门保护鸟类的法律。很多州有野生动物保护法，但对本州动物的保护因“州有政策”和“贸易条款”的限制而往往力不能及。

根据“州有政策”，各州对本土野生动物具有所有权，而且对它们的出口具有联邦政府和其他州无法干涉的专属权力。“贸易条款”则剥夺了各州在本州内对州际贸易过程中的任何商品的控制权，因为规范州际贸易的权力集中于联邦政府。所以各州无法阻止对本州有害的动物的进口，对非法进入本州的外来动物及非法贸易者无权处理，也无法管理非法进口动物在本州内的贸易，从而这一状况对本土动物的管理也造成困难——即使某州在禁猎期禁止一切本土动物的猎捕和买卖，但是种种伤害野生动物的行为仍屡禁不止。因此，各州在本土物种的保护上遇到了瓶颈。

（三）雷斯先生的对策和目的

首先，考虑到要求把野生动物置于联邦政府的直接管理之下可能会遭到“州有政策”拥护者的激烈反对，雷斯建议保留各州对本土动物的所有权，但规定一切在州际贸易中装运任何州法律所禁止捕杀的野生动物的行为都触犯了联邦法律，以此控制包括有害物种在内的野生动物的进出口。其次，雷斯在法律提案中规定，在州际贸易活动中，所有装运野生动物的集装箱或包裹都必须清楚地做标识、贴标签，加强进出口贸易控制。再次，雷斯建议联邦政府豁免野生动物的“贸易条款”，即授权各州管理进入各自境内的野生动物，规范其境内的所有野生动物贸易，不管是本土动物还是外来动物，有效加强境内野生动物管理。值得一提的是，为修复生态平衡，雷斯还特别要求农业部协助再次引进灭绝和濒危鸟类。该法案提案后来被签署为法律，并以雷斯先生的名字命名。

需要指出：第一，《雷斯法案》的保护对象虽然指向动物，但它在立法之初本质上是一部为保护农业，促进农业发展而保护、恢复鸟类生态平衡的法律，不但禁止捕杀受保护的鸟类，而且关注外来鸟类和其他动物可能对本地生态系统造成的影响。第二，《雷斯法案》本身没有规定哪些动物为保护对象，它通过禁止在州际贸易中装运任何州保护的动物，而实质上在全国范围内帮助实现了各州的物种保护目的。从这个意义上说，它是各州物种保护法律的协助和补充，为各州物种保护法律目的的实现扫除了障碍，创造了条件。

(四)保护措施

《雷斯法案》规定,买卖、运输、进出口或获取任何违反国际、联邦或者州保护法而获得的鸟类都是违法行为。该法案由美国鱼类及野生动物管理局执行。

法案规定运输鸟类要对其进行准确标记，伪造进出口文件被视为违法行为。美国司法部可以通过民事或刑事指控起诉违法行为。

《雷斯法案》对具有危害性的外来物种制定了相关规定,因此美国鱼类及野生动物管理局会限制并管理外来入侵物种。管理局会从外来物种对当地野生动物栖息地、对受威胁动物及濒危物种和相关产业的影响等方面来进行管理。未经美国鱼类及野生动物管理局的允许,法案中列出的危害物种不能在州际之间运输,也不能在国际上进出口。

《雷斯法案》中列出了200多种有害的哺乳动物、鸟类、鱼类、软体动物、甲壳动物及爬行动物等物种(见图2-1);美国的38个主要机场、港口和出入境关卡处都驻扎有3名野生动物检查员监测进出口状况，以确保不会出现运输有害物种的情况。

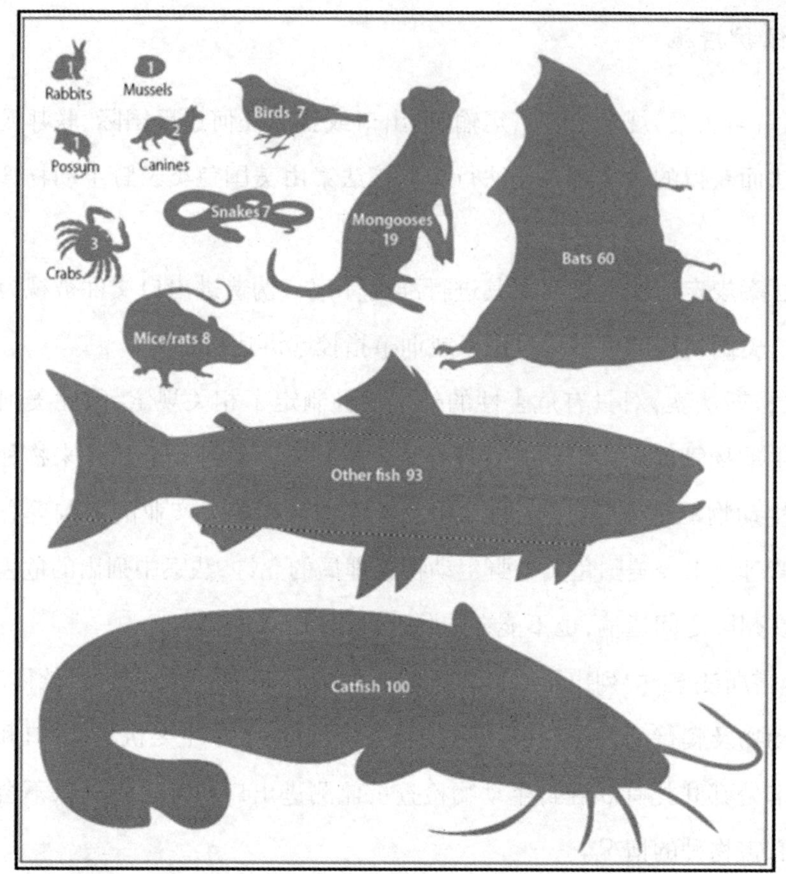

图 2-1 《雷斯法案》中规定的有害物种比例图

来源：美国国会研究服务部（The Congressional Research Service）

二、《雷斯法案》的修订

《雷斯法案》至今已百余年。在这一百多年中，该法案随着野生动物非法贸易情况的不断变化经历了多次修订，最为重要的关乎野生动物保护的是1969 年、1981 年和 1988 年的修订，其中 1981 年与《黑鲈法案》合并。现在的《雷斯法案》与时俱进，适用领域更加广泛，成为美国联邦野生动植物资源保护执法体系的基础。

(一)1926年《黑鲈法案》的制定(*Black Bass Act*)

1926年,黑鲈被捕捞过度,各州对此难以控制。国会认为有必要采取联邦措施来防止该物种的灭绝,于是《黑鲈法案》颁布实施。《黑鲈法案》在很大程度上是《雷斯法案》的黑鲈保护版本,而且在后者基础上向前迈进了一步。除了非法捕杀的行为外,《黑鲈法案》还禁止运输违反任何州法律和领土法进行销售、购买或占有黑鲈之行为。对于违法者的处罚,在《雷斯法案》规定的200美元罚款外,增加了3个月以下监禁的刑事处罚。《黑鲈法案》还把违法主体的概念从个人扩展到公司、合伙、社团、协会和公共承运人。

(二)1930—1952年《雷斯法案》和《黑鲈法案》的修订

1930年《黑鲈法案》增加了两条值得注意的规定:①《雷斯法案》规定装运野生动物的集装箱或包裹必须做标识、贴标签,否则违法。《黑鲈法案》在此基础上规定,做虚假标签之行为也违法,后被《雷斯法案》效仿。②指定内务部所属渔业及野生动物体育局的人员进行相关执法, 并有权对当场进行的违法行为实施逮捕、搜查和没收。此条被《雷斯法案》吸收且在后来的修订中得以完善。

1935年《雷斯法案》的修订参照了《黑鲈法案》的很多可取之处。如扩展了违法主体的概念和运营者的范围(不再局限于公共承运者),把来源法从任何州法律扩展到联邦和外国法律,增添虚假标签行为为违法行为,最高罚款上调至1000美元并增加了最多6个月的监禁条例。

1947年《黑鲈法案》的保护对象扩大到一切食用鱼,1952年扩大到一切鱼类。执法人员发现野生动物在非法运输过程中死亡率较高,因此1949年《雷斯法案》增立新规:禁止在不人道、不健康的状态下运输野生动物和鸟类。[①]

(三)1969年《雷斯法案》和《黑鲈法案》的修订

随着人们日益意识到环境问题的重要性,1969 年国会通过了包括《雷斯法案》修正案、《黑鲈法案》修正案和《濒危物种法》第二稿在内的议案。该议案对《雷斯法案》进行了大规模修改:野生动物的概念涵盖至两栖动物、爬行动物、软体动物和甲壳类动物;罚款和监禁上限分别提至 10000 美元和 1年;但对构成刑事处罚的犯罪要求提至“明知故犯”,构成民事犯罪仅要求“知道”或者“应当知道”;为避免与《候鸟协定法案》冲突,把后者保护的鸟类排除出保护范围等。《黑鲈法案》也把规范范围扩至州际贸易和国际贸易,把犯罪要求提至“知道”或者“应当知道”。[②]

(四)1981年《雷斯法案》与《黑鲈法案》的合并

鱼类和野生动物犯罪逐步向有组织、大规模方向发展。每年产生巨额利润, 也给环境带来严峻的负面影响。国会意识到相应的法律滞后于犯罪现状,提出修订法律以弥补缺陷来更好地打击犯罪。

在这个背景下,《雷斯法案》与《黑鲈法案》融合为一个新的法案——《1969年雷斯法案修正案》。这个新的法案在原有基础上做了大量修改,如:

(1)把曾经排除出《雷斯法案》《候鸟协定法案》保护的鸟类重新纳入保护范围,因为在执法实践中发现《候鸟协定法案》无法应对这些物种的非法州际贸易问题。

(2)因植物的非法采集也威胁了物种生存,部分本土植物也被纳入保护

---

① See Robert Anderson, The Lacey Act: America's Premier Weapon in the Fight Against Unlawful Wildlife Trafficking, *Public Land Law*, Vol.16, 1995, pp.36–44.

② See Interior Department: The Lacey Act(18 U.S.C.42; 16 U.S.C.33713378)[EB/OL]. http://library.findlaw.com/1999/Mar/18/128202.html.

范围。

（3）由于"明知故犯"的刑事处罚定罪要求需要执法人员提供证据，证明被告不仅知道所涉野生动物的违法性，而且知道自己的行为触犯了《雷斯法案》。面对日益猖獗的犯罪行为，取证艰难而费时，司法难度较大，新法把该要求降低至被告或者知道自己的行为触犯了《雷斯法案》，或者应当知道所涉野生动物的违法性。两个条件满足其一就构成刑罚，而且在所涉野生动物的违法性上只要求"应当知道"。

（4）因装运者难以鉴别皮毛和鱼类种类，放松了做标识的要求。

（5）重罪的民事和刑事处罚上限分别提至 20000 美元和 5 年，轻罪分别提至 10000 美元和 1 年。

（6）允许联邦野生动物执法机构人员携带枪支，对涉及野生动物的重罪犯罪行为有权无证逮捕，有权签发搜查令和逮捕令。

修订后的《雷斯法案》使定罪颇为容易，但使狩猎爱好者也可能因狩猎获罪，因此法案遭到了他们的反对。但日益猖獗的野生动物非法贸易促使更多人支持更严厉的法律，最终压倒了反对声。①

（五）1988年《雷斯法案》的修订

1988 年修订进一步扩展了适用范围：①将提供或接受指导或装备以进行相关非法活动的行为视为违法。②1988 年前，正在进口、出口或运输的货运的虚假记录才视为违法；1988 年规定，与进口、出口或运输有关的货运虚假记录也违法。③允许联邦野生动物执法官员无证逮捕当场触犯任何联邦法律者、有理由相信其犯了重罪或者正在犯重罪，而这很大程度上是出于对执法官员的保护。之前野生动物执法官员在执法过程中经常遭遇其他犯罪

---

① See Robert Anderson, The Lacey Act: America's Premier Weapon in the Fight Against Unlawful Wildlife Trafficking, *Public Land Law*, Vol.16, 1995, pp.47-49.

（如因检查动物运输的工作人员相对较少，毒品走私者经常把毒品藏匿在装运动物的运输工具中），对此他们无权采取行动，却容易招致犯罪分子的攻击；如果采取行动，则可能面临民事侵权的指控。①

三、法律效力

（一）黑市犀牛交易粉碎行动

黑市犀牛交易粉碎行动是一项持续性的全国范围的打击犀牛违法交易的行动，由美国鱼类及野生动物管理局、环境和自然资源局联合展开，调查起诉犀牛角和其他受保护物种的黑市交易。美国联邦法和国际法都将犀牛列为受保护对象，《濒危物种法》（*Endangered Species Act*）甚至还将黑犀牛列为濒危物种。2014 年，管理局成功地起诉了几个进行犀牛角贸易的主要非法贩卖者。

美国诉李志飞案是一个典型案例，李志飞是山东一家名为“海外寻宝”（Overseas Treasure Finding）公司的所有人，他曾将走私过来的犀牛角贩卖给一个工厂，该工厂将犀牛角制成假古董并再次进行销售。在走私的过程中，这些犀牛角被胶带包起来藏在花瓶里并被贴上瓷花瓶或手工艺品的标签以蒙混过海关的检查，雕刻假古董剩下的犀牛角会因其所谓的“药用价值”而进行出售。李志飞承认曾带领三名美国古董商并帮助他们走私，其犀牛角雕刻品以 242500 美元的价格卖给了一个中国客户。李志飞于 2013 年 1 月被捕，当时他以 5.9 万美元在佛罗里达州迈阿密海滩一家旅馆从一位美国渔业与野生动物局卧底的手中购买了两个濒临灭绝的黑犀牛牛角。李志飞对包

① See Robert Anderson, The Lacey Act: America's Premier Weapon in the Fight Against Unlawful Wildlife Trafficking, *Public Land Law*, Vol.16, 1995, pp.50–51.

括违反《雷斯法案》走私罪、制作假野生动物文件等在内的11宗指控认罪，被判刑70个月、没收犯罪活动所得的350万美元和一些亚洲文物。[①]英国路透社报道称，这是因走私野生动物在美国获刑时间最长的案件之一。

美国诉斯莱特里案概况如下：2010年，斯莱特里及其同伙以稻草人买家的身份在得克萨斯的首府奥斯汀的拍卖会上购买了两个犀牛角，随后他们前往纽约将这两个犀牛角卖了50000美元。将其抓捕后，斯莱特里供认了犯有合谋走私罪，违反了《雷斯法案》，并于2014年被判处14个月监禁，缴纳10000美元罚款，并没收非法经营犀牛角所得的50000美元。[②]

（二）对受保护物种的保护

美国诉麦金尼斯案情况如下：麦金尼斯和凯西斯是佛罗里达州的爬行动物经销商，2006年至2008年两人从宾夕法尼亚和新泽西的野外收集捕获受《雷斯法案》保护的蛇，从他人处购买非法获得的东部森林响尾蛇，并将《濒危物种法》名单上"受威胁"的靛蓝蛇和森林响尾蛇从佛罗里达州运输到宾夕法尼亚州。两人被指控其行为违反《雷斯法案》且犯有走私罪，并于2013年11月因违反《雷斯法案》和走私爬行动物被判罪。[③]

（三）对有害野生动物——缅甸蟒的管理

2012年《雷斯法案》规定缅甸蟒和其他三种大蟒蛇为有害物种。当时缅甸蟒在佛罗里达州繁殖数量众多，对许多当地野生动物都产生了巨大危害，

---

① 参见赵衍龙：《一中国男子因走私在美被判刑70个月自愿遣返回国》，人民网，http://world.people.com.cn/n/2014/0528/c1002-25076452.html。

② See Theodore A. Bookhout, The North American Model of Wildlife Conservation, *The Wildlife Society and The Boone and Crockett Club Technical Review*, 2012, pp.8-10.

③ See Alexander K., The Lacey Act: Protecting the Environment by Restricting Trade, Congressional Research Service, USA. 2014.

比如受威胁且濒临灭绝的基拉戈森林鼠就深受其害。因此,法案规定禁止在州际之间运输及买卖此类具有重大危害的蟒蛇;鱼类及野生动物管理局希望通过此条禁令来阻止缅甸蟒及其他三类大蟒蛇进入南部其他州及整个美国。[①]

(四)非法买卖海龟

根据《雷斯法案》2012 年的规定,美国鱼类及野生动物管理局与佛罗里达州鱼类和野生动物保护委员会都能够起诉非法买卖海龟的违法行为。同年,三名伪造出口文件并将野生龟非法贩卖到国外的人员被起诉并受到判决。佛罗里达相关部门给海龟养殖设施的所有者颁布海龟养殖许可证本来是要其更好地繁育海龟,但是一些许可证所有者却为了商业利益收集野生海龟并贩卖到国外市场,所以该州需要依靠《雷斯法案》才能对这些犯罪人员提出刑事指控。

第三节 《候鸟协定法案》（*Migratory Bird Treaty Act*）

1916 年 8 月 16 日,美国及大不列颠(代表加拿大)签署了第一份《候鸟协定》(加拿大俗称《协定》),以保护这群大自然的馈赠——候鸟。这份协定是第一份用以保护野生鸟类的国际协定,也是第一批保护野生物种的协定。该协议是随后鸟类保护取得重大进展的基础。协议签订后,美加两国均颁布法律以配合该协议的执行。1917 年,加拿大议会通过了《候鸟协定法案》。1918 年,美国效仿,也通过了《候鸟协定法案》。在之后的很多年中,美国与墨西

① See Alexander K. Injurious Species Listings Under the Lacey Act:A Legal Briefing,2013.

哥、日本、俄罗斯分别于1936年、1972年、1976年签订了类似的协定。

一、制定背景

19世纪末20世纪初,候鸟因其羽毛具有装饰性、观赏性而被民众进行无限制地捕杀和大规模地屠杀，而这些行为对候鸟数量无疑具有极具破坏性的影响。多亏了当时的爱鸟科学家、政治家和自然爱好者的大力推进,《候鸟协定法案》才得以通过。该法案实施以前,对候鸟毫无限制的猎杀威胁了许多曾经数量众多的物种的生存,比如20世纪初候鸽灭绝,短短几十年间多种物种濒临灭绝,其他常见候鸟如知更鸟和珩科鸟更是遭到猎人每日成千上万的猎杀。

出于民众对保护并维持鸟类种群及数量稳定的广泛关注，美国国会开始管理对候鸟的猎杀行为。经过多年的宣传和游说,生态环境保护者、科学家和想要维持猎鸟数目稳定增长的猎人于1913年成功通过了《威克斯-麦克林法案》(Weeks McLean Act)。该法案认定在美国捕杀候鸟和跨越州际线运输鸟类是犯罪，但是两个联邦地区法院却声称该法案违反了商业条款而宣布其违宪。这次失败使自然资源保护者意识到了候鸟保护法案需符合宪法的需求,随后他们就积极推动国会与加拿大进行国际候鸟条约的谈判。随着美国与加拿大之间签订的《国际候鸟协定》,以及随后签订的《候鸟协定法案》的颁布,《威克斯-麦克林法案》所涉及的宪法问题就没有再进行后续的决议,而《国际候鸟协定》与《候鸟协定法案》也就取代《威克斯-麦克林法案》成为当时美国保护候鸟的法律法规。①

① See Emma Hamilton, A Relic of the Past or the Future of Environmental Criminal Law? An Argument for a Broad Interpretation of Liability under the Migratory Bird Treaty Act., *Ecology Law Quarterly*, 2017, pp.241-245.

与《威克斯-麦克林法案》的制定目的相呼应的是，美国与加拿大缔结《国际候鸟协定》是为了阻止人们对候鸟的肆意屠杀，保护鸟类种群。该协定于 1916 年 8 月 16 日正式生效，两国于该年的晚些时候批准了该法案。《国际候鸟协定》强调，如果候鸟的迁徙模式和筑巢产卵的习惯被打乱的话，它们就会面临特别的风险；该法案还进一步指出候鸟的迁徙特性额外加大了人们对其进行保护的难度，这一特性就是它们会持续地跨越州际、国际甚至洲际线，而这大大降低了各州旨在保护候鸟种群及数量的狩猎法的保护效力。正如一名国会议员在众议院对《候鸟协定法案》的颁布必要性进行争论时所陈述的那样："我们都承认保护候鸟的必要性，那应该怎么进行保护呢？单靠各州单独的力量是无法做到的，甚至美国联邦也做不到。显而易见，要想真正做到靠法律保护这些珍贵的物种，两国必须联合协作。"[①]

1916 年《国际候鸟协定》获得正式批准后，美国国会于 1918 年通过了《候鸟协定法案》以实行协定所规定的对本土候鸟进行保护的要求。此外，在国会对该法案进行激烈讨论的期间，《候鸟协定法案》的倡导者们强有力地断言这些食虫动物，即候鸟对农业意义重大。国会议员们提交了一份来自昆虫学局的报告，报告中提到昆虫会造成每年超过 15 亿美元的农业损失，而食虫鸟类无疑是这些害虫的天然克星。法案支持者们还提到了鸟类在防止由昆虫传播造成的疾病，比如疟疾和黄热病传播给牲畜及人的方面所发挥的积极作用。所以 1918 年法案的坚定支持者们强调鸟类多样性、农业健康与全体美国人的幸福之间的紧密关联性。

---

① Steven Margolin, Liability Under the Migratory Bird Treaty Act., *Ecology Law Quarterly*, No. 7.4, 1979, p.997.

二、制定目的

虽然《候鸟协定法案》施行的方式已经随着人们对科学和生态认识的理解提高而改变，但是法案保护候鸟的目的从未改变。人们对生物多样性的内在价值及全球生态系统相互关联性的现代理解，与20世纪相比已经发生了很大变化，但是在注重候鸟与人类生活和福祉的联系方面仍然与法案最初的制定目的相一致。现如今，虽然一些候鸟物种还充当着重要的传粉媒介，并且在控制农作物病虫害方面意义重大，但是法案倡议者及相关保护政策制定者积极推进候鸟保护的主要目的是维持生物多样性、对娱乐狩猎活动进行良好监控，而并未过多考虑其农业意义。尽管如此，国会颁布《候鸟协定法案》正是因为其在鸟类保护方面所具有的十分重要的作用。

同样，尽管无限制的猎杀是当时鸟类所面临的主要威胁，促进了《候鸟协定法案》的通过，但是其制定目的源于政府及社会对鸟类种群及数量可持续性的保护。正如一位国会议员所陈述的那样："如果允许人们在春天进行大肆狩猎，猎杀正要前往它们繁殖地的野鸭和天鹅，那么每猎杀一只雌鸟就意味着自然界会损失一个鸟巢以及众多没有出生的小鸟。"1918年，候鸟面临的威胁几乎全部来自猎人的猎杀，但是人类对候鸟栖息地及迁徙路径的破坏，也使得人们想借此法案来保护鸟类进而保护物种多样性，这也是《国际候鸟协定》和《候鸟协定法案》得以通过并落实的主要推动力。

后来，美国与墨西哥、日本和苏联也相继签订了候鸟保护公约。美国与加拿大和墨西哥签订的公约还涉及鸟类保护的经济方面的原因，而这也是1918年国会制定《候鸟协定法案》时所没有太关注的方面。之后与日本和俄国签订的公约都体现出了美国与这些国家携手为了"非经济利益的美学、科学和文化目的"而保护鸟类的决心，日本和俄罗斯的候鸟保护公约也明确强调了保护关键候鸟栖息地的重要性。因此,尽管最初的法案和国内的立法只是将重点放在限制对候鸟的猎杀方面来达到保护鸟类的目的,强大的生物多样性的保护伦理还是推动着《候鸟协定法案》及其后续修正案的通过,这种物种保护伦理也推动了候鸟保护法案在法庭上的解释及在现实中的执行。

三、法案的主要内容及执行力

现如今,《候鸟协定法案》保护着美国本土 1027 种鸟类物种。与 1916 年的法案条例相比,当今的《候鸟协定法案》还给予内政部部长颁布猎取、捕获或杀死候鸟的时间和条件的权力。除了这些特定的例外情况,《候鸟协定法案》的核心内容是第 703 节,该部分规定"任何时候对任何候鸟进行追捕、猎取、捕获、杀害或者试图追捕、猎取、捕获、杀害都是违法行为……"

《候鸟协定法案》第 707 节规定对捕获或者杀害候鸟者予以轻罪处罚,违规者最高罚款 15000 美元,判处 6 个月监禁;而故意贩卖候鸟者则最高罚款 2000 美元并判处两年监禁。

《候鸟协定法案》的执行力一直是国会在 1917 年和 1918 年争论的焦点,法案中刑事条文的宽泛措辞可能会导致人们对其进行独断、有失偏颇的解读,导致相关案件中的无过错方受到过度执法。国会最开始对这部法案的争论在于,是否应将制定狩猎规则的权力委派给农业部部长及其未经选举的下属;对该法案执行力的争论还在于什么样的执法机构代理才有资格在执法时搜查居民家、带走禁止逮捕和贩卖的鸟类,以及他们在搜查时是否必须要出示搜查令。最终,法案授权内政部执法人员搜查令来搜查任何可能违背《候鸟协定法案》的地方。

今天,只有美国鱼类及野生动植物管理局可以起诉违反《候鸟协定法案》的行为，该机构有宽泛的起诉自由裁量权去决定执行规定的时间和地点，因为如果某个人在公路上不小心撞到正在觅食的乌鸦或者其养的猫杀死了一只美洲知更鸟，在技术上该法案可能会判定其“占有”或“杀死”了一只候鸟而判处其有罪，所以美国鱼类及野生动植物管理局的裁量权很宽泛。然而作为一个预算有限的机构，美国鱼类及野生动植物管理局在监督和起诉违反《候鸟协定法案》的案例时会受到一定限制。虽然这一自由裁量权似乎太过宽泛，对一些当事人来说太不确定，但是其实际上的确是种广受认可、行之有效的执行诸如《候鸟协定法案》这样内容比较宽泛的法案的方法。此外，一些学者也提到联邦机构在面临需要使用诸如规则制定或起诉裁量权等方法来用旧法规处理新问题时，往往很小心谨慎。美国鱼类及野生动植物管理局还启用了内部程序和自愿准则来优先处理一些社区的违反法案行为。

《候鸟协定法案》对因其活动导致候鸟死亡的公司也实行严格责任制。在“美国诉科尔宾农场服务公司”的案件中，被告因其使用农药航空技术造成了 12 只候鸟死亡而违反《候鸟协定法案》被指控。在“美国诉富美实公司”的案件中，第二巡回法院判处将农药倒进 10 英亩废物存储池，导致 92 只候鸟死亡的化工厂违反《候鸟协定法案》。富美实公司在去除废水中化学物质的过程中失败，虽然该公司做了一些其他补救措施来防止鸟类接近废水池，但是法院仍然维持原判。因为法院认为，富美实公司意识到了“呋喃丹对人类有巨大危害……但是该公司还是未能将有害物质从废水池中去除，导致候鸟死亡，这就足够对其实行严格的责任制”。

在执法范围和保护责任方面，《候鸟协定法案》经常被拿来与《濒危物种法》，即另一部由美国鱼类及野生动植物管理局执行的野生动物法律法规（后文将提到）相比较。《濒危物种法》是通过判定野生物种的受保护级别为“受威胁”还是“濒临灭绝”来保护鸟类，对《候鸟协定法案》的保护效力进行补充。但是《候鸟协定法案》与《濒危物种法》相比还是有很多不同之处的,比如其在鸟类被列为“受威胁”或“濒临灭绝”之前就采取措施保护候鸟物种,《濒危物种法》致力于保护那些被列为“受威胁”或“濒临灭绝”的物种;《候鸟协定法案》对保护鸟类的定义更为广泛,而且至今该法案已经保护了 1027 种候鸟,而这其中只有 92 种候鸟被《濒危物种法》列为“受威胁”或“濒临灭绝”物种。①

四、当今候鸟面临的威胁

现如今,虽然候鸟不再主要受到来自猎人和偷猎者的威胁,但是其数量也因人类而一直在减少。气候变化是鸟类面临的最大威胁之一:奥杜邦学会在 2014 年的一份报告中称,其调查的 588 种北美候鸟中有 314 种正在遭受全球变暖的严重威胁,而且到 2080 年候鸟会失去至少一半的栖息地。而人类对候鸟栖息地的破坏是候鸟面临的另一个主要的生存威胁:社会经济的发展,伐木、农业发展等活动会对候鸟迁徙途中临时停歇的栖息地造成不同程度的破坏,而这样无疑会大大降低候鸟在迁徙途中的存活率。此外,社会发展和栖息地的严重退化也会削弱对候鸟的生存与繁殖至关重要的食物、水源和筑巢地点的可用性。

人类破坏和气候变化对鸟类栖息地造成的威胁是显而易见的,但是人类社会的发展也会对鸟类带来一些其他直接威胁,例如鸟类会撞到建筑物的反射玻璃或者汽车上。根据美国鸟类保护协会的调查,目前家养猫科动物是致使鸟类每年因人为活动死亡的主要原因。在美国,每年家养和野生猫科动物大约会杀死约 24 亿只鸟。候鸟的高死亡率也与建筑物和基础设施,尤

① 参见秦红霞:《美国〈雷斯法案〉与〈濒危物种法〉比较》,《重庆科技学院学报》(社会科学版),2012 年第 12 期。

其是那些装有许多窗户和反光玻璃的建筑密切相关，许多候鸟在飞行过程中会因看不到这些透明玻璃而迎头撞上导致其死亡。人造光和恶劣天气会使候鸟迷失方向，而这无疑会加大候鸟撞上建筑物的可能性，尤其是那些夜间飞行的候鸟会被建筑灯光和通讯塔所吸引然后重重地撞上去。与车辆相撞是导致鸟类死亡的另一个主要原因；据估计，每年会有 8900 万只鸟因与汽车相撞而死亡。[①]

工业部门包括配电与发电、石油生产和精炼，以及农药的生产和农药在农业中的使用也会威胁候鸟的生存。在飞行途中撞到电线和触电也是候鸟面临的一重大威胁，尽管电力行业已经采取更好的技术来降低候鸟撞到电线的死亡率，但每年仍然有数千万只鸟类因此死亡。家庭草坪、花园及产业化农业中使用的农药和灭鼠剂对鸟类来说也是致命的威胁。

石油和天然气的生产及精炼过程也翔实地记录了工业生产对鸟类的威胁：每年有 50 万至 100 万只鸟类死于油池和蒸发池。鉴于许多候鸟在被记录在册以前就已经沉在露天油坑及蒸发池中，或者让工作人员清理出去了，所以美国鱼类及野生动植物管理局表示这一数字被人为减少了。石油开发过程会产生大量废水，而废水通常被输送到导流坑和蒸发池，多余的油可以从上面撇去。当鸟类落在这些露天油池和蒸发池上时，它们可能会摄入毒素或者羽毛被浸满油和盐，而这会导致它们钠中毒、体温过低、过热进而死亡。候鸟被困在“加热搅拌器”或其他石油生产设备中也会窒息而死。

然而能源生产对候鸟的威胁不仅来自石油和天然气行业，随着可再生能源生产的扩大，美国兴建了许多大型风力发电厂和太阳能发电厂，虽然这些工厂不是导致候鸟高死亡率的主要因素，但是近年来其对候鸟生存的影

---

① See Emma Hamilton, A Relic of the Past or the Future of Environmental Criminal Law? An Argument for a Broad Interpretation of Liability under the Migratory Bird Treaty Act., *Ecology Law Quarterly*, 2017, p.246.

响也日益显著。目前，美国安装有48000个风力涡轮机，预计这一数字到2030年会翻十倍。已知的与风力涡轮机相撞而致死的候鸟已有200多种(大多是常见的鸣禽、老鹰和猎鹰)。风力涡轮机的选址,比如是否要建在某种候鸟迁徙的途中,这会在很大程度上影响其是否会导致候鸟的死亡。此外,随着风力涡轮机高度的增高,其对鸟类的潜在威胁也大大增加。同样,大容量“太阳能农场”的建立数量也在迅速增加,这无疑也会对候鸟造成越来越严重的威胁。大型太阳能光伏电站的成千上万个太阳能电池板也会杀害成千上万只鸟类，因为候鸟在着陆的过程中可能会因撞到电池板的平面阵列上而死亡。集中的太阳能发电厂,包括“太阳能发电塔”都会利用镜面来产生强烈而集中的太阳光线,而如此强烈的光线会烧伤或者焚化经过的候鸟。

所以随着人类社会活动对候鸟生存威胁的激增,在《候鸟协定法案》签订一个世纪后,其仍然是对鸟类的重要保障。虽然生态保护倡导者现在强调该法案对促进生物多样性和生态系统的交互联系的重要性，而不再过多关注当初其制定的主要作用即其对农业和休闲狩猎的限制作用，但是保护当地候鸟一直都是这部法案颁布的重要目的。

五、法案的演变与修订

1936年,在与英国签订候鸟保护条约以后,美国又与墨西哥签订了一项类似的条约。此后,更多的候鸟得到了保护,而且法案还鼓励保护候鸟栖息地及减少环境污染。

20世纪70年代,美国公诉人开始检举除了猎人以外的违背《候鸟协定法案》的相关方,包括石油、天然气、木材、矿山、化工、电力公司等。尽管这些部门没有直接杀害野生鸟类,但是其每年都会造成数百万计的鸟类死亡。而美国司法部指出，这些对鸟类的损害本来通过对其基础设施的简单改变就可以避免。在其公开文件中,美国司法部指出,他们会通告第一次违反该法案的公司并协助其进行改正,但是如果这些公司"忽视、否认或拒绝执行"这些保护候鸟的管理措施,那么他们就会被起诉。

1972年,《候鸟协定法案》中增加了32种需要保护的候鸟,包括老鹰、猎鹰、猫头鹰和鸦科鸟类(乌鸦、松鸦和喜鹊)。自那时起,越来越多的鸟类被列入到该法案的保护范围中,其保护物种数量已达到1026种,几乎涵盖了美国本土所有的鸟类物种。这样一来,该"迁徙"鸟类法案在很大程度上成了一个象征性的词,因为众多非迁徙鸟类也被纳入了法案的保护范围。

2001年,比尔·克林顿总统在卸任前命令所有相关的联邦机构,包括国防部和美国森林服务局,都要将候鸟保护作为他们定期探讨决议内容的一部分。

2006年8月24日的《联邦公报》上,美国内政部的鱼类和野生动植物管理局提议,在《候鸟协定法案》中增加152种保护鸟类,去除12种鸟类,并且修正/更新多数鸟类的学名。之前法案中遗漏了一些应受保护的鸟类、一些候鸟栖息地分布的新发现和候鸟种类分类的变化,这些都推动了该项提议的提出。此外,管理局提议将自2001年法院规定在法案中加入接受临时受保护的疣鼻天鹅从法案中正式去除,原因在于"已经出现了众多外来及引进的疣鼻天鹅,其数量不再面临威胁"①。

2013年,美国司法部第一次对一个风电场运营商执行该法案,处罚该运营商因杀死了数只怀俄明州的金雕和其他保护鸟类而缴纳100万美元的罚金。一年后,该州的另一家风力发电厂被罚处250万美元。之后不时会有相关产业机构因违法该法案而受到处罚。

2015年,美国鱼类和野生动植物管理局宣布,将会重新考虑对那些危害到候鸟的相关行业公司的处罚措施,涉及的危害对象包括露天油田、电线、

① Betsy Vencil, The Migratory Bird Treaty Act-Protecting Wildlife on Our National Refuges-California's Kesterson Reservoir, a Case in Point, *Natural Resources Journal*. No.3, 1986, pp.610-620.

工业废气的排放、手机信号塔和风力涡轮机等，因为这些对象每年会导致数百万鸟类死亡。

六、法律效力

1999 年 8 月 12 日，根据《候鸟协定法案》的条文规定，犹他州一个名叫“月亮湖电力合作公司”的企业由于被指控非法杀害受法律保护的猛禽而在丹佛法院接受审判。经过美国鱼类和野生动植物管理局、科罗拉多野生动物部及犹他州野生动物资源部的联合调查，这家公司在科罗拉多西北和犹他州的东部地区架设的动力电线和电杆，对落在其上的鹰类和其他猛禽造成了电击致死。法院判决该公司交付 10 万美元罚款，并在被查看的 3 年期间内改造原有的数千根电线杆和电线，以减少对迁徙鸟类的电击威胁。

2011 年，埃克西尔能源公司本来打算在美国北达科他州建一个价值 400 万美元的风电农场，但是该风电场因会干扰到野生鸟类、违反《候鸟协定法案》而受到美国野生动物保护人士的阻拦，最终该公司出于对鸟类的保护而选择放弃这一风电项目。为了应对风电场伤害鸟类这一状况，美国国家可再生能源实验室（NREL）和相关产业正在携手搜集鸟类飞行的轨迹，致力于研发出减少鸟类卷入涡轮的技术，即让风力发电机在侦测到鸟类时暂时停止运转，避免鸟类撞击产生的损伤。

克瑞斯汀·米恩（Christian Menn）是著名的瑞士桥梁设计专家，在设计竞赛中，由两国专家组成的评委会挑选出他的设计。但是负责该项目的联邦高速公路管理局在国家环境政策法案（NEPA）的指导下进行调查时发现，大桥会对鸟类造成极大的威胁。纽约州环境保护部、美国鱼类和野生动植物管理局、美国环保局和加拿大环保局都对这一项目表示过担忧。所以因为其 170 多米的高度可能会对跨越尼亚加拉河廊道的当地燕鸥和其他候鸟造成威胁,连接美国和加拿大的“和平大桥”(Peace Bridge)即由克瑞斯汀设计的双塔斜拉桥未能建成。

为了保护本地秃鹫,美国加利福尼亚州克恩县风力发电站的生产商将安装无线电追踪系统来获取秃鹫的线路信息,并随时准备关闭发电涡轮机以保护这些鸟类。因为秃鹫很可能会飞越高达150米的风力发电机,一旦靠近不断旋转的叶片,秃鹫很可能会死于非命。据该县环保报告称,随着当地秃鹫脱离了濒危状态,它们正逐渐拓展自己的栖息地,活动区域不再限于特哈查皮山脉。

东部白羽鹬数量的恢复:19世纪末20世纪初,对白羽鹬蛋和肉的大量需求致使美国东北部沿海的白羽鹬几乎绝迹。随着1918年《候鸟协定法案》的通过,白羽鹬成为受法案保护的物种,对其猎杀、获取或者售卖都属违法行为。这一保护措施使得白羽鹬数量逐渐恢复,最终其在东北部沿海再现。20世纪50年代白羽鹬最先在新泽西州恢复正常数量,最后在80年代于新罕布什尔州重现。今天,白羽鹬完全重新占据了其历史的栖息地,其数量的恢复是对《候鸟协定法案》保护效力的充分证明。

游隼情况及保护成效:游隼是鹰形目,隼科,隼属的猛禽。在自然环境中游隼处于食物网的高层营养级,以其他鸟类和小型动物为食,对很多野生动物种群的自然调控和进化起着重要作用。而在二战以后的较长时期,滴滴涕杀虫剂(DDT)作为农药等杀虫剂广泛使用,污染了自然环境,且滴滴涕杀虫剂这类氯制剂难于分解,残留期很长,影响着自然环境及生物界。含氯有机毒素在动物体内存留、循环,产生一定的体质效应和遗传效应,并通过食物网络传递加剧毒性。含氯有机毒物是溶脂性的,它们能在鸟类脂肪组织内存在并影响着代谢,最为突出的是钙代谢受干扰。处于高层营养级的游隼体内富集了这些毒物,其受害的主要形式是雌鸟产出的蛋壳太薄,在孵化过程中由于卵壳破裂,致使繁殖失败,这样会造成游隼濒于灭绝。自《候鸟协定法案》

及1972年禁止使用DDT这类农药的规定颁布实行，结合人工孵化、人工饲养，然后放回自然环境的办法，如今美国游隼种群已然恢复和发展壮大。[①]

第四节 《白头海雕与金雕保护法》（*Bald and Golden Eagle Protection Act*）

白头海雕于1782年被选定为美国国鸟，当时美国大陆有大约100000对筑巢白头海雕。到20世纪中期，全国范围的白头雕数量急剧减少。为了保护这一"美国自由理想的标志"，国会于1940年颁布了《白头雕保护法》。1962年，出于保护数量持续减少的金雕和经常被人们误认为金雕而遭到猎杀的白头海雕（因为白头海雕四年后头顶才会长成具有明显辨识度的白色），该法案修订为《白头海雕与金雕保护法》。[②]

一、白头海雕与金雕的重要性

白头海雕又称为美洲雕，是大型猛禽，成年海雕体长可达一米，翼展两米多长，眼、嘴和脚为淡黄色，头、颈和尾部的羽毛为白色，身体其他部位的羽毛为暗褐色，十分雄壮美丽，主要栖息在海岸、湖沼和河流附近，以大马哈鱼、鳟鱼等大型鱼类和野鸭、海鸥等水鸟及生活在水边的小型哺乳动物等为食，飞行能力很强。上喙边端具弧形垂凸，适于撕裂猎物吞食；基部具蜡膜或

① 参见王直军：《美国佛蒙特州两种濒危鸟类保护成效研究》，《云南地理环境研究》，1992年第4期。

② See Roberto Iraola, THE BALD AND GOLDEN EAGLE PROTECTION ACT, *Albany Law Review*, Vol.68, 1983, p.973.

须状羽;翅强健,翅宽圆而钝,扇翅及翱翔飞行,扇翅节奏较隼科慢;跗跖部大多相对较长,约等于胫部长度,是北美洲所特有物种。白头海雕因为体态威武雄健,又是北美洲的特产物种,而深受美国人民的喜爱,因此在独立之后不久的 1782 年 6 月 20 日,美国总统克拉克和美国国会通过决议立法,选定白头海雕为美国国鸟。今天,无论是美国的国徽,还是美国军队的军服上都描绘着一只白头海雕,它一只脚抓着橄榄枝,另一只脚抓着箭,象征着和平与强大武力。鉴于白头海雕身价不凡,作为美国国鸟受到了法律保护。1982 年,里根总统宣布每年的 6 月 20 日为白头海雕日,借以唤起全国民众的关注,这足以说明其重视程度了。

在墨西哥和许多其他国家,金雕被用作国家的象征,其代表着诸多社会文化和传统。阿尔巴尼亚、德国、奥地利和哈萨克斯坦等国也以其作为国家的象征。北美霍皮人部落有一个传统,就是把雏鸟从窝里取出来然后进行饲养,等到它们长成就用它们进行献祭。1986 年,美国鱼类和野生动植物管理局对其颁布了合法许可证,允许该部落继续用金雕进行这一祭祀传统。金雕象征着优雅、力量及威严等,它是北美最大的猛禽,身体呈黑褐色,羽毛颜色较浅,一般生活于多山或丘陵地区,特别是山谷的峭壁,筑巢于山壁凸出处,如美国西部、阿拉斯加、西北欧、日本、西伯利亚东部等地区。在美国西部,金雕主要栖息于森林地区,包括苔原、灌木地、草原、针叶林和农田等人口很少的地区,这种鸟类的死亡主要是土地被广泛占用和被牧场主的攻击所致。

法律颁布之初,美国大约有 25000~75000 对白头海雕。然而到了 20 世纪初,尽管白头海雕几乎没有天敌,但是其数量却急剧减少。美国建国后持续不断的国土开发,使白头海雕的栖息地迅速减少,过分捕猎更导致白头海雕数量进一步减少。1940 年,美国国会通过了《白头海雕与金雕保护法》,禁止捕杀和买卖白头海雕,并在民间加强了保护白头海雕的宣传。这项法律颁布后,20 世纪 40 年代初,白头海雕的数量在很多州都有所增多。

二、白头海雕与金雕数量的减少

1940 年至 1950 年,美国将滴滴涕杀虫剂广泛应用于农业生产以控制疟疾,但是其对鸟类的副作用使得白头海雕数量急剧减少,到 1963 年只剩 487 对。滴滴涕杀虫剂的不利影响已经成为众多鸟类数量减少的主要因素,此时蕾切尔·卡逊在 1962 出版的《寂静的春天》极大地提升了公众的环保意识。

1917 年至 1953 年,阿拉斯加有超过 10 万只金雕遭到杀害。在此期间,公众意识增强,许多团体和个人致力于保护雕类。马里兰州的帕塔克森特野生动物研究中心甚至开始人工饲养白头海雕以增加其数量，这项行动的目的在于通过饲养足够数量的白头海雕以增加其数量，然后在那些白头海雕彻底消失的地区重新引入特定数量以促进生态平衡和生物多样性。1988 年,该项目因已经成功增加了白头海雕的数量完成了其任务而被叫停。此时,白头海雕已经开始自然繁殖了。

滴滴涕杀虫剂是一种会累积在鱼类身体中的持续性毒素，而白头海雕的主要食物就是鱼,所以数量众多的海雕就会中毒。相比之下,金雕的主要食物是兔子、松鼠和其他常见猎物,这就使得它们能够免受滴滴涕杀虫剂等化学物质的危害。1972 年,美国禁止使用滴滴涕杀虫剂,但是仍然有一些其他因素使得白头海雕和金雕在 50 年代至 70 年代数量减少。比如,毒素在白头海雕和金雕的生殖系统和血液中的积累是致使它们死亡的因素之一。生态环境中的污染物狄氏剂和多氯联苯会在生态系统中持续存在，而这无疑会极大影响白头海雕的数量。此外,人类的社会活动也是造成白头海雕数量减少的一个重要原因。栖息地变化、巢穴受到人类侵袭也导致这些鸟类的觅食和繁殖环境受到极大影响。另外,露天电线的广泛分布也是对它们的巨大威胁。多年来,电力分配机构一直与野生动物生物学家和政府机构合作,研究、开发和部署对包括白头海雕和金雕在内的所有鸟类都比较安全的电线和电线杆。一些非城市地区已建成并使用了符合“猛禽”安全建设标准的新的电线。另一个影响白头海雕和金雕减少的因素就是动物诱捕,猎人经常会为了获取其毛皮而在地面上设置陷阱以捕捉或杀死动物。猎人通常会用被困住的动物来诱捕鹰,而鹰的爪子在觅食过程中起着重要的作用,所以动物诱捕定然会致使其受伤。此外,一些农民和牧场主经常射杀白头海雕和金雕,因为他们认为这些鸟类对其饲养的牲畜是一种威胁。更加糟糕的是,人们往往对白头海雕和金雕有着错误的认识,他们认为这两种鸟类都是有害的野生动物。鉴于白头海雕和金雕面临的以上种种不利的生存条件,美国采取了多个措施来保护这两种鸟类,这些保护措施不仅包括本节讨论的《白头海雕与金雕保护法》,还有1972年禁止使用滴滴涕杀虫剂、1973年《濒危物种法》及1993年的美国鱼类及野生动物服务项目,这些保护措施都使得白头海雕和金雕的受保护等级从“濒危”降到了“受威胁”,数量得以大幅度增加。

三、法案的内容及演变

1940年,美国国会颁布了《白头海雕保护法》来保护白头海雕免遭灭绝。该法案颁布之初,规定对任何拥有、运输或者买卖白头海雕、其巢穴或产蛋的人处以最高500美元的罚款并判处6个月有期徒刑。法案的第五节规定,美国内政部人员有权对违反法案的人进行逮捕及起诉,并没收其所拥有的海雕、产蛋或巢穴,但是豁免在法案颁布之前就拥有或运送过相关鸟类或其产蛋及巢穴的违法行为。此外,个别出于科学研究、展览或保护野生动物及农业的目的而拥有或运送海雕,且具有正式颁布的许可证的情况可以得到法案的豁免。

1962年,美国国会对法案进行了修订,将保护范围扩大到金雕。国会还规定内政部对“印第安部落以金雕进行的宗教活动”具有豁免权,修订案还进一步规定必要的情况下可以捕杀金雕以保护牲畜。

1972 年,国会从几个重要的方面对《白头海雕与金雕保护法》进行了进一步修订。第一点是将第 668 条法律条文中的“蓄意”改成“故意或肆意忽视法案的重要性”。第二点是关于处罚措施的修订:刑事处罚的规定从“最高处罚 500 美元,处以 6 个月的监禁”改成“最高处罚 5000 美元,处以 1 年的监禁”;此外,在第二次或者随后的审判中,对违法人员的最高罚款增至 10000 美元,有期徒刑达到两年;根据 1987 年《刑事罚款改进法》,对违反法案的个人,轻罪最高处以 100000 美元罚款,重罪最高处以 250000 美元罚款;而对于违法的公司组织来说,轻罪最高罚款 200000 美元,重罪最高罚款 500000 美元。第三点是法案增加了民事处罚规定:任何人未经法案执行部门允许而占有、运输、购买、售卖、交易、进出口这些鹰类及其巢穴或产蛋,会被判处对每一项违法行为都要交 5000 美元的罚款。第四点是对于那些危害到野生动物或者家畜的金雕猎鹰,农场主可以选择对其进行捕捉或者运输,但是若违反该条约,则农场主会被吊销放牧租赁执照及许可证。

1978 年,《白头海雕与金雕保护法》修订“对阻碍到资源发展与恢复的金雕鸟巢可以进行处理”这一条文。而这一修订使得国会担心未来西部地区煤矿活动的开展,包括租地、采矿、开垦等会与这一严格的鸟类保护条约相冲突。

四、白头海雕与金雕数量的恢复及保护状况(法律效用)

《白头海雕与金雕保护法》的颁布和 1972 年对滴滴涕杀虫剂的禁用,使得白头海雕和金雕的数量能够持续健康地增长; 美国鱼类和野生动物服务项目实现了湖泊和河流等水域的清洁,保护了鸟类的巢穴,使得它们能够重新回到原来的生存环境。

1976 年,美国政府环保部门提出了一项被称作“黑客计划”的恢复方案。

该技术的目的是将雏鹰从其野外的鸟巢中取出，然后将其转移到人工鸟巢哺养,幼鹰在人工搭建的生长平台上生活数周,然后一旦它们的羽毛发育完全之后就会被转移到笼子里饲养。这些过程的全部都有专人进行饲养及看护。大约在12至13周后,幼鹰就会接受飞行能力测试,鹰背上装有小型无线电发射机以进行监测。环保部门携手美国鱼类和野生动植物管理局已经成功培育并放飞了23对幼鹰。该计划使得幼鹰在没有父母照顾的情况下就可以自己猎食,一旦它们长成就会被放归到栖息地。该计划是希望这些鹰能成为繁衍能力强的一代以促进白头海雕的繁衍生息。这项计划在全国范围内成功实施了13年,1989年经生物学家观察后环保部停止了该计划的实施。环境质量债券法和环境保护基金给它们提供了足够且舒适的生存土地和栖息地,这些因素综合在一起使得白头海雕的数量得以稳定增长。

1983年,相关机构提出了美国北部白头海雕恢复计划。与帕塔克森特野生动物研究中心计划类似，该恢复计划的目的是在美国北部重新建立起白头海雕能够自我维持数量的状态。

1999年,美国鱼类和野生动植物管理局首次提出将白头海雕从《濒危物种法》的保护名单中删除,最终删除规则在2007年7月9日得以公布,并于8月8日正式施行。到白头海雕从《濒危物种法》中被删除时,美国鱼类和野生动植物管理局已经收集了9789对繁殖海雕的资料(见表2–1)。

表2–1　美国本土48个州(五个恢复区)的白头海雕数量恢复状况

恢复区	恢复计划(脱离濒危物种行列)	当前筑巢对数
切萨皮克湾	300—400对	1093
太平洋地区	800对	2157
东南部	1500对	2227
西南部	未提供	47
北部	1200对	4215
总计	3900对	9789

来源:维基百科

在《白头海雕与金雕保护法》《候鸟协定法案》和《濒危物种法》的保护下，白头海雕数量已经从 1963 年的 487 对恢复到了 2006 年的 9789 对（见图 2–2）。[①]

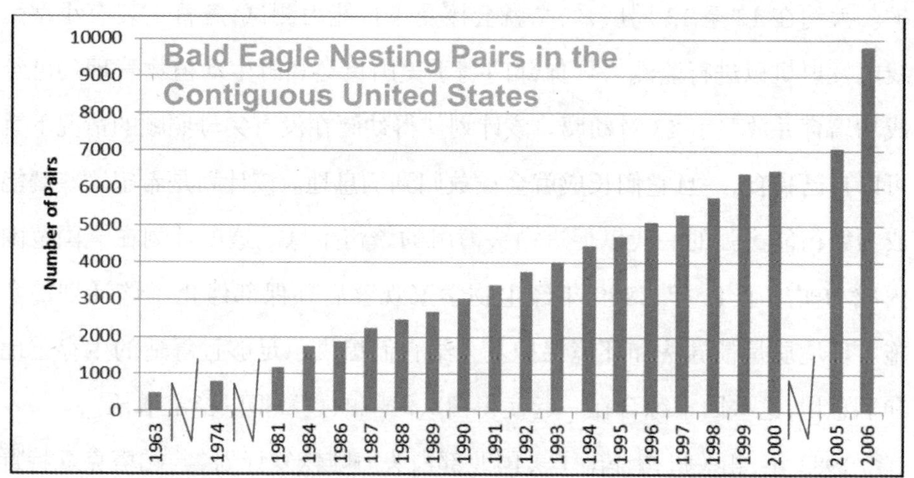

图 2–2 1963—2006 年美国本土 48 个州的白头海雕数量

来源：美国鱼类和野生动植物管理局（FWS）

佛罗里达州是美国白头海雕数量最多的州。2007 年，该州温特斯普林斯市一项耗资 8 亿美元的大型建筑工程被迫中断，原因是人们在当地一座手机信号塔上发现了一个白头海雕巢。虽然白头海雕已不属于濒危物种，但仍受保护，根据《白头海雕与金雕保护法》规定，“鹰巢 600 英尺（183 米）以内不得有任何大型建筑工程”。

与此同时，金雕的数量也保持着稳定的增长。美国鱼类和野生动植物管理局估计美国西部现在已经有超过 30000 对金雕繁衍生存。

① See Roberto Iraola, THE BALD AND GOLDEN EAGLE PROTECTION ACT, *Albany Law Review*.Vol.68, 1983, p.980.

第五节　《濒危物种法》（*Endangered Species Act*）

19世纪末，由于美国经济发展的需要，人们对动植物资源进行了过度的开发，导致大量动植物物种面临濒危甚至灭绝的危险。20世纪以前，美国联邦政府在野生生物管理方面作用微弱，由各州承担对野生生物管理的主要责任，但是各州有关野生生物的法律规定并不是出于保护物种的目的，而是旨在支持娱乐性质的打猎活动，确保有源源不断的野生猎物供应。在各州防止本土物种灭绝收效甚微的情况下，美国国会议员约翰·雷斯发起制定了《雷斯法案》，使野生动物保护成为联邦政府管理下的全国性的问题。

1918年，美国国会通过了《迁徙鸟类条约法》（*Migratory Bird Treaty Act*），对迁徙鸟类的保护做出了相应规定。在该法案下，打猎迁徙鸟类必须持有联邦许可证，否则属于违法行为。1929年，美国国会又通过了《迁徙鸟类保护法》（*Migratory Bird Conservation Act*），扩大了对鸟类的保护。

罗斯福时期，美国联邦政府加大了对野生动植物资源的保护力度。1934年，美国国会通过了《鱼类和野生物协调法》（*Fish and Wildlife Coordination Act*）。该法案指导内政部调查污水、废物和其他污染物质对野生生物的影响；鼓励大坝建筑机关在开始修建大坝前与渔业局协商，评估大坝的修建对鱼类的潜在影响；还规定联邦与州合作保护和恢复野生生物，建议将联邦土地作为野生生物的栖息地。

20世纪60年代，随着环保意识的逐渐增强，美国国内掀起了一场全国范围的环境保护运动。人们逐渐认识到人类活动对野生动植物的影响，推动了一系列立法工作来减少人类活动对野生生物造成的或可能造成的伤害。

1964 年，美国国会建立了旨在为野生生物提供重要栖息地的国家野生生物保存制度。之后，下属内政部的运动渔业和野生生物局（Sport fisheries and Wildlife Bureau）成立了稀有和濒危物种委员会，该委员会由 9 名生物学家组成，首次发布了存在灭绝危险的物种的联邦名单，被称为红皮书，共包括 63个动植物物种。1966 年，美国国会通过的《濒危物种保存法》（*Endangered Species Preservation Act*），是美国第一部为减少人类活动对野生生物影响的综合性立法。该法案在联邦土地之外建立了国家野生生物庇护体系（National Wildlife Refuge System），并设置了专项资金用以该庇护体系的维护和发展。

该法案存在三个明显的缺陷：首先，联邦机构之间的协商是自愿性的。其次，该法案仅适用于国内的脊椎鱼类和野生生物，而不包括植物。最后，该法案仅对在国家野生生物庇护体系之内的物种获取进行了限制。尽管如此，《濒危物种保存法》还是为以后的野生生物立法打下了重要的基础。1969 年，美国国会制定了《濒危物种保护法》（*Endangered Species Conservation Act*）。该法案认为，在国际范围内普遍存在物种灭绝的危机，授权相关联邦机构将那些从全球范围看已经受到威胁的物种列入联邦名单，并禁止出口名单上所列物种及由所列物种制成的产品，同时呼吁制定国际性条约来保护濒危物种。此外，该法案扩大了“脊椎鱼类或野生生物”的定义，包括了两栖动物、爬行动物和无脊椎动物。

1972 年，美国总统尼克松签署《海洋哺乳动物保护法》（*Marine Mammal Protection Act*）。该法案旨在保护濒危的海洋哺乳动物，规定禁止对海洋哺乳动物的猎杀及对其栖息地的侵扰，暂停美国境内濒危海洋哺乳动物及其产品的进出口和销售。1973 年，《国际野生动植物濒危物种贸易公约》（*Convention on International Trade of Endangered Species of Wild Fauna and Flora*）诞生，对濒危物种的进出口贸易进行了严格的限制。为了加强对濒危野生动植物及其栖息地的保护，1973 年 12 月，美国总统尼克松签署了《濒危物种法》

(*Endangered Species Act*)。该法规定,所有的联邦部门和机构都应该寻求保护濒危物种的目的,并运用他们的权力保证该法的实施。

美国《濒危物种法》对濒危物种保护的对象进行了明确规定。所谓"濒危物种"是指处于濒临灭绝的危险状态的任何物种,除了由商务部指定的会对人类活动产生危害的有害物种。

'threatened species' means any species which is likely to become an endangered species within the foreseeable future throughout all or a significant portion of its range.

《濒危物种法》将保护的对象分为濒危物种和受威胁物种两类。具体包括濒临灭绝的鱼类、野生动物和植物。('species' includes any subspecies of fish or wildlife or plants, and any distinct population segment of any species or vertebrate fish or wildlife which interbreeds when mature.)"鱼类和野生动物"包括但不限于哺乳动物、鱼类、鸟类(包括候鸟、不迁移鸟类、由条约或其他国际协议提供保护的濒危鸟类)、两栖动物、爬行动物、软体动物、甲壳类、节肢动物和无脊椎动物,保护范围包括动物的一部分、产品、卵及后代、尸体及尸体的任何部位。"植物"包括植物的种子、根及其他成分。该法把濒危物种分为六个等级:绝灭(Extinct),野生绝灭(Extinct in the wild),极危(Critically endangered),濒危(Endangered),易危(Vulnerable),低危(Lower Risk)。

《濒危物种法》的立法目的是由于经济发展的需要,人们对动植物资源进行了过度的开发,加上没有认识到物种保护的重要性,导致美国国内众多的野生动植物资源已经灭绝,还有一些处在灭绝的边缘。野生动植物资源无论是对大自然还是人类的可持续发展都具有很重要的意义。美国作为国际社会主权国家之一,有责任和义务按照国际条约的规定,对濒危物种及其栖息地的保护提供有效的方法或计划并采取相应的措施。所有的联邦机构和部门都应该致力于保护濒危物种，运用其权力来达到该法所提出的目标，“各联邦机构在解决与濒危物种保护相关的水资源问题时应该同州和地方机构合作”[①]。《濒危物种法》的主要法律执行机构是内政部的鱼类和野生动植物管理局和商业部的国家海洋渔业局。国家海洋渔业局主要负责海洋物种的保护，鱼类和野生动植物局负责淡水鱼和除海洋物种之外的所有其他物种的保护，由农业部负责陆生植物的进出口管理。截至 2017 年 10 月 12 日，美国已将 503 种动物和 774 种植物列入濒危物种名单，211 种动物和168 种植物列入受威胁物种名单。[②]

美国国会在 1973 年制定《濒危物种法》时确立了“濒危物种优先”的理念。该法规定所有的联邦机构都应该寻求保护濒危物种的目的，并运用其权力保证该法的实施。此外，联邦机构在解决与濒危物种相关的水资源问题时，应该与州和地方机构合作。联邦部门和机构应该通过合作执行保护濒危物种的有关项目，并采取必要的措施，确保他们授权，资助或执行的项目不会危及濒危物种和受威胁物种或破坏它们的关键栖息地。《濒危物种法》旨在全力保护趋于灭绝的濒危物种和受威胁物种，以立法的形式把濒危物种保护这一任务强加于所有的联邦部门，并把其重要性置于其他一切行政活动之上。在司法实践中，“田纳西流域管理局诉希尔案”（Tennessee Valley Authority v. Hill）很好地体现了这条国家政策。

在美国野生动物保护中，公共信托理论起到了非常重要的作用。美国地域广袤，动植物资源丰富。建国之初，一些美国民众认为野生动植物资源取之不尽，联邦政府的土地也面向公众开放，因此人们肆意猎杀、捕捞野生动

① 付璐：《美国濒危物种法对联邦机构的要求——美国濒危物种法第七章浅析》，《内蒙古环境保护》，2003 年 6 月。

② See U.S. Fish and Wildlife Service，https://ecos.fws.gov/ecp0/reports/box-score-report，2017.

物。虽然联邦政府颁布了一些法律来限制这些对动植物资源的过度夺取行为,但没有取得很好的效果。到19世纪末期,过度的捕猎使很多野生动物的栖息地大量流失,野生动物资源急剧减少。日益严重的生态环境使人们逐渐意识到野生动物资源是属于公众的不可或缺的资源。1982年,“马丁诉沃德尔案”(Martin v. Wardel)的判决结果使人们加深了对“公共信托理论”的认识,逐渐形成了野生动物保护的北美模式。在“马丁诉沃德尔案”中,私人土地主马丁声称,根据从查理大帝到约克公爵的授权,他拥有新泽西拉里坦河两岸的一切,包括土地、岛屿、河流、港口、矿产、森林、沼泽和各类物种。马丁对采牡蛎者沃德尔提出状告,要求其偿还采捕的所有牡蛎,但其要求被法院拒绝。时任首席大法官罗伯特·托尼说:“当新泽西民众接掌政府权力和享有主权的时候,原先属于英国国王和议会的特权,也即刻归属新泽西州的名下。”这起判决明确了“公共信托理论”,赋予州政府对公共财产的“托管”权力,同时也避免了野生物种成为私人财产的可能。1970年,美国学者萨克斯对“公共信托理论”做了进一步阐述:“阳光、水、野生动植物等环境要素是全体公民的共有财产。公民为了管理他们的共有财产,而将其委托给政府,政府与公民从而建立起信托关系。”

公民诉讼制度是美国环境法中的一项基本制度,其本质是一项公益诉讼制度,是指公民可以起诉违反联邦环境法律特定法律条款的行为,即使该行为与其没有直接的实质性的利益关联,公民也可以为了公众的利益提起诉讼。“公众参与使得利益相关的个人、组织和政府机构能与主管行政机构相互沟通意见,促进行政决策的民主化,在决策过程中预防对物种保护不利的行为。”[①]《濒危物种法》第十一条规定了公民诉讼制度:为实施《濒危物种法》,任何人有权代表自己,对涉嫌违反《濒危物种法》任何条款以及违反内

① 秦红霞:《论濒危物种法的保护效力》,《重庆科技学院学报》(社会科学版),2010年第1期。

政部和商业部依据该法授权颁布的行政规章的任何人(包括美国政府、其他政府机构)提起一项民事诉讼;任何人有权对内政部部长或商业部部长不履行该法第四条“列名单”条款所要求的不属于其自由裁量领域的行为或义务提起一项民事诉讼,要求其守法。在美国,由于公民诉讼条款的法律制度保障,使得公民能够积极参与濒危物种的保护,推动《濒危物种法》的实施。北方斑点猫头鹰争端就是公民诉讼的典型代表,这些诉讼对于美国濒危物种的保护影响深远,客观上推动了美国濒危物种保护法律制度的发展。

案例分析:美国鱼类保护与拆坝之争

美国大规模的水坝建设始于20世纪20年代初,之后大坝建设持续高速发展,在工农业供水、发电、防洪等方面起到了重要的作用。20世纪60年代,工业的发展促使美国大坝建设进入黄金时期,在此期间超过3.1万座水坝修建完成。据统计,截至2017年,美国已经建设了超过8.4万座水坝。[①]然而大量水坝的建设在促进美国经济繁荣和工农业发展的同时,也造成了严重的生态环境问题,尤其是对洄游鱼类的生存环境造成了极大的影响:许多洄游鱼类如野生大西洋鲑鱼、奇努克鲑鱼、北美鲟鱼等,由于缺乏洄游通道和栖息地而濒临灭绝。虽然有些大坝采取了一些措施,如设置鱼梯、幼鱼下行旁路系统、溢洪道泄流、加大洄游季节河道流量等,但是这些高大的水坝仍然对鱼类洄游造成了难以克服的阻碍。随着人们环保意识的觉醒,要求拆除大坝以拯救濒危鱼类的呼声越来越高。虽然自1921年起,美国拆坝历史已有百年之久,但以生态恢复为目的的大坝拆除项目主要开始于20世纪80年代,且拆除的主要是一些规模小、潜在经济利益小或存在安全威胁的大坝。

---

① See U.S. Army Corps of Engineers, *National Inventory of Dams*, 2017.

近几年来，生态因素仍然是美国大坝拆除的重要原因之一，且一些规模较大的水坝也逐渐成为美国生态修复工程的一部分，如华盛顿州艾尔瓦大坝和缅因州佩诺布斯科特河水库大坝的拆除。

美国的拆坝之争由来已久，早在 1934 年，美国国会便通过了《渔业和野生动物协调法》（*Fish and Wildlife Coordination Act*），规定修建大坝时相关部门应与渔业局进行协商并评估修建大坝可能会对鱼类产生的影响。1973 年《濒危物种法》是美国国会通过的保护濒危物种及其栖息地最重要的法律之一，要求在经济发展的同时坚持濒危物种绝对优先的地位，为美国濒危鱼类的保护与恢复提供了更有力的法律支持。

1978 年田纳西流域管理局诉希尔（Tennessee Valley Authority v. Hill）一案是美国最高法院受理的第一起依据《濒危物种法》起诉的案件。小田纳西河上泰利库大坝（the Tellico Dam）的修建是罗斯福新政时期为应对能源危机与经济危机所采取的措施之一，于 1967 年开始修建。1975 年生物学家在小田纳西河发现了一种濒临灭绝的蜗牛镖鲈（the Snail Darter），随后内政部将其列入濒危物种名单，而大坝的修建则会对蜗牛镖的关键栖息地造成不可挽回的影响从而导致这种鱼的灭绝。是继续修建耗资巨大且对经济发展至关重要的大坝，还是保护濒临灭绝的小鱼成了当时人们争论的焦点。最终联邦最高法院基于濒危物种绝对优先地位的原则，判决要求田纳西流域管理局停止泰利库大坝的修建以保护蜗牛镖鲈，然而国会还是继续拨款支持大坝继续修建完成。那时人们已经意识到保护生态环境的重要性，但基于当时经济发展及其他各方面的考虑，对濒危物种的保护仍然面临着重重阻碍。又如始于 20 世纪 80 年代中期的斯内克河下游的拆坝之争也最终以保留四座大坝而告终。哥伦比亚河及其下游的斯内克河是太平洋鲑鱼的主要栖息地之一。由于大坝的修建，鲑鱼的洄游通道受到了阻碍。但由于巨大的工程效益及其他各方面因素的影响，美国政府反对斯内克河上大坝的拆除，而国家海洋渔业局也认为可以通过采取其他措施达到保护鲑鱼的目的。[①]

1999年,缅因州肯纳贝克河上爱德华兹大坝的拆除是美国为保护生态环境而拆除水坝的标志性起点,生态保护首次战胜经济发展需求。爱德华兹大坝拆除后,肯纳贝克河的洄游鱼类数量得到了迅速回升,生态环境也有了很大的改善。为了保护被列入《濒危物种法》的奇努克鲑鱼、野生大西洋鲑鱼等濒危物种,华盛顿州的艾尔瓦大坝和格莱恩斯峡谷大坝,缅因州佩诺布斯科特河上的伟大杰作(Great Works)大坝均作为生态恢复项目的一部分而分别于2011年和2012年开始拆除。2016年,美国联邦政府、俄勒冈州和加州,以及太平洋电力公司签订协议决定拆除克拉马斯河上四座水电站坝。根据协议,美国政府将于2020年之前拆除克拉马斯河上的大坝,重新恢复全长676千米的鱼类栖息地,大坝拆除后某些鱼类的数量将有望恢复到以往的80%。

从美国近四十年的拆坝之争中可以看出,对生态环境保护一直是美国人民关注的重点问题。从最初为保护濒危鱼类拆除大量小型水坝,到大型水坝建设与鱼类保护的激烈争论,再到目前把部分大型水坝也作为生态保护项目的一部分,美国人民的生态环境价值观不断提升。在经济不断发展的过程中,生态保护扮演着越来越重要的角色。但是由于大坝的拆除需要综合考虑多方面的因素且会涉及不同的利益群体,对于受大坝阻碍的洄游鱼类的保护仍然面临着很大的挑战。作为发达国家,美国的大坝建设已有近百年的历史,大坝建设水平处于世界领先地位。由于大量水坝的建设,美国的洄游鱼类及其栖息地遭到了严重的破坏。为了保护已被列入《濒危物种法》中的洄游鱼类及其栖息地,美国从拆除小型水坝到逐渐把拆除部分大型水坝纳入生态保护项目,使濒危鱼类数量逐渐回升。但是大坝拆除需要考虑工程效益,拆除过程中可能产生的环境问题及安全问题等多方面的因素。因此,考

① 参见周世春:《美国哥伦比亚河流域下游鱼类保护工程、拆坝之争及思考》,《水电站设计》,2007年第3期。

虑拆除大坝的同时，需要采取更多其他可行的措施来保护濒危鱼类及其栖息地,例如开发水电替代能源、建设洄游鱼类保护工程等。

第六节　《鱼类与野生动物协调法案》（*Fish and Wildlife Coordination Act*）

1934年,美国制定了《鱼类与野生动物协调法案》,政府拨款对联邦土地予以保护并对野生生物开展研究。在水资源发展项目中,美国鱼类和野生动物管理局可以就该项目对鱼类和野生动物的影响进行评估，以达到保护鱼类和野生动物的目的。该法案授权美国农业和商务部部长协助联邦和各州保护野生动物资源并研究生活污水、工业废水等污染物对野生动物资源的影响;鼓励大坝建筑机关在开始修建大坝前与渔业局协商,评估大坝的修建对鱼类的潜在影响;还规定联邦与州合作保护和恢复野生生物,建议将联邦土地作为野生生物的栖息地。该法案强调,美国野生动物资源对社会发展的重要贡献及其日益增长的公共利益。该法案要求有关部门对野生动物保护区给予和水资源发展项目同等的重视。在该法案中,野生动物与野生动物资源包括:鸟类、鱼类、哺乳动物、其他种类的野生动物及野生动物赖以生存所需的水生及陆生植被。

内政部部长应在法案实施过程中提供相应的协助并配合联邦、州,公共或私人机构或组织开发、保护和饲养所有种类的野生动物和野生动物资源及其栖息地;控制由于疾病或其他原因引起的野生动物的伤亡;最小化由于物种过多引起的损害;提供包括具有公共土地地役权的狩猎区和捕鱼区;实施其他必要的措施。此外,内政部部长有权对包括土地和水域在内的公共领域内的野生动物进行研究调查；接收用于促进该法案实施的土地捐赠及资金捐赠。为了使鱼类与野生动物资源得到与水资源发展计划同等的重视,鱼类和野生动植物管理局联邦机构在执行这类计划时,要和鱼类和野生动植物管理局及相应的管理机构进行协商,以评估计划的实施对鱼类与野生动物资源的影响。联邦机构应采取一切可行措施减少可能对鱼类及野生动物资源造成的危害。每当一个水域的水体或渠道被联邦机构或需要联邦许可的任何其他实体修改时,都必须充分考虑保护、维持和管理野生动物资源及其生存环境。《鱼类与野生动物协调法案》是联邦环境审查法规之一,它已经对联邦政府某些项目的规划和发展产生重大影响,特别是美国陆军工程兵团大坝项目和直接影响通航水域其他主要的联邦建筑工程项目。

一、案例分析一:亚洲鲤鱼入侵美国

20 世纪 60 年代,美国从中国引进了四种亚洲鲤鱼,以控制阿肯色州泛滥生长的水生植物、藻类和寄生虫等。20 世纪 70 年代,美国政府为了清洁水体,再次从东南亚引进了包括草鱼、大头鱼和鲢鱼在内的八种亚洲鲤鱼,投放到南方的部分养殖湖区。因美国河流水质好,适合鱼类生长且亚洲鲤鱼繁殖能力惊人,它们在美国本土几乎没有天敌。亚洲鲤鱼被美国引进之后吃掉大量浮游生物的同时,美国本地鱼类数量也大量减少。20 世纪 90 年代,由于密西西比河洪水泛滥,亚洲鲤鱼顺河而上,开始进入包括伊利诺伊河在内的其他支流。2010 年,亚洲鲤鱼出现在美国密歇根湖中,引起美国民众的恐慌,因为五大湖区是美国的鱼类主产区,一旦这些亚洲鲤鱼进入五大湖区,将会对该地区渔民赖以生存的鲑鱼捕捞等商业活动造成不可预估的损失。[①]同时当地的旅游和休闲产业也会受到一定程度的影响。根据美国政府 2016 年的

① 参见李振龙:《美国公司投资建厂解决亚洲鲤鱼生物入侵》,《世界渔业》,2014 年第 12 期。

估计,近些年来亚洲鲤鱼在不断向上游扩散,仅伊利诺伊河下游就有约 310 万磅亚洲鲤鱼。

为了控制亚洲鲤鱼对美国生态平衡的破坏,美国政府采取了很多措施,主要包括在临近五大湖区的水域设置电网、大量捕杀、捕捞鲤鱼出口等。2009 年,美国政府开始大规模捕杀亚洲鲤鱼。“美国政府在鲤鱼密集的水域投毒,但亚洲鲤鱼似乎百毒不侵,并没有多大伤亡,反而很多美国本土的鱼类被毒死。”[①]美国政府不得不在下毒之前将水域内的鲈鱼等用电击昏后送往安全水域,然后再在水域中投放毒药。这种方法耗费了很多人力物力,但最终还是不见成效。为防止亚洲鲤鱼继续扩散,美国农业部官方网站还提醒市民不能持有活的亚洲鲤鱼,不能持亚洲鲤鱼进行跨州活动,即便是死的亚洲鲤鱼也不能丢进新的水域中。除此之外,美国政府还鼓励市民食用亚洲鲤鱼,但由于亚洲鲤刺鱼比较多,不宜食用,没有得到美国消费者的喜爱。伊利诺伊州曾投资 200 万美元用于更新该州南部的企业设备, 以使其能加工亚洲鲤鱼,但也没有收到预期效果。自 2011 年,中国市场上出现了从美国进口的亚洲鲤鱼,但由于中国消费者喜爱鲜鱼,美国鲤鱼经过长途运输既没有价格优势又得不到消费者的青睐,在中国销量很不理想。

近几年来, 美国政府及一些私人企业采取的方案使防治亚洲鲤鱼初显成效。2014 年,中国“两河渔业公司”在美国开办水产加工公司,致力于加工亚洲鲤鱼并将其出口到东南亚国家。[②]该公司投资 1870 万美元,捕捞肯塔基州水域中的亚洲鲤鱼。为了鼓励这种行为,美国肯塔基州经济发展金融管理局批准给予该公司高达 380 万美元的税收优惠。2014 年,奥巴马政府花费近

① 徐仁杰:《基于经济价值视角的美国亚洲鲤鱼控制分析和对策研究》,上海海洋大学 2015 年硕士研究生毕业论文,第 16 页。

② See Marine Mammal Commission, https://www.mmc.gov/priority-topics/offshore-energy-development-and-marine-mammals/gulf-of-mexico-deepwater-horizon-oil-spill-and-marine-mammals/, 2017.

2亿美元治理芝加哥地区的湖泊和水道,并在密西西比河和密歇根湖建设了电气化的围栏和屏障等来控制亚洲鲤鱼的数量。6月,奥巴马签署了一项法案,下令关闭密西西比河上的圣安东尼瀑布上游水闸,停止船运,来阻止大量繁殖力极强的亚洲鲤鱼进入五大湖区。同时,应奥巴马的要求,美国陆军工程兵团向国会提交了一份关于防止亚洲鲤鱼入侵的计划。该计划将斥资180亿美元,耗时25年在芝加哥运河附近修建巨型堤坝,以拦截亚洲鲤鱼入侵五大湖。同年,美国亚洲鲤鱼专家吉姆·加维等人应大自然保护协会中国部的邀请,于2014年9月9日至12日到中国寻找解决亚洲鲤鱼泛滥的方法。2017年8月,美国密歇根州长里克·斯奈德(Rick Snyder)公布了一项名为“挑战鲤鱼入侵”的项目,以遏制亚洲鲤鱼在五大湖区的泛滥,恢复生态系统。他表示,此项目欢迎所有有创新头脑的人来帮助解决亚洲鲤鱼入侵的问题,邀请世界各地专家提供保护五大湖区的有效方法,能够提供有效解决办法的人将获得最高70万元的奖金。此外,2017年美国政府将“鳄雀鳝”(一种被称为“活化石”的肉食鱼类)引入河道,来缓解亚洲鲤鱼入侵对本地生态造成的影响。鳄雀鳝是北美第二大淡水鱼,是最凶猛的十大淡水鱼之一。到目前为止,已经有7000条鳄雀鳝育苗被安装了微型追踪器并投放到亚洲鲤鱼泛滥的水域。

二、案例分析二:海洋污染

海洋污染是指由于人类活动对海洋生态环境造成的直接或间接的有害影响,其中对海洋动物影响较大的有垃圾污染和石油污染。

海洋是人类社会倾倒废弃物和排放垃圾的场所之一。虽然人类自古以来就有向海洋倾倒废弃物的行为,但海洋污染问题是在人类历史进入工业社会后才逐渐凸显出来。随着太平洋沿岸和大西洋海岸带城市化的发展,由海洋垃圾造成的海洋污染问题日益严重。自19世纪下半叶开始,海洋垃圾成为危害美国海洋生物与周边居民生活的环境问题。因向海洋倾倒垃圾成本较低且当时人们认为海洋具有无限的容纳力，向海洋倾倒垃圾成为垃圾处理的一种主要方式。虽然从20世纪30年代开始,美国的一些城市开始陆续停止向海洋倾倒垃圾并代之以卫生填埋法，但并没有从根本上解决海洋垃圾污染的问题。20世纪70年代,由于塑料制品的大量使用,生活垃圾重新成为海洋的重要污染源之一。据统计,1941年美国的塑料年产量仅为231吨,1945年迅速增长到84万吨,1986年达到2310万吨,1996年以后便一直保持在4000万吨以上,而且长期居于世界首位。[①]作为包装物的主流被广泛使用的同时,大量塑料垃圾不可避免地进入了海洋。1975年美国国家科学院的一项研究估计,全球海上船舶每天向海洋倾倒700万吨垃圾。[②]虽然只有大约1%是塑料,但是它形成的污染覆盖面却十分可观。同一时期,美国海岸警卫队估计,每天全球海上活动者会倾倒3.4万吨塑料垃圾。海岸警卫队也同时强调,虽然这只是海洋垃圾总量的0.5%,但日积月累,问题十分严重。[③]进入20世纪80年代,美国国家科学院进一步调查发现,全球海上商业船舶每天要倾倒45万个塑料容器[④],每年要倾倒5200万磅塑料包装垃圾,遗弃2.9亿磅塑料渔网。[⑤]

20世纪80年代以来,海洋塑料垃圾进入污染高峰期,对海洋生物的影响也开始变得明显:海洋垃圾对鲸鱼、海豚等大型海洋哺乳动物来说是一种

① 参见《世界五大塑料生产国的产能状况》,http://plastic.nstl.gov.cn/comm channel/con ten t.asp? contentid=97142。

② See Blockstein, David, Congress Tackles Ocean Plastic Pollution, *BioScience*, 1988.

③ See Christine Duerr, Plastic is Forever: Our Non-Degradable Treasures, *Oceans*, 1980, p.59.

④ See Weisskopf, Michael, Plastic Reaps a Grim Harvest in the Ocean of the World, *Smithsonian*, 1988, p.66.

⑤ See Debris Kills Fish, Marine Mammals: House Panels Approve Bills to Ban Sea Disposal of Plastics, *Congressional Quarterly*, 1987.

致命的威胁，对于海鸟、海龟等小型动物，塑料袋、渔网等海洋垃圾已经成为其公认的“杀手”。全球每年产生的塑料垃圾许多被倒入海洋；其中仅有一小部分废弃的塑料垃圾能够得到循环再利用，多数塑料垃圾被掩埋，还有一部分流入海洋。近几年来，随着电商的飞速发展，快递和快餐等的包装成为塑料垃圾的主要来源之一，特别是很多商家为了迎合消费者的需求，对商品进行过度包装，大大增加了对塑料制品的使用，产生的塑料垃圾也迅速增多。在美国，塑料垃圾主要集中在加利福尼亚州和夏威夷之间的海域。自 1997 年被发现后，目前面积已达到 350 万平方千米，并以每年 8 万平方千米的速度不断增加。其中太平洋垃圾群（the Great Pacific Garbage Patch）是著名的以塑料为主的海洋垃圾带之一，面积达到 170 万平方千米。[①]太平洋的各个洋流以顺时针方向流动，当海洋塑料垃圾经过这里时，就会被卷入这片“平静区域”，不再继续随洋流漂移。海洋垃圾越来越多，太平洋上的这一区域聚集了小到塑料片，大到塑料筐、丢弃的轮胎、捕鱼网等各色塑料垃圾。这些塑料制品在进入海洋后会吸引一些海龟或海洋哺乳动物，这些海洋动物经常会被塑料垃圾缠绕致死。如自 1976 年开始，阿拉斯加海域的海豹数量逐渐减少，造成这种现象的原因之一是每年大约有 4 万头海豹被塑料缠绕致死。废弃的渔网也会对海洋生物造成生命威胁。据美国国家科学院统计，每年约有 15 万吨塑料渔具被遗弃在海洋中。北太平洋三文鱼和枪乌贼等一些重要海洋生物已经受到这些海洋垃圾的严重威胁。2012 年，美国阿拉斯加渔业狩猎局（ADFG）公布了一段录像，画面显示，大批海狮和海豹因被人类遗留在海里的渔具或海洋垃圾困住而受伤或惨死。吞食海洋垃圾致死也是造成海洋动物伤亡的重要原因之一。海洋动物会将海洋垃圾误认为食物而吞食。大量海龟、海鸟等由于胃里塞满了垃圾而逐渐消瘦死亡。2008 年，两头 15 米长的

① 参见王晓峰：《国际法视域下的海洋垃圾污染问题研究》，浙江大学 2017 年硕士研究生毕业论文，第 6 页。

抹香鲸在美国加利福尼亚海岸搁浅。人们在它们的肠道中发现了渔网和其他塑料垃圾。其中一头抹香鲸体内的垃圾达205公斤之多,大量垃圾令其胃部撕裂。另一头处于半饥饿状态的抹香鲸则被塑料垃圾阻塞了消化道。

为了减少海洋垃圾对海洋生物的影响,美国政府先后颁布了多部其他法案来对海洋垃圾的倾倒进行约束,如1972年的《海洋保护,研究和保护区法》(*Marine Protection,Research and Sanctuaries Act*)和《防止倾倒废物和其他物质污染海洋的公约》(*Convention on the prevention of marine pollution by dumping*),1973年签署的《国际防止船舶造成污染公约》(*International Convention for the Prevention of Pollution from Ships*),1987年《海洋倾倒禁令法》(*Ocean Dumping Ban Act*)和《海洋塑料污染研究和控制法》(*Marine Plastic Pollution Research and Control Act*)。[①]同时一些企业和民间组织采取了积极的行动来清理海洋垃圾,救助海洋动物,如一些企业开始研发可降解塑料来代替塑料制品。

石油污染也是造成海洋污染的重要原因之一。美国历史上两次重大石油泄漏事故分别是1989年"艾克森·瓦尔迪兹"号邮轮漏油事故和2010年墨西哥湾漏油事件。

1989年3月24日,艾克森·瓦尔迪兹号(Exxon Valdez)邮轮搭载约20万立方米原油从阿拉斯加的瓦尔迪兹(Valdez,Alaska)驶往加利福尼亚州的长滩(Long Beach,California),在阿拉斯加美加交界的威廉王子湾附近触礁,约有257000桶(1100万加仑)原油流入威廉王子湾,覆盖了近2100千米的海岸线和近18000千米的洋面。这一区域栖息着大量鲑鱼、海獭、海豹和海鸟。此次漏油事故造成了大量海洋动物死亡。据统计,漏油事故发生后,大约有28万只候鸟、2800只海獭、300只斑海豹、247只秃鹫、250只白头海雕、

① 参见毛达:《海洋垃圾污染及其治理的历史演变》,《云南师范大学学报》(哲学社会科学版),2010年第6期。

22 头逆戟鲸和 22 头虎鲸死亡,还有数十亿鲑鱼和鲱鱼蛋受到破坏。除了对生态环境造成的影响,艾克森·瓦尔迪兹号邮轮漏油事故还破坏了当地的捕鱼业和以捕鱼业为基础的沿岸商业活动。艾克森·瓦尔迪兹原油泄漏信托委员会 2009 年公布报告称,此次漏油事故留下了灾难性的环境后果:阿拉斯加地区一度繁盛的鲱鱼产业在 1993 年彻底崩溃,再也没有恢复;大马哈鱼种群数量一直处于一个很低的水平;在这个区域栖息的小型虎鲸群濒临灭绝。

艾克森·瓦尔迪兹号邮轮漏油事故发生后不久,美国政府和阿拉斯加州政府对艾克森公司提起生态损害赔偿诉讼。该诉讼最终通过和解协议解决,经由法院批准,艾克森公司同意以十年内以分期付款的方式支付 9 亿美元给政府,以补偿给生态环境造成的损害。该协议包含一个“重新协商窗口”条款,规定允许联邦政府和阿拉斯加州政府可以再索赔 1 亿美元,用于赔偿协议达成当时未知的将来可能发生的海洋生态损害赔偿。除此之外,成立了艾克森·瓦尔迪兹号邮轮溢油受托人委员会(Exxon Valdez oil spill trustee council),负责监督协议的 9 亿美元用于恢复遭受破坏的生态环境。[①]

2010 年 4 月 30 日,英国石油公司(BP)租用的石油钻井平台“深水地平线”爆炸起火,大约 36 小时后沉入墨西哥湾距路易斯安那威尼斯东南部 80 多千米处,在接下来的 87 天里,约有 490 万桶(2 亿 600 万加仑)的石油泄漏到墨西哥海湾。墨西哥湾漏油事件是美国历史上最严重的漏油事故,在全球漏油事故中排名第二。国家和州级的石油泄漏应急行动由美国海岸警卫队根据国家石油和危险物质污染应急计划(National Oil and Hazardous Substances Pollution Contingency Plan)统一指挥,以确保有效和协调地控制、分散和清除石油和有害物质,同时尽量减少对人类和海洋环境的危害。应急人

① 参见王曦、谢海波:《美国埃克森·瓦尔迪兹号邮轮原油泄漏污染海洋案分析》,《中国审判》,2012 年第 2 期。

员采用各种方法来控制和回收溢油。最终使石油泄漏的估计减少至319万桶（1亿3400万加仑）。

石油钻井平台“深水地平线”漏油事件发生后，有关联邦机构对搁浅或虚弱的海洋野生动物，特别是那些暴露在泄漏石油中的海洋动物给予了高度重视：在海湾区域应急计划和美国国家海洋和大气管理局的海洋哺乳动物溢油应急指南的指导下，对海湾物种如鲸类动物（鲸鱼和海豚）和海牛进行保护；野生动物联邦指挥部依靠现有的海湾动物搁浅保护网和其他被《海洋哺乳动物保护法》授权开展保护海洋哺乳动物的组织来应对搁浅、虚弱或受伤的海洋哺乳动物；对石油污染程度进行的空中调查也对海洋哺乳动物的伤亡有了更直观的了解。

2011年8月，海洋哺乳动物委员会发布报告——《对英国石油公司深水地平线石油泄漏对墨西哥湾海洋哺乳动物的长期影响的评估》（Assessing the Long-term Effects of the BP Deepwater Horizon Oil Spill on Marine Mammals in the Gulf of Mexico：A Statement of Research Needs）。[①]报告概述了评估漏油事件总体影响的相关法律规定，并审查了漏油对海湾海洋哺乳动物可能产生的影响。它强调了改善海湾地区海洋哺乳动物评估和监测的总体需要，并概述了今后研究和恢复工作的优先事项，强调对海洋哺乳动物和海洋哺乳动物种群进行长期监测研究的重要性。此后，该委员会一直与海湾地区的科学家和管理人员合作，改进和促进海洋哺乳动物的恢复和重建战略。

科学稳健发展和细化监管措施，尽量减少海上石油、天然气和可再生能源对海洋哺乳动物的影响，被确定为海洋哺乳动物委员会2015—2019年战略计划的一个战略目标。2015年4月，海洋哺乳动物委员会和几个联邦机构、学术组织、非政府组织合作伙伴在新奥尔良召开了墨西哥海洋哺乳动物研

① See Marine Mammal Commission，https://www.mmc.gov/priority-topics/offshore-energy development -and-marine-mammals/gulf-of-mexico-deepwater-horizon-oil-spill-and-marine-mammals/，2017.

究和监测会议(Gulf of Mexico Marine Mammal Research and Monitoring meeting)。会议目的主要包括:对海洋哺乳动物和人类活动进行概述,回顾总结海洋哺乳动物研究和监测方案，收集未来 5 至 15 年的海洋哺乳动物种群数据,为深海地平线石油泄漏地区的海洋哺乳动物研究和监测找出潜在的资金来源,讨论合作促进长期的研究规划、信息共享选项和能力建设。

墨西哥湾发生重大漏油事故时，正值海龟繁殖季节，在短短两个月之内,墨西哥沿岸发现超过 550 只死海龟,海龟的处境岌岌可危。除了对海龟造成的伤害,此次漏油事件还造成大量其他海洋生物的死亡。一方面,原油与海水混合后,海水的颜色、透明度会发生相应的变化,从而改变海洋生物原有的栖息和生长环境，同时原油中的有毒有害物质会造成海洋动物大规模死亡或迁移。另一方面,大面积的油膜减少了海洋植物用于光合作用的阳光,影响了整个海洋系统的食物链循环,从而破坏了海洋生态系统平衡,造成大量海洋动物因缺氧而死亡。漏油事故发生后,英国石油公司采取多种措施堵漏并清理泄漏的原油，包括在海面点燃漏油。由于浮油团困住濒危海龟,油被点燃后它们无法逃脱,作为世界上最珍贵种类海龟之一的肯普氏丽海龟也未能幸免。

6 月 30 日,动物繁盛协会、生物多样性中心、恢复龟岛网和动物法律诉讼基金四家组织向位于路易斯安那州的一家法院起诉英国石油公司。这些组织认为,英国石油公司在墨西哥湾海面焚烧漏油的做法危害濒危海龟,违反了美国《濒危物种法》等法律。除叫停海面燃油,美国政府及动物保护组织还采取了大规模搬离海龟蛋等措施救助海龟。美国内政部鱼类和野生动植物管理局、海洋渔业局和佛罗里达州政府等多方联手,启动了一项人类历史上最大规模的迁移海龟蛋的行动——将受原油污染的佛罗里达州西北部和亚拉巴马州海滩约 5 万只海龟蛋迁移至佛州卡纳维拉尔角的约翰·肯尼迪航天中心。动物保护人士将挖出的龟蛋放入装有沙子的容器,该装置还有保温功能，确保龟蛋能顺利孵化，幼龟出生后便可回归不受原油污染的海滩。这一方案的救助对象主要是蠵龟蛋。蠵龟又名灵龟、红海龟，体型较大，成年龟平均重 113 公斤。墨西哥湾栖息着五种濒危海龟，蠵龟为其中之一。另外，棱皮龟、肯普氏丽等海龟的蛋也受到了救助。2015 年 7 月，英国石油公司与美国墨西哥湾沿岸五个州达成民事赔偿协议，同意将在之后 18 年内分期支付共 187 亿美元作为对漏油及由此引发的生态灾难的赔偿。然而美国联邦法庭新奥尔良地方法庭 10 月 5 日做出裁决：英国石油公司在 2010 年的墨西哥湾深水地平线钻井平台爆炸及原油泄漏事故中有“重大疏忽”，并最终处以 208 亿美元的罚款。同时美国司法部、商务部、农业部及环保署都相应发出声明，使这次“创纪录”的石油泄漏事故最终告一段落。

第七节　《海洋哺乳动物保护法》（*Marine Mammal Protection Act*）

1972 年，美国总统尼克松签署《海洋哺乳动物保护法》。该法案旨在保护濒危的海洋哺乳动物，规定禁止对海洋哺乳动物的猎杀及对其栖息地的侵扰，暂停美国境内濒危海洋哺乳动物及其产品的进出口和销售。《海洋哺乳动物保护法》的主要法律执行机构是内政部的鱼类和野生动植物管理局、商业部的国家海洋渔业局和海洋哺乳动物委员会(Marine Mammal Commission)。

《海洋哺乳动物保护法》规定，禁止在没有国家海洋渔业局授权的情况下过度捕捞杀害海洋哺乳动物。在符合海洋哺乳动物保护法有关规定的前提下，国家海洋渔业局可以允许两种情况下对哺乳动物造成的伤害：在某一地理区域内从事非商业捕捞性质的特殊活动的美国公民，对少量哺乳动物造成的非故意的捕杀和海洋哺乳动物科学研究过程中对海洋哺乳动物造成的伤害。为了保护和管理海洋哺乳动物物种,海洋哺乳动物委员会指定人员致力于濒危海洋哺乳动物种群数量和健康的评估,发展和实施保护计划,颁布相关法律法规,并在国际上同各国建立合作关系。海洋哺乳动物委员会在沿海各地设立了不同的海洋哺乳动物管理处,例如阿拉斯加的安克雷奇管理处负责对阿拉斯加地区北极熊、海象和北部海獭的保护,华盛顿州附近区域北部的海獭则由华盛顿地区管理处负责,生活在加州的南部的海獭由加州文图拉管理局负责。西印度海牛分布较为广泛,得克萨斯州、罗德岛、加勒比海领域均有分布,但西印度海牛在佛罗里达和波多黎各分布最多。杰克逊维尔地区管理局负责佛罗里达地区海牛的管理,博客龙地区管理局负责安替列群岛海牛的管理。

《海洋哺乳动物保护法》的主要立法目标是将海洋哺乳动物数量保持在“最优可持续数量”(Optimum Sustainable Population)的水平。[①]《海洋哺乳动物保护法》体现了对生活在不同法律条款和不同生态环境下的各种野生动物种群的保护。其中“海洋哺乳动物”是指具有“在海洋生存”(Sea-dwelling)、“温血”(Warm-blooded)、“呼吸空气”(Air-breathing)等特征的各类物种,如鲸鱼、海獭、海牛、北极熊、海豚、海豹等。这些海洋哺乳动物的数量由于气候变化、人类活动等各种原因逐渐减少。由于它们特殊的生存环境,对海洋哺乳动物的保护仍存在一些困难。该法案是对两大野生动物保护组织“保护主义者”(Protectionists)和“管理者”(Managers)立法妥协的产物。[②]虽然该法案授权在保护野生动物时使用一些传统的野生动物管理方式,但它更偏向于物种的保护而不是对珍贵动物资源作为一种产出的保护。与其他早期联邦和

---

① 最佳的可持续种群:要考虑栖息地的最佳承载能力和构成种群组成要素的生态系统的健康,以及将导致种群或物种最高生产力的动物数量。

② See George Cameron Coggins, Federal Wildlife Law Achieves Adolescence: Developments in the 1970s, *Duke Law Journal*, No.3, 1978, pp.753-817.

州的野生动物保护措施中对捕获野生动物的时间和方式的规定不同,《海洋哺乳动物保护法》最初对野生动物的剥削进行了无限期禁止,使得狩猎者和商业性捕捞者在捕捞时不得不遵守该法规的约束,在捕捞时减少对濒危海洋哺乳动物的伤害。此外,为了保护所有的海洋哺乳动物物种,该法案制定了非常详细和程序复杂的生态系统管理方案。

一、案例分析一:海豚保护[美墨金枪鱼案(Tuna Porpoise Case)]

该案起源于美国1972年《海洋哺乳动物保护法》。该法的规定指出:如果某种商业性捕鱼技术对海洋哺乳动物造成意外死亡或者伤害，而且死伤比率超过美国国内法律允许的死伤标准，对使用该捕鱼方法捕获的海鱼或者海鱼产品,根据该法的规定,将被禁止进口。海豚属于该法禁止捕捞和进口的海洋哺乳动物。在东太平洋热带海域,成群的金枪鱼通常会聚集在海面上或附近海域活动的海豚之下。早在20世纪60年代,美国的金枪鱼捕捞者就根据海豚与珍贵黄鳍金枪鱼之间的生物关系来定位金枪鱼群的位置:通过观察海面的海豚即可定位水下的金枪鱼群,通过围捕海豚就可以捕获水下的金枪鱼群。然而在捕捞金枪鱼的过程中,往往会危及海豚。在东太平洋海域(Eastern Tropical Pacific Ocean)捕获金枪鱼的商业性捕捞活动中,围网捕捞(Purse Seine Fishing)是一种被广泛采用的方法,巨大的渔网可以达到比较好的捕捞效果,但在对金枪鱼群进行围捕的过程中往往会造成海豚的大量伤亡。而海豚在美国是受法律保护的海洋哺乳动物。1972年之前,虽然采取了一些先进的捕捞技术,每年仍有约25万只海豚由于美国渔船对金枪鱼的捕捞而死亡。早在1949年,美国就针对东太平洋海域的金枪鱼保护与哥斯达黎加签订了《美洲热带金枪鱼委员会成立公约》(*Convention for the Establishment of the Inter-American Tropical Tuna Commission*),美洲国家热带金枪鱼委员会致力于通过国际性合作来减少东太平洋海域中由于商业性围网捕捞造成的海豚伤亡。1976年,美洲国家热带金枪鱼委员会把解决由于商业性捕捞金枪鱼引起的海豚伤亡问题作为主要目标之一。1986年,该委员会实施了国际观察员计划，对所有在热带东太平洋海域作业的金枪鱼捕捞船只进行监督并收集用于研究的详细信息。该计划内容还包括对一些关于海豚的基本研究、捕捞工具的改进和对捕捞船只上船长及船员的培训。1992年，美洲国家热带金枪鱼委员会成员国签订了《国际海豚保护计划协定》(*Agreement on the International Dolphin Conservation Program*)，该协定旨在逐渐减少东太平洋海域海豚的死亡率。该协定还积极寻求其他方法而不是依靠海豚群来定位金枪鱼群，同时使金枪鱼的数量保持在最大持续捕捞量的稳定水平。

1972年,美国政府签署《海洋哺乳动物保护法》。该法案禁止任何受美国管辖的个人或渔船在美国管辖的任何区域内从事海洋哺乳动物的捕捞活动或非故意性捕捞。此外,《海洋哺乳动物保护法》规定,禁止任何美国商业性渔船使用违反该法规定的捕捞方法，以及在美国管辖内的港口或其他地方实施与“夺取”相关的活动,违反该法可能导致高达10000美元的民事罚款。然而如果美国管辖下的商业性捕捞渔船获得非故意性“夺取”许可证,就可以获得商业捕捞活动过程中附带捕获的海洋哺乳动物。发放许可证的条例旨在减少或避免在商业捕捞过程中海洋哺乳动物的意外死亡或严重伤害。关于黄鳍金枪鱼围网捕鱼，这一目标主要是通过使用在经济上和技术上可行的哺乳动物安全技术和设备。在《海洋哺乳动物保护法》中,美国只授予了美国金枪鱼协会(American Tuna Boat Association)“夺取”许可证。1992年,《国际海豚养护法》(*International Dolphin Conservation Act of 1992*)增加了获得许可证的条件,具体包括:不在东方飞旋海豚或沿海斑点海豚出没的海域进行围网捕捞;1993年1月到1994年3月,海豚的总伤亡数不超过800头;

不在日落之后围网捕捞;不使用爆炸装置;渔船上有由美国或美洲热带金枪鱼协会(Inter-American Tropical Tuna Commission)认证的观察员。根据1992年《国际海豚养护法》,许可证于1994年3月1日到期,如果在到期之日,没有一个主要的围网捕鱼的国家根据美国法令就太平洋东部的黄鳍金枪鱼捕捞方法做出正式承诺,则在许可证持有人每年对海豚的伤亡率有效降低的情况下延期到1999年12月31日。此外,该法案禁止由于意外捕捞的海洋哺乳动物或海洋哺乳动物产品、鱼类及鱼类产品进口到美国。

由于根据《海洋哺乳动物保护法》,使用围网捕捞方法捕获的金枪鱼被美国严格禁止进口,对使用该捕捞方法的国家而实行的进口禁令被称为"初级国禁运"(Primary Nation Embargo)。如果第三国从"初级禁运国"进口金枪鱼,经过加工后再向美国出口,美国法律同样禁止这种金枪鱼产品的进口。这类进口禁令则被称为"第三方禁运"。美国当局要求向美国出口鱼或鱼产品的国家提供在商业捕鱼管制计划下捕捞活动对海洋哺乳动物影响的合理证明。在热带东太平洋海域围网捕捞的黄鳍金枪鱼中,捕捞国必须满足一定的条件,否则美国将禁止该国所捕金枪鱼的进口:捕捞国政府制定或者实施了一种与美国同类的海豚保护计划;捕捞国渔船意外捕杀海豚的平均比率与美国渔船意外捕杀的平均比率相当。具体而言,同一时期内,外国渔船每次因围网捕捞误伤海豚的比率最高不得超过美国关于海豚的国内保护标准的1.25倍;[①]捕捞国渔船在一年内捕获的东部飞旋海豚不得超过捕获海洋哺乳动物总量的15%,沿海斑点海豚不得超过捕获海洋哺乳动物总量的2%;非故意捕捞国必须处于国际热带海豚委员会或其他同等水准项目的检测之下;捕捞国必须遵守美国在具体的研究合作计划中提出的所有合理要求。另外,根据《保护海豚的消费者知情法》的规定,美国渔船在遵守海豚保护法规

① 参见别涛:《墨诉美金枪鱼案:环境贸易措施不应针对生产方法》,《WTO经济导刊》,2004年第9期。

前提下捕获的金枪鱼，应当提供原产地证书，经核实后可以在市场上使用“海豚安全”的标签。但外国渔船在公海使用拖网围捕方法或者使用其他大型漂网方法捕获的进口金枪鱼,不得使用“海豚安全”的标签。如果捕捞国与美国签订协议遵守某些特定的承诺则不适用于初级禁运国的条例。

这些承诺包括:从 1994 年 3 月 1 日开始的五年之内,在捕捞金枪鱼的活动中禁止使用围网捕鱼的方法对海豚或其他的海洋哺乳动物造成伤亡,除非承诺提前终止;在热带东太平洋海域进行围网捕鱼的渔船上的观察员需要符合一定的条件。从 1993 年 1 月 1 日到 1994 年 2 月 28 日,使由于围网捕鱼造成的海豚死亡率明显降低。该法案规定,美国将定期确定每个做出承诺的国家是否确实充分履行了这些承诺。如果财政部部长确定该国没有履行其承诺,则在向总统和国会通报这项决定后 15 天,秘书将禁止从该国进口所有黄鳍金枪鱼及其产品。除非有关国家在禁令实施 60 天以内提供合理的证据证明它已经完全遵守其承诺，否则总统将命令财政部部长禁止进口来自那个国家鱼类及鱼类总量至少 40%的一个或多个其他的鱼和鱼产品类别。对于“第三方禁运”,该法规定,任何国家(“中间国家”Intermediary Nation)出口被美国法律禁止的黄鳍金枪鱼及其产品到美国,必须提供合理的证明证实其在之前的 6 个月内没有进口过被美国法律禁止的产品。

1991 年《中介国禁运条款》(*Intermediary Nation Embargo Provisions*)生效以来,美国就对“中间国家”进行了明确的定义。“中间国家”需要获得黄鳍金枪鱼及其产品的原产国证明,并提供书面证明证实其原产国没有在热带东太平洋海域进行围网捕鱼。当时的“中间国家”主要包括哥斯达黎加、法国、意大利、日本和巴拿马。1992 年,这个最初对“中间国家”的解释被美国法院推翻。法院要求每个向美国出口金枪鱼的“中间国家”接受美国的产品认证,并证明在过去六个月内该国没有进口过被美国拒绝直接进口的金枪鱼。法院对“中间国家”的解释使更多的国家在 1992 年 1 月 31 日被加入了“中间国家”名单:加拿大、哥伦比亚、厄瓜多尔、印度尼西亚、韩国、马来西亚、马绍尔群岛、荷属安的列斯群岛、新加坡、西班牙、泰国、特立尼达和多巴哥、英国和委内瑞拉。[①]在新的“中间国家”定义下,1992 年 10 月 26 日,美国将一些不符合新定义的国家从禁运列表中删除(法国、荷属安的列斯群岛和英国均退出中间国家名单,哥斯达黎加、意大利、日本和西班牙仍被视为中间国家而禁运)。作为美国的密切合作伙伴,在热带东太平洋海域活动的墨西哥船队由于使用围网捕捞的方法,于 1990 年 8 月 28 日和 10 月 10 日两次被美国政府实施进口禁令。在双边磋商未果的情况下,经墨西哥请求关贸总协定(GATT)缔约国大会成立专家组就此案件进行调查。但由于美国针对墨西哥实施的进口禁令和作为该禁令依据的《海洋哺乳动物保护法》并不符合关贸总协定的相关规定,专家组建议缔约国大会要求美国修改其进口管理措施并使其符合关贸总协定中所规定的相关条例。

二、案例分析二:海洋噪声

美国自然资源保护委员会的一项研究表明,随着人类对海洋资源的开发、军用声呐、油气开采和货船运输等活动产生的海洋噪声,使海洋中的哺乳动物如海豚、鲸鱼等的生存受到严重威胁。海洋哺乳动物必须依赖声音进行觅食、求偶和躲避天敌等活动,海洋噪声会影响海洋生物的正常生活,甚至还会导致它们听力丧失以致死亡。

声呐技术作为导航和探测水下舰艇活动的技术被各国海军广泛使用。自应用声呐技术以来,鲸鱼搁浅事件在各地不断出现,且数量逐渐上升。2009 年,一项关于剑吻鲸和海军演习的研究发现,1874 年至 2004 年共有 136 起

① See Joel P. Trachtman, United States--Restrictions on Imports of Tuna, *The American Journal of International Law*, No.1, 1992, pp.142-151.

大规模的剑吻鲸搁浅事件,其中 126 起是从 1950 年美国海军使用军用声呐之后发生的。针对海军训练中使用的声呐系统对海洋哺乳动物的影响,环保组织与美国海军争论已久。美国环保组织曾多次起诉美国海军,要求停止声呐训练。如 2013 年,美国国家海洋渔业局批准美国海军在南加州和夏威夷之间的海域进行为期五年的声呐和实弹训练。美国环保组织就此事件向夏威夷联邦法院提起诉讼,称海军军事训练中使用的声呐会对海洋哺乳动物产生不可避免的伤害。虽然美国海军在训练中采取了一些措施(如训练时,在附近海域有大型哺乳动物,将停止使用声呐等威胁其生存的训练内容,并承诺在夏威夷训练海域设立座头鲸保护区),减轻声呐对海洋动物的伤害。环保组织表示,基于一些海洋哺乳动物濒临灭绝的现状,这些措施并不足以保证海洋哺乳动物免受伤害。美国海洋哺乳动物研究所表示,在海域中进行声呐等军事训练会危害海洋哺乳动物,应对训练事件、地点等有所限制,禁止在海洋哺乳动物的重要繁殖区域进行这类军事训练。但除了美国海军承诺采取的减轻措施之外,环保组织并没有能够阻止美国海军的声呐军事训练。2013 年 9 月,就美国海军声呐训练事件,环保组织取得了一次小规模的胜利,联邦法官认为美国海洋渔业局批准海军声呐军事训练时未考虑其可能对海洋哺乳动物造成的伤害,要求重新评估此次军事训练,但并没有强制美国海军终止正在进行的声呐军事训练。

由海军训练使用中频声呐导致鲸鱼搁浅死亡的事件不断发生:1996 年 5 月,美军在北约演习,有 14 头剑吻鲸在希腊海岸搁浅。1999 年的一项调查研究中,科学家对在沙滩搁浅的鲸鱼进行了研究,推测它们的死因可能是由于海军声呐对它们的听力造成了伤害。2000 年 3 月,大量鲸鱼在巴哈马群岛搁浅,科学家对其中 17 头鲸鱼进行了研究,调查发现,美国海军使用的中频声呐是造成鲸鱼搁浅的主要原因。2000 年 3 月,美军在百慕大海域再次进行声呐实验,由于声呐影响,发生了罕见的多物种搁浅事件——3 种鲸鱼共 16

头在长达150米的海岸线上搁浅,其中有6头死亡。科学家发现搁浅突吻鲸的眼睛、头部出血,肺爆裂,自此美军接受了声呐对海洋哺乳动物行为有影响的观点。2002年7月,在美国马萨诸塞州的鳕雪角,66头领航鲸集体自杀,原因同样与声呐实验有关。2002年9月,西班牙所属的加那利群岛沙滩发生鲸鱼搁浅事件,研究发现鲸鱼的脑部和耳部有流血的症状,体内的肝脏和肾脏也受到了相应程度的损伤。这项研究表明,海军使用的声呐系统不仅会使鲸鱼在海滩搁浅,还会对它们的内脏造成伤害。美国自然资源保护委员会曾以此为由向法院提起诉讼,以达到限制海军在训练中对声呐的使用。2004年7月,在美军的环太平洋军事演习中,声呐测试开始不久,夏威夷沿岸的浅水中就有200头鲸鱼搁浅,其中1头鲸鱼死亡。2005年初,由于美军声呐试验,37头鲸搁浅在北卡罗来纳州的外滩。2009年3月,美国"无瑕号"在中国南海被中国渔政人员和渔民拦截并驱赶前,打开声呐"工作"后不久就在"无瑕号"声呐范围内的香港海岸边出现一条长逾10米的成年座头鲸迷航搁浅。2013年10月,美国华盛顿卡斯卡迪亚研究团体的调查报告表明,高频率的海底声呐噪音使鲸鱼失去方向感以致在沙滩搁浅。

蓝鲸是世界上最大的动物,属须鲸科,它们根据中频噪音改变了觅食习惯,由此错过捕食良机,这使得它们变得虚弱,从而大批饿死。此外,军队船只和调查船声呐系统的高频噪音,会误导海洋动物游入错误的海域,从而发生搁浅。

油气钻探活动也对海洋鱼类造成了一定的影响,产生的噪音使一些鱼类的捕食量下降,比如大比目鱼、结鱼等,还会使它们的内耳受到严重的损伤,从而降低它们的生存能力。美国自然资源保护委员会要求渔业部门加强对油气探测活动的监督以减少海洋噪声。海洋噪声会对海洋哺乳动物的听力造成严重的危害,美国海军计划执行办公室最早进行了关于海洋哺乳动物听阈偏移的实验,目的是实验海洋声呐对海洋哺乳动物的听觉的影响。随后，夏威夷海洋生物研究所、加州大学圣克鲁兹分校、美国海军海洋哺乳动物研究中心也开始了对该项目的研究。目前，对于海洋噪声对海洋哺乳动物听力的影响已经取得了巨大进展。

货船运输活动也会对海洋哺乳动物产生极大的危害。北大西洋露脊鲸生活在北美洲东岸从新斯科舍到佛罗里达的海域，是世界上大型濒危动物之一，现存的北大西洋露脊鲸的种群数量仅有350到550头左右。斯特勒威根国家海洋保护区是北大西洋露脊鲸的重要栖息地之一，同时也是航线密集区。根据美国国家海洋和大气局（National Oceanic and Atmospheric Administration，NOAA）的研究调查，船只产生的海洋噪声使北大西洋露脊鲸在斯特勒威根国家海洋保护区的通讯空间减少了约三分之二。

目前科学界对军用声呐对海洋哺乳动物的危害已经没有争议，美国环境和鲸鱼保护组织也致力于减少美军声呐对海洋哺乳动物的影响。美国国家海洋局已经开始检测海洋噪声对海洋哺乳动物的影响，并提出一系列措施来减少海洋噪声对海洋哺乳动物的影响。2011年，美国国家海洋和大气管理局提出“声音地图”（Sound Map）项目，旨在探测和绘制美国领海附近的海洋噪声，从时间、空间和光谱特性上对海洋噪声进行记录，并绘制有史以来第一幅大型声音地图，更好地认识海洋噪声，从而找出降低海洋噪声污染的方法。2016年，美国国家海洋和大气管理局发布了“海洋噪声战略路线图”草案以减少海洋噪声对海洋生物的影响。该草案包括噪声对海洋动物的累积效应的研究。美国自然资源保护委员会海洋哺乳动物保护项目的主任迈克尔·亚斯尼表示，该计划标志着美国海洋局对待海洋噪声的态度发生了重大改变。

三、海洋动物保护机构

美国鱼类和野生动植物管理局是美国内政部的一个联邦机构，致力于鱼类、野生动物和自然栖息地的管理。该机构的使命是“与其他联邦机构合作，加强鱼类、野生动植物及其栖息地的保护，以造福于美国人民”。此外，美国鱼类和野生动植物管理局的职责主要包括：执行联邦政府的野生动物法律，保护濒危物种，管理候鸟，恢复全国重大渔业，保护和恢复野生动物栖息地、湿地等，促进国际对野生动植物的保护，通过野生动植物和鱼类恢复计划向各州的鱼类和野生动物管理机构分配资金。由于绝大多数鱼类和野生动物的栖息地都在非联邦土地上，因此美国鱼类和野生动植物管理局与一些自愿协助保护和恢复野生动物栖息地的私人团体保持着紧密的联系。美国鱼类和野生动植物管理局起源于1871年的美国鱼类和渔业委员会，也被称为“美国鱼类委员会”。为了研究食用鱼数量急剧下降的原因并找出解决方案，美国国会创立了该委员会。1903年，美国鱼类和渔业委员会重组为美国渔业局。1934年，国会通过的美国《鱼类与野生动物协调法案》是最古老的联邦环境审查法规之一。美国渔业局开始了对全国范围内重要野生动物栖息地的保护工作。1940年，美国渔业局与生物调查部合并在美国内政部的管理之下，也就是现在的美国鱼类和野生动植物管理局。

国家海洋渔业局是美国商务部管理下的美国国家海洋和大气管理局（NOAA）中的一个部门。它负责国家海洋生物资源及其栖息地的保护和管理美国专属经济区，并向沿海延伸200海里（约370千米）的海岸线。根据《马格努森-史蒂文斯渔业保护与管理法》，它负责评估和预测海洋鱼类资源的状况，评估和预测鱼类种群的状况，确保鱼类捕捞符合渔业法规，避免捕捞活动中对鱼类资源造成浪费。根据《海洋哺乳动物保护法》和《濒危物种法》，该机构还负责恢复受保护的海洋物种,如野生鲑鱼、鲸鱼和海龟等。在六个区域科学中心、八个区域渔业管理委员会、沿海各州和地区,以及三个州际渔业管理委员会的协助下,海洋渔业局保护并管理海洋渔业资源,促进海洋渔业资源的可持续利用。同时,采取措施阻止由于过度捕捞物种多样性减少和栖息地退化带来的潜在经济损失。沿海各州和地区被授权管理近岸水域的渔业,而美国海洋渔业局则负责保护和管理州水域之外的美国专属经济区的海洋渔业资源。国家海洋渔业局是联邦政府中最活跃的联邦机构之一,该机构每年有数百项管理计划公布在联邦公报中。大多数条例旨在保护《马格努森-史蒂文斯渔业保护和管理法》范围内的海洋渔业;其他条例则推动了《海洋哺乳动物保护法》和《濒危物种法》的实施。国家海洋渔业局也会根据其他地区渔业管理组织的管理决定来管理渔业资源,如美洲热带金枪鱼委员会、国际保护大西洋金枪鱼委员会、中西太平洋渔业委员会、国际海豚保护项目协议、国际太平洋庸鲽委员会等。2005 年,环保组织就濒危鲸鱼被渔具缠绕伤亡事件要求采取强制措施。2007 年,美国国家海洋渔业局颁布了一系列法规保护濒危的鲸鱼,特别是现存数量只有 350 只左右的北大西洋露脊鲸。海上齿轮碰撞和船只撞击是导致露脊鲸死亡的主要人为因素。法规要求进出波士顿港口的船只避开露脊鲸集中出现的区域。2017 年,国家海洋渔业局、大西洋区域渔业局和资源保护部实施了海洋哺乳动物和海龟保护项目,以响应《海洋哺乳动物保护法》和《濒危物种法》。该项目主要负责保护大西洋海域的鲸鱼、海豚、鼠海豚、海豹和海龟等海洋动物。此外,该计划还包括解决大型鲸鱼和海龟搁浅和渔具缠绕的问题。为了更好地实施这些法规,国家海洋渔业局建立了志愿组织网络,协助解决大型鲸鱼和海龟搁浅及渔具缠绕的问题。

第八节　《马格努森-史蒂文斯渔业保护和管理法》（*Magnuson-Stevens Fishery Conservation and Management Act*）

20世纪70年代,为了保护和开发海洋鱼类资源,美国联邦海洋渔业管理开始采取以《马格努森-史蒂文斯渔业保护和管理法》为基础的渔业法。渔业管理是一门相对年轻且在不断发展的学科。渔业的学科发展经历了从对渔业发展史和鱼类栖息地的认识到对鱼类种群的认识的逐渐转变，但对鱼类栖息地及跨种群相互作用并没有太多的关注。这种定量方法使用日益复杂的鱼类种群模型来确定收获配额。这种渔业科学方法即为1976年国会制定的《渔业资源保护管理法》(后来命名为“马格努森-史蒂文斯渔业保护和管理法案”(*Magnuson-Stevens Fishery Conservation and Management Act*)。制定该法是“为了立即采取行动养护和管理在美国海岸发现的渔业资源,准备和实施渔业管理计划,以实现和维持每一渔业的最佳产量”。

> SEC.2. Provide for the preparation and implementation... of fishery management plans which will achieve and maintain, on a continuing basis, the optimum yield from each fishery.

区域管理委员会制定的渔业管理计划(Fishery management plans)应符合国家标准，如实施养护和管理措施时应在实现最佳产量的基础上防止过度捕捞;养护和管理应以现有的最科学信息为基础;在可行的情况下,鱼类种群数量或其他相关种群数量应该由在其范围内的单位管理；养护和管理措施应该考虑到渔业、渔业资源和渔业捕捞之间的差异和突发事件。

SEC.301. Conservation and management measures shall prevent over-fishing while achieving, on a continuing basis, the optimum yield from each fishery; Conservation and management measures shall be based upon the best scientific information available; To the extent practicable, an individual stock of fish shall be managed as a unit throughout its range, and interrelated stocks of fish shall be managed as a unit or in close coordination...; Conservation and management measures shall take into account and allow for variations among, and contingencies in, fisheries, fishery resources, and catches.

在美国国家标准中,"最佳收益"是指鱼产量达到国家最大收益,特别是就食物和娱乐方面而言;在任何经济、社会或生态等因素下,鱼产量保持在最大可持续产量。国会希望渔业保护和管理措施可以在重建、恢复或维持渔业资源和海洋环境方面起到一定的作用,并保证避免对渔业资源和海洋环境造成不可逆转或长期的不利影响。

渔业科学中的经典单物种方法为渔业保护和管理法提供了一定的基础。它呼吁由该法产生的八个地区渔业管理理事会使用科学的方法进行渔业管理。然而渔业科学方法存在两个问题:第一,最大持续产量的定义存在歧义,与"最佳持续产量"和"最大经济价值"存在矛盾。一般来说,由于自然因素和其他因素的影响,"最大可持续产量"是不太现实的。此外,"最大可持续产量"是指一个大概的范围,而不是一个可估计的数值,渔业管理者往往会选择捕捞限额的上限作为捕获目标,而不是下限,因此渔业科学方法要求渔业管理者限定比"最大可持续产量"更为保守的捕获量。第二,国会要求管理委员会优化最大可持续产量，把任何相关的经济、社会和生态因素都考虑在内。虽然这些措施可以在实现《马格努森-史蒂文斯渔业保护和管理法》的过程中为渔业管理者提供一定的灵活性，但这些调整也有可能成为捕捞过量的罪魁祸首。

截至 20 世纪 80 年代，由该法案成立的区域渔业管理委员会通过一系列的会议和研讨会，就过度捕捞问题制定了基于最佳产量的新的国家标准。新标准规定，在设定渔业管理计划的最佳产量时，管理措施对最大可持续收益的设定必须能够避免造成过度捕捞。《马格努森-史蒂文斯渔业保护和管理法》要求区域理事会就过度捕捞做出客观可测量的定义，以便区域理事会和商务部部长监督和评估鱼类种群情况，并把能预测到的风险、不确定性和环境变化考虑在内。如果鱼类资源符合过度捕捞的定义，相关理事会必须制定合理的重建计划，以便在特定的时间内重建该种群。如果鱼类种群数量的减少受到人为因素的影响，则区域委员会在恢复栖息地的同时，要采取措施降低鱼类捕捞死亡率。新的国家标准为设定最佳产量时避免过度捕捞做出了更为明确的指示。

随后对《马格努森-史蒂文斯渔业保护与管理法》的修订没有改变立法的基本科学方法与目的，只是对内容进行了增加，如逐步淘汰外国捕捞渔船，激励未被充分利用的渔业区域发展渔业等。在 1986 年和 1991 年的修订案中，新增了在渔业管理计划中对鱼类栖息地的保护条例。渔业管理计划应该包括对受管理鱼类种群的栖息地描述，以及应该采取什么措施来保护该鱼类种群的栖息地。自 1996 年以来，区域理事会是否能够采取积极有效的措施来保护鱼类栖息地一直存在争议。有人认为，对全部渔业的统一管理是对领海栖息地和各州渔业水域的强制干预。1983 年，美国通过了《国家栖息地保护政策》(*National Habitat Conservation Policy*)，把《马格努森-史蒂文斯渔业保护与管理法》《鱼类和野生动物协调法案》及《国家环境政策法案》结合起来。1986年《马格努森-史蒂文斯渔业保护与管理法》修订案要求各理事会在渔业管理计划中包含现有的鱼类栖息地信息。各区域委员会被授权要求在可能影响委员会管理的渔业资源的联邦政府和州活动中采取一定的栖息地管理措施,理事会进行政策说明并指导实行。1995年《马格努森-史蒂文斯渔业保护与管理法》修订案中,美国渔业协会(American Fishery Society)要求国会将栖息地保护作为一项新的国家标准。此外,该修正案还旨在使《马格努森-史蒂文斯渔业保护与管理法》《海洋哺乳动物保护法》和《濒危物种法》中的鱼类管理措施具有更大的一致性。

对鱼类栖息地立法的重视表明了国会越来越清楚地意识到鱼类栖息地正受到越来越严重的破坏,进而补充制定了一系列修正案,如《鱼类和野生动物协调法案》和《国家环境政策法案》的执行程序。修正案要求区域委员会和国家海洋渔业局加快重点保护鱼类栖息地。1996年,美国海洋渔业局、美国国家海洋和大气管理局提出了《全国渔业栖息地保护计划》(Fisheries National Habitat Plan)。

《马格努森-史蒂文斯渔业保护与管理法》的实施在各地区之间和地区内部存在很大的不同。在重建、维持和恢复鱼类资源等基本管理问题上的成果不尽如人意。1997年,在279个渔业区中,86个存在严重的过度捕捞问题,还有10多个渔业区接近过度捕捞状态。在《马格努森-史蒂文斯渔业保护与管理法》生效二十多年后,渔业管理机构实施的渔业管理计划并没有有效地达到该法所预定的目标,对存在过度捕捞的渔业区的分类系统及鱼类种群数量增加或减少的原因分析也没有取得很好的效果。虽然导致过度捕捞的原因有很多,但是国会认为最主要的原因是各区域委员会在相当长的一段时间内为了经济利益而允许捕捞量超过最大可持续收获量,而商务部部长在审查各委员会行动是否符合立法规定时也存在一定的困难。

《马格努森-史蒂文斯渔业保护和管理法》确立了美国渔业保护与管理的

立法基准，给美国渔业带来了一场深刻的变革，主要以海洋渔业产出控制为主的政策工具进行海洋渔业管理，经过多年的发展，美国海洋渔业年捕捞总量从20世纪80年代中后期到现在一直稳定在500多万吨，并略有下降趋势，海洋渔业资源管理取得较好的效果。此法于1996年10月11日进行了再次修正。该法的一个重要贡献就是明确了美国对其200海里专属经济区的管理权，从而使美国成为最早通过立法建立200海里专属经济区管理制度的国家之一。到1983年底，美国海岸警备队根据该法律几乎赶尽了所有在美国经济专属区捕鱼的外国渔船。丰富的经济专属渔业资源，为美国渔业注入了新的活力。

随着渔业科学家及公众越来越意识到并关注栖息地变化对商业和娱乐性渔业的直接、间接和累积的影响，以及这些变化对生态系统环境的影响，同时一些鱼类种群由于不恰当的管理方式数量急剧减少，如过度捕捞、误捕、栖息地破坏及环境条件的变化，一些渔业管理者开始采取一些措施来恢复几近枯竭的鱼类种群及其栖息地。

1996年《可持续渔业法》(*Sustainable Fisheries Act*)作为《马格努森-史蒂文斯渔业保护与管理法》的修正案由国会通过并由克林顿总统签署生效。作为一项联邦政策，它规定渔业管理必须更好地把鱼类栖息地信息和生态系统管理方法纳入管理决策之中。目前，国家海洋渔业局和八个地区委员会正在逐渐适应这些管理机制。基于生态系统的鱼类栖息地管理方法虽然为一些管理上的问题提供了一些可行的解决方案，但依然存在一定的缺陷。生态系统方法对其执行机构有一定的要求，所以相关研究及培训需要进行很大程度上的改变，同时需要得到公众的支持。生态可持续渔业与普通渔业在很多方面都有很大的不同，而《可持续渔业法》的实施是迈向可持续渔业和更健康的生态系统的重要一步。从现行渔业管理方法向生态可持续渔业的过渡过程中，需要大量的人力和财力。渔业捕捞对海洋生物多样性有明显的影响,因而保护海洋生物多样性成为环境保护组织和科学家新的关注点。渔业捕捞可以改变经过几百万年自然选择而形成的鱼类基因、物种及生态系统多样性。毫无疑问,生物多样性的这种改变将会削弱物种、群落和生态系统应对长时间自然变化的弹性。2007年,小布什总统签署了《马格努森-史蒂文斯渔业保护和管理再授权法案》,更新了《马格努森-史蒂文斯渔业保护和管理法》中结束过度捕捞的最后期限,增加对以市场为基础的管理工具的使用,创建国家咸水区钓鱼注册制度,强调在渔业管理中使用生态系统方法。针对渔业管理,美国还出台了其他一系列法律法规,对海洋渔业资源的管理、开发和保护做出了具体规定,如《渔业和野生生物保护法》《大西洋海岸渔业合作管理法》《海洋保护研究与禁渔区法》《黑鲈条例》《持续发展渔业法》,以及针对美国中、西、南太平洋中的金枪鱼等潜渔业资源保护制定的《中、西和南太平洋渔业发展法》(*Central, Western and South Pacific Fisheries Development Act*)。2015年7月,美国与加拿大、丹麦、挪威、俄罗斯四国签订了《防止北冰洋中心海域不规范公海捕鱼的联合声明》(*Joint statement on the prevention of illegal fishing on the high seas in the central Arctic Ocean*)。

第三章　美国土地法

美国是一个地域辽阔的国家,土地私有制占较大比重。美国关于土地所有权的规定不同于欧洲国家。目前在美国,土地所有者在遵守政府关于环境保护的规定并照章纳税的前提下,便可拥有地下的一切财富,可以自由开采地下资源,或者将地下资源单独出售给别人。美国所有土地都实行有偿使用。美国法律明确规定土地可以买卖或出租。无论是政府想占用私人用地,还是私人想取得公共用地的使用权,都要通过购买、协商、审批等多种途径去获得使用权。例如,联邦政府为了国家和社会公益事业兴建铁路、公路及其他设施,需要占用州属公有土地或私人土地,也要通过交换或购买的方式取得。通信、输电、输油等管线要通过公有土地的地上或地下,都必须向土地管理局通行权处申请批准,并支付租金。美国的内政部设有土地管理局,专门负责联邦政府土地的管理工作,还负责对各州之间、州内部及私人之间存在的土地问题进行协商。美国政府通过地方政府、州政府和联邦政府对土地进行管理。土地使用的控制权大部分在地方政府,主要通过区域法来实施。区域法的目的是控制人们开发和使用土地的地点和过程。在土地管理上,有明确的严格的法律规定，并且由来已久。[①]美国土地政策的制定是一个不断完善的过程。美国在18世纪、19世纪，土地开发是以大量出售土地或免费分配土地为特点。“自18世纪70年代美国建国到19世纪90年代‘最后边疆的消失’，美国西部源源不断的自由土地资源吸引了大量的国内外移民前往开发，为美国成为农业大国奠定了坚实的物质基础。”[②]但是“美国的土地开发阶段基本上是不加选择地处理公有土地，期间大量的土地被无序开发，但同时也被破坏，出现一系列土地投机、破坏和浪费的问题”[③]。20世纪美国的土地政策把重点放在对土地资源的开发利用及保护上，从而提高土地可持续生产的能力。为了西部农田得以灌溉，使农业得到发展、停止对公共放牧土地的损害，防止过度放牧使土壤退化，国会颁布了多部法律，如《联邦土地开垦法》（*Federal Reclamation Act*）、《泰勒牧场法》（*Taylor Grazing Act*）、《土壤保护法》（*Soil Consevation Act*）等，使得土地使用更加有序，稳定畜牧业的发展，保护土地资源，减少土壤侵蚀。20世纪50年代后期至今，政府土地管理的重点是控制城市的规模和加强对农业用地的保护，鼓励城市走内涵式发展道路，要求城市的开发只能在界限内进行。为了有效利用城市土地、减少城市蔓延占用农田，政府开始对城市土地使用加以管理，出台了《1949年住房法》（*Housing Act of 1949*），《示范城市与都市开发法》（*Demonstration City and Metropolitan Development Act*），并为完善土地管理制定了许多法律法规。进入21世纪，所颁布的法律法规更加注重对农业发展和耕地的保护。

---

① 付英:《美国土地资源的严格保护和有效使用》，《山东国土资源》，2006年第22卷第2期。

② 田耀、孙倩倩:《美国土地政策演变及对资源保护的启示》，《国土资源科技管理》，2004年第2期。

③ 赵燕丽、田耀:《美国土地管理政策演变对我国耕地保护的启示》，《海外英语》，2016年第16期。

第一节　18 世纪土地政策系列法案

自独立以后,美国政府通过多种方式获得了大量的领土。颁布法案对处理好这些领土起着非常重要的作用。18 世纪所制定的一系列土地法案,以法律的形式把大量的土地纳入国家的范畴,合众国掌握了土地开发的权力。将公共土地向公众开放,公众可以通过购买来获得土地,政府通过出售土地获得财政上的支持，而民众购买土地也缓解了新英格兰地区资源的不足。此外，这些法案也解决了一些美国独立战争时期留下的军功授地等其他土地赠予的问题。民众获得的土地多是未经过开发的处女地,因而卖给民众土地也有利于合众国的土地的开发和新州的建设。这些法案的主要方向是先把土地归为国有,并着重处理如何建立与管理新州,以及再把公共土地进行私有化的问题，其特点为联邦政府快速地处理公共土地。“1784 年、1785 年、1787 年联邦政府连续制定了三个土地法案，确定了处理西部土地的三个步骤:第一步,将西部土地全部收归国有,以彻底排除各州争夺西部土地和边民非法占地产生的纠纷;第二步,在西北地区根据人口增长情况逐步建立权力平等的新州;第三步,再以法定形式陆续将这些土地投入市场,按地段出售国有土地。”①由于大多数民众根本无力承担政府出售土地的价格,因此 1796 年的土地法把贷款制度引入美国土地销售的制度之中。但是民众是通过贷款购买土地,由于土地刚刚开发,各种配套的设施也不完善,民众在土地上获得的收入几乎是微乎其微,因此民众后期也很难偿还贷款,最终导致的结果是,政府在颁布这个法案后收效甚微。但是毋庸置疑的是,这些政策

① 兰伊春:《论美国联邦政府的土地政策及其影响》,《青海师范大学学报》(哲学社会科学版),2006 年第 4 期。

法律还是吸引了大量的移民去广袤的土地上进行开发建设，为西部地区农业、畜牧业及城市的发展奠定了基础。

一、1784年西部领地政府条例（简称1784年条例，Ordinance for the Government of Western Territory）

（一）背景

17 世纪之前，北美一片原野，人口稀少。但经过百余年的历史演变，它融合了许多不同文化、种族和宗教的外来移民。在人口迅速增多的过程中，新的生存空间也在不断开拓，开始由东向西开疆拓土。北美成为来自欧洲国家移民的新家园，最初主要为英国人所建立的十三州殖民地。

首先，为了更好地对移民进行管理，英国政府为了把大批移民控制在相对集中的地方，于 1763 年颁布了禁止移民越过阿巴拉契亚山脉以西的公告令。但是伴随着移民的大量涌入，东部的土地逐渐不能满足移民的需求。因此，由移民自发的土地的扩张运动一直在持续着。

其次，18 世纪 70 年代北美独立战争开始，战争进行了 8 年，直至十三州殖民地宣布脱离英国而独立，成立美利坚合众国。根据 1783 年英美签订的《凡尔赛和约》规定，美国的领土范围为阿巴拉契亚山脉以西、密西西比河以东、北起加拿大边境、南至佛罗里达边界，这其中也包括大片印第安人所有的土地。最初的美国共为 13 个州组成，包括马萨诸塞、罗德艾兰、新罕布什尔、康涅狄格、宾夕法尼亚、纽约、新泽西、特达华、弗吉尼亚、马里兰、北卡罗来纳、南卡罗来纳和佐治亚，面积共达 230 万平方千米，占现在美国本土面积的约 30%。就是在这一个历史时期，美国通过侵略、购买、签订协约等方式获得了大量的土地。

再次,多年的战争让国内的经济遭受重创。1776 年,美国宣布独立,美国政府为了获得良好的军备,累积了巨额的债务。同时,美国在对外贸易的发展方面,也是受到来自英国、西班牙等国家的抵制,国民经济萧条的局面很难得到控制,这个百废待兴的国家急需要大量的资金来解决发展问题。为了谋求发展,这个年轻的国家,选择了扩张土地的道路。广袤的土地无疑是一笔巨大的、可以兑现大量资金的筹码。美利坚合众国政府也逐渐认识到出售土地不但可以解决国家干瘪的财政问题, 而且还有利于对新获得的土地进行合理的开发。

1780 年前,当时若干州,包括纽约州和弗吉尼亚州皆称对西北地方土地拥有管控权,但经过多方面的协商,这些州不久把这些土地让给中央政府。因此,联邦政府拥有对这些土地的处置权。如何解决好美国西部的土地出售问题对当时的各级政府至关重要。无论是南部的奴隶主、北部的土地投机商,还是贫苦的老百姓都希望在西部获得土地。此外,很多退伍军人多次向国会请愿,要求国会兑现在独立战争时期承诺给他们的土地。社会各界人士,包括政治家、金融家都呼吁国会采取有效合理的方式来分配西部的土地。但是如何合理地出售西部土地却是一个大难题。因为土地的分配问题直接影响东部和西部的利益问题。东部也同样存在未出售的大量土地问题,而西部土地的出售必然会影响东部各州的土地出售情况, 西部的崛起也会影响东部在全国的地位。至 1783 年独立战争结束时,1784 年处于过渡时期的联邦政府需要有具体措施来规范西北地方。于是,合众国委托杰斐逊起草了土地法令。

(二)主要内容

各个州所要割让或是即将割让给合众国的领地,还有国会从印第安人手中购买获得或者是即将获得时,要按照地理上的经度和纬度划分为独立的州,每个州从南面到北面要占两个纬度,并用特殊的地理位置选择来标注经线。

在该领地的定居者可以自行申请或者按照国会的命令就会得到国会的授权,在州的范围内,按照指定的时间和地点建立一个临时的政府。该政府由成年男子召开议会,所采取的法律和最初建立的州相同,这些法律也可以由当地的立法机关进行修改。

根据规定,当一个州自由的居民达到两万人时,他们可以向国会提出申请,如被证实情况属实,国会会授权这个州召开一次代表大会,并制定永久性的州政府和州宪法。所建立的永久性的或临时的州要符合以下几个原则:永远作为合众国的一部分,遵守《联邦条例》和合众国所制定的各项法律,不得干涉合众国处理土地的方式, 按照一定比例替合众国承担一定份额的债务,不得对任何作为合众国地产的财产进行征税,各个州所建立的政府必须是共和制,保证不对州内土地的拥有者征收高于任何新州居民的地产税额。

如果某个州中的自由居民达到与最初建立的13个州中人口总数最少的州的居民人数时,那么这个州就可以选派代表进入合众国国会,并与最原始建立的州享有相等的待遇,但是这要得到当时参加国会的2/3州的同意。

在任何新州还没有建立临时政府时, 联邦国会会采取与邦联原则相适应的措施来维护新州的和平秩序。

上述条款是一个契约条款,是处理最初建立的13个州与各个新州关系的根本条款,未经双方同意,不得对法案进行更改。

(三)影响与评价

1784年法令所适用的范围是国家的所有领地。该法令通过后,并没有真正付诸实施。因为当时的联邦权力有限,联邦也还没有对西部土地拥有完全的控制权,政治中心还在各州,此外各个州还没有处理好对西部土地的割让问题,这导致了国会通过的法令很难有效实施。

但是1784年的法案也有其积极的方面：首先，这部法案成为日后制定法案的依据。这部法案确立的土地国有的原则，提供了各个地区如何从临时的领土地位变成国家合法州即新州的方式，表明了西部的各州应该和美国最开始建立的各州一样享有平等的身份，对西部抢占土地的现象起到了一定的遏制作用。该法案肯定了土地出售前必须首先进行测量，以及所有赠送的土地都必须详细记录在案的做法等，为如何处理西部的土地问题奠定了基础。

二、1785年法令——《1785年5月20日西部土地出售法》（*Ordinance for the Sale of Western Lands, 20 May 1785*）

（一）背景

美国独立后，政府对待移民擅自占地的现象一直采取着十分软弱的禁止政策，擅自占有国有土地的现象十分常见。这些私自占用土地者仅仅通过标界土地就把土地据为私有，甚至在所占的土地上居住，引起了社会上很多人的不满，美国国会感到有必要禁止这些非法的擅自占有国有土地的现象。1785年由威廉·格雷森领导的土地委员会起草了1785年土地法，即《1785年5月20日西部土地出售法》。

（二）主要内容

每一个州的测量员应由国会或国家委员会任命，并在美国地理学家面前宣誓忠于职守，地理学家在此授权和指导管理相同的事务，测量员需要在行动中履行他的誓言。

从宾夕法尼亚西部边界与俄亥俄河的交点向西边延伸，土地测量员通过正南正北的直线把西部领地划分为约十千米见方的乡镇。

规定西部的土地按照最低640英亩的地块出售，最低价为每英亩1美元，用硬币或信贷券支付；或者通过把合众国政府债券按照资产折旧的方式折合成硬币来支付；或者通过购买美国的清算债券(包括利息)来支付。除了调查费用和其他费用外，每个乡镇还需要缴纳36美元，以硬币或者上述其中一种方式来支付，未能成功付款的投资人的土地会再次被转让。在一个乡镇的土地没有被完全销售完毕之前，不得进行另一个乡镇土地的销售。

各乡镇要按规定划分成36个地块，并标注1到36个数字，每个地块为640英亩。测量人员对乡镇外围线路调查时，要求每隔1000米对相邻地段进行标记，并以不同于乡镇的方式标明。

各乡镇为政府保留4个地段，编号为8、11、26、29。每个村镇保留第16号地块作为各乡镇开办学校之用；同样为政府保留所售土地上1/3的金矿、银矿、铅矿和铜矿将被出售，或以国会在之后指示的其他方式进行处置。

在测量的土地中，划出1/7的土地作为美国独立战争后大陆军和退伍军人的军功授地。

(三)影响与评价

1785年的法案被看作美国建国初期奠基性的法律，该法令的出台也正是各方势力妥协的产物，也是政府颁布的第一个土地法令。这项法案明确地提出了测量、出售西部地区土地的方法，确立了美国公共土地政策的基础，以及国有土地必须先测量再出售的原则。

该法案规定，国会任命的土地管理机构负责对各州合众国还有各州从印第安人手中购买来的土地进行勘察，由此保证了西部的土地在合众国政府的监控下实现各州财富的分配。一方面，美国的原始州丧失了对西部土地的控制权；另一方面，合众国的权力得到了扩大，为联邦政府以后更好地管理国家奠定了基础。此外，该法案也使西部土地以法律的形式归属国家得到了保障,把西部的土地划分一个个正方形的城镇,确立了土地分配和出售的基本单位,即所实行的镇区管理制度,构成了合众国西部边疆地区组成社区的基本组织形式。这种大面积的出售方式,较迅速地积累了政府的财政收入。同时,每个乡镇划分出一定量的土地作为政府、学校建设用地,尤其是该法案对教育用地的保留,为今后开展西部的教育事业奠定了基础。但是1785年法令"大块拍卖方式"使大地产集团攫取了购买西部土地的垄断权。①这一法案极大地刺激了土地投机,小农只能从土地公司购买土地,土地公司通过转手土地获得了巨额利润,大量的土地投机行为损害了西部定居者的利益,引起西部定居者的强烈不满。

三、1787年法令——《俄亥俄河西北合众国领地组织法》(*Ordinance for the Government of the Territory of the United States North-west of the River Ohio*)

(一)背景

在18世纪的大背景下,移民不断向西迁移造成了很多社会问题,比如印第安人和移民之间关系、移民与移民之间的矛盾等,这些也都是合众国政府急需解决的问题,合众国意识到必须建立统一有效的管理制度。

(二)主要内容

1787年7月13日,国会通过《俄亥俄河西北合众国领地组织法》,为建立临时政府之目的,该领地将划为一个行政区,如果未来情势许可,亦可分

① 参见黄仁玮:《19世纪上半叶美国西部土地投机高潮及其特点》,《东北师大学报》(哲学社会科学版),1992年第5期。

为两个行政区。

该领地中无遗嘱的居民死后，财产需在他的子女、子孙间平分（实际上是废除长子继承制），没有后代子女的，遗产可以在死者的亲人间进行平分；而在遗嘱中，死者兄弟或子女，拥有相等的财产份额，任何情况下都不应区分血统问题。

为管理该领地，国会将任命一位总督，除非国会撤销总督的职位，他的任期为三年，在该地区可以拥有1000英亩的土地。

如果该地区的成年的自由身份的男性达到5000人的时候，在向总督提供证明之后，该地区将有权选出一位代表，代表该地区参加全国大会。

各州议会或立法机构将由总督、立法咨询委员会和众院组成。具体条款如下：

第一条：在该地区行为端正的人，不得因其宗教信仰及礼拜方式而受到他人的侵扰。

第二条：上述领土的居民应始终享有人身保护令，在受法庭审判时，需要陪审团在场，按照法律的规定，在立法机关和司法程序中按比例拥有代表人数。除非证据确凿或是嫌疑十分重大的话，否则所有人都可以获得保释。所有罚款不得过重，亦不得加以残酷或逾常之刑罚。任何人除非经与其同等地位的公民陪审团或国法之判决，其自由或财产不得被剥夺；倘在公共财力紧急状态下，为了维护共同利益而必须征用任何人之财产或其某项服务时，则应给予充分之补偿。

第三条：宗教、道德及学识是一个良好的政府及人类幸福所不可或缺的东西，因此学校及教育应永远对这些进行鼓励。对于印第安人要有最大的诚意，他们的土地及财产，未经其同意，永不得夺取；也不得侵犯或侵扰印第安人的财产、权利及自由，除非在国会所授权的公正而合法之战争中；但为了防止他们会造成的侵害，维护彼此的和平与友谊，应建立正义与人道的法律。

第四条:上述领土及在该领地中可能建立的各州,将永远保持为美利坚合众国邦联的一部分,服从邦联条例中所做出的任何符合宪法的改变,服从美国国会在开会时所制定的适合该领地富饶的所有法令。上述领土上的居民和定居者应像其他州一样,支付一部分联邦政府已承包或将要承包的债务和一定比例的费用,这些费用是由国会按照以一定的规则和方式进行分配的;并在美国国会议定的时间内缴纳一定比例的税款,这些税款由当地或是新州的立法机构征收。这些地区或新的州的立法机构不得干预美国国会对土地的处置,也不得干涉国会为确保采购人在土地上获得所有权而做出的任何规定。通向密西西比河与圣劳伦斯河的通航水域及两河之间的运输水道,都是该领地居民和美国公民及可能参加邦联的其他各州的居民的共同通路,永远自由通行,不征收任何税。

第五条:在该领地内,将建立三个以上、五个以下的州。领地边界依托密西西比河、俄亥俄河和瓦巴什河划分自然边界线;陆地边界从沃巴什和文森特向北划线,一直到达美国和加拿大之间的国界线;该领地内,所建立的任何一个州,凡拥有60000自由居民者,那个州的代表即可被接纳参加国会会议,与其他各州在任何方面都是平等的,并能自由地制定永久性的宪法和成立州政府。但该州制定的宪法和成立的政府都要符合美国联邦州的各项原则,与美国联邦州的总体利益保持一致。

第六条:在该领地内不得有奴隶制度或强迫奴役,但因犯罪而依法判决之受惩者不在此列。如果一个人在原来所在的州从法律上判决他需要接受劳动改造或者是需要提供服务,这样的逃犯到了新州也要承受之前法律规定的相关事宜。

(三)影响与评价

“1787年法令应该是一个更成熟、更完善的法令。”[①]美国历史学家莫里森是这样评价1787年法令的:“它是美国伟大的创造性贡献之一,因为它显示了怎样消除殖民地与宗主国相互关系上的摩擦。”1787年法令是一部领地管理制度,其核心是确立西部建州的原则、政治框架和程序。该法令为处理西部土地提供了一个政治框架,是政府颁布的关于西北地区的最重要的法令,是美国建国以来具有奠基性质的法律,它确定了后来边邦政府关于西北地区土地政策的基本走向,逐步实现国有土地私有化,是较早的关于西北地区垦殖开发的法令,奠定了西北地区建立政府的基础,或者说是确立了西部建州的政治框架和程序,为西北地区加入合众国提供了必要的方式。该法案对美国的西部开发还有美国历史的进程都有着深远的影响。这项法律奠定了一些程序方面的原则,从那时起,有关新准州事宜,就是依照这些原则办理。当各个准州的人口达到60000人时,即可获得同最早十三州一样的地位。这是从法律的层面规定的新州将要以平等的身份加入,美国政府也将在与原来的州平等的基础上承认新准入的各州。此外,不同于其他国家把新纳入的州放在本国相对其他州较低的地位上,各个州还可以通过人口比例产生代表,平等地加入国会。这也就是否定了以任何土地规模和头衔排列等级的英国贵族式政治。

“据统计,1787年九十月间,在纽约举行的首次公地拍卖,政府只获得17.6万美元收入,至多只卖出了275份土地,使得该年全年出售的公共土地总共不过73000英亩,无一个市镇的土地被全部购买。按此速度,正如托马斯·杰斐逊所指出的,仅密西西比河以东要住满人就得1000年。邦联时期的土地

① 孔庆山:《美国早期土地制度研究(1785—1862)》,中山大学出版社,2002年,第98页。

政策显然不利于西部土地的开发和利用。”①

这个法令依据规定禁止在西北地区的领土上实行奴隶制，奴隶制在西北地区将被看作违法的，保护居住者的财产权。同时还废除了长子继承制，以一种新型的、较为公平的方式平等划分死者的遗产。这项法令还规定了各个乡镇要划出一定面积的土地供学校使用，为人民提供教育设施，从而为政府支持教育创造了先例。此外，这项法令还规定了各个准州要保障宗教信仰自由，任何安分守己的宗教信仰者都不得受到侵害，要尊重印第安居民。

随着1787年土地法的实施，西部国有土地私有化进程开始全面启动。此后，西部的道路、税区、选举区和学校教育都以镇区为单位进行，西部开发在总体上适合了美国资本主义的根本利益和秩序。但另一方面，两大土地法令的实施也导致了土地投机迅速地成为西部开发过程中司空见惯的现象。比如俄亥俄合伙公司即是当时最大的土地投机商，就是在这种大量的投机现象下顺势而生的。“俄亥俄合伙公司即是当时最大的土地投机商。1787年土地法一通过，该公司就购得100万英亩。之后，赛托和约翰·西姆斯两家专门为进行大宗土地买卖而成立的公司也各购得100万英亩。这三大公司由此得到的土地几乎囊括了后来整个俄亥俄准州。对于这种简单的、最直接的赚钱方式政府当然给予支持。但这无疑引起了许多拓荒者还有广大小农阶级的强烈不满。”②这种盛行的投机现象导致1796年到1860年间，2000多亿英亩的国有土地被出售。迫于广大拓荒者不断的反抗，国会也多次对土地法进行了调整。

---

① 贠红阳：《美国西部土地政策初探》，《渭南师范学院学报》，2002年第3期。

② 尹秀芝：《联邦政府的土地政策与美国的西部开发》，《北方论丛》，2005年第1期。

四、1796年土地法

（一）背景

1785 年法令所规定的现金支付原则和大地块的出售方式直接刺激了土地投机，广大的小农根本无力购买昂贵的大块土地，土地的出售面积对于西部的拓荒者来说还是难以承受的，再加上土地投机行为的盛行，让原本就无力购买土地的拓荒者无疑是雪上加上霜，同时对印第安人出让的土地的处理问题也存在争议，引起了很多人的不满，土地销售非常缓慢。

（二）主要内容

联邦政府成立后，经过国会的激烈讨论，最终于 1796 年 5 月 18 日通过了该土地法案。该法案规定要设立独立的土地管理局处理相关土地购买出售的相关事宜；凡是印第安人出让的土地均属于公共土地，需要对其进行严格丈量后才能进行出售。丈量分割的原则按照 1785 年的土地法令规定的内容为基准，即以镇区为单位，再将镇区分为 36 块，每块 640 英亩。在出售方面，要按块出售，即 640 英亩，最高出售地块数量为 8 块，每英亩的起价为 2 美元。该法令规定拓荒者可以通过少量贷款，在一年内付清款项，若土地购买者有能力提前付清相关款项，土地购买的总费用可以减少 10%。

（三）影响与评价

1796 年土地法开创了把贷款制度引入美国土地销售制度的先例，该土地法意在减少以往制定的土地法的一些弊病。但是政府为了提高收益，提高了土地的出售价格，把每亩土地的出售价格定为每英亩 2 美元起，这一做法并没有起到很明显的对土地的推销作用。有关资料显示,直到1800年出售公地也只有5万英亩,可谓是收效甚微。“在匹兹堡负责土地出售的阿瑟·圣克莱尔总督对此十分失望。”新任财政部部长小奥利沃·沃尔科特在给国会土地委员会的报告中说:“在匹兹堡仅售出约49000英亩土地, 价值112125美元。”[①]此外,移民西进的速度远超政府人员丈量、评估土地的速度,因此私自占用土地的现象在西部地区也成为一种普遍的现象。

第二节 19世纪土地政策系列法案

18世纪一系列土地法的实施,开启了西部国有土地私有化的进程,确定了后来联邦政府制定土地政策的方向。19世纪初到1862年《宅地法》(*The Homestead Act*)的颁布,美国的土地政策还是围绕着土地的价格和以单位面积出售土地进行的。19世纪土地政策的演变分为19世纪上半叶以销售为主的土地政策,以及19世纪下半叶多种分配方式共存的土地政策。1862年以后,土地转让政策主要为通过多种方式赠予土地。政府制定土地政策的依据从最初以销售土地作为增加财政收入的目的, 转变为通过不同的赠予方式来处理西部土地,为西部农业、畜牧业、林业的发展奠定了基础,更为西部城市的发展做出了贡献。但是“17世纪、18世纪形成的‘屠宰土地’现象”仍然普遍存在。在南部,先是烟草种植者,后是棉花种植者,无一不是采取掠夺式、粗放的垦种方式,很快耗竭地力,然后在新的土地上重复原来的过程,大量唾手可得的土地使人们对需要消耗更多劳力来恢复地力的农法不感兴

① Malcom J. Rohrbough, *The Land Office Business: The Settlement and Administration of American Public Lands 1789–1837*, Wadsworth Pub.Co, 1990, p.17.

趣，尤其是棉业中心的不断西移，土壤破坏也随之扩大。[①]

一、19 世纪上半叶以销售为主的土地政策

（一）《哈里逊土地法令》（*Harrison Land Act*）

1. 背景

在 19 世纪的上半叶，美国通过谈判、兼并和发动战争等方式获得了广阔的土地，使美国的疆域大大得到了扩大。随着“天定命运”（Manifest Destiny）思潮的兴起，扩张主义在美国上下盛行：一方面，美国本土的移民不断向西部扩张；另一方面，也吸引了很多外国的移民参与，因此政府需要采取一些措施刺激大众购买土地。

2. 主要内容

1799 年 12 月，威廉·亨利·哈里逊提出议案。1800 年 5 月 10 日，国会通过这项议案，即《1800 年法令》，也称作《哈里逊土地法令》。

法令中规定：①这项法案服务于美国俄亥俄州的西北部和肯塔基河口上方的土地出售的相关事宜。在西北领地设立四个土地局，分别位于辛辛那提、奇利科西、玛丽埃塔、斯托本维尔。②为购地者提供四年的信贷方式，土地购买者应该在四十天内支付四分之一的地价，在两年内支付另外四分之一的地价，其余四分之一部分在三年内支付，最后的四分之一地价在四年内全部付清。政府对后三期付款征收年利率 6%的利息，如果提前支付地款，将给予每年 8%的折扣。

① 参见吴天马：《美国土地资源利用和保护的历史回顾》，《中国农史》，1996 年第 2 期。

3. 影响与评价

《哈里逊土地法令》是国会为了刺激土地标卖而通过的另一个土地法。这部法律规定一次出售的土地变为 320 英亩，相当于以往规定的出售土地面积的一半。建立了相对自由的信贷制度，允许购买土地者获得四年的信贷，并规定现金交易可以得到 8%的折扣，分期付款收取年利 6%，但每英亩的最低价格未变，仍然为 2 美元。由于最低购地面积减少到 320 英亩，再加上四年的信贷措施，“1801 年共销售了 497938.36 英亩的土地，而在 1800 年，只销售出 67750.93 英亩。”[①]

这项法令扩大了西部拓荒者的购买能力，在长达二十年的时间里，这一法令一直刺激着西部的土地出售。在这一时期，公共土地成为邦联财政收入的一个重要来源。这项法令提高了西部拓荒者购买土地的能力，刺激着西部土地的出售，极大地鼓励了移民向西的迁移，让公共土地成为政府重要的资金来源，不过该土地令仍然对土地投机商更为有利，不利于农场主。

（二）《印第安纳授权法》（*Indiana Authorization Act of 1804*）

1. 背景

“天定命运”的思潮持续兴起，美国殖民扩张的道路越走越远。1803 年，托马斯·杰弗逊（Thomas Jefferson）总统用 1500 万美元向法国购买了路易斯安那地区（Louisiana Purchase），包括从密西西比河直达落基山的广大平原，面积约 215 万平方千米，从而使美国领土猛翻一番。美国的国土面积不断得到扩大，与此同时，《哈里逊土地法令》的弊端也逐渐被人们意识到，虽然《哈里逊土地法令》对土地销售量有明显的促进作用，但还是有一大批土地投机

① Benjamin Horace Hibbard, *A History of the Public Land Policies*, New York: The Macmillan Company, 1924, p.100.

者利用信贷制度进行疯狂的土地投机，而最低购地面积320英亩还是令普通拓荒者望而却步。各州的移民不断向国会请愿,要求修改土地法令。

2. 主要内容

国会于1804年3月26日通过了《印第安纳授权法》。该法令规定:将土地的最低面积减少至160英亩,相对《哈里逊土地法令》规定最低的出售土地面积减少了一半，土地贷款制度和每英亩最低售价不低于2美元的政策不变,而且一次性用现金付清全部土地款可以享受优惠。

3. 影响与评价

《印第安纳授权法》减少了土地最低的出售面积,对一次性用现金支付全部土地款项的土地购买者给予一定的优惠，这些政策对刺激拓荒者购买土地来说无疑具有促进作用。

(三)《1817年土地法》(*The Public Land Policies of 1817*)

1. 背景

这一时期美国的殖民扩张政策继续得到推行,在收购路易斯安那之后,美国与西班牙在佛罗里达的边界问题上产生了争议，西进的美国人涌入了西佛罗里达,很快占到了当地人口的绝大多数,并于1810年爆发了起义,美国胜利,并宣布西佛罗里达自古以来就是路易斯安那的一部分。与此同时,美国也向密西西比河以西扩张,用购买和战争的手段兼并了法国、西班牙、英国的殖民地和墨西哥的大片国土。

2. 主要内容

在1817年,国会又出台了为专门缩小销售地块的《1817年土地法》,把最低出售土地的面积减少到80英亩,为《印第安纳授权法》所规定的最低出售土地面积的一半。国会对土地法做了重大修改,把购买土地的最低价格减少为每英亩1.64美元,把销售的土地面积不断缩减。

3. 影响与评价

《1817 年土地法》旨在进一步减少拓荒者所要承担的最低购买面积，并把每英亩的价格进行了一些微调，但是农民仍然无力耕作如此大块土地，也没有能力偿还贷款。据统计，1804 年法令颁布后，“联邦共售出 58.2 万英亩的土地。继而在 1817 年法令实施后，销售量高达 350 万英亩”[①]。但是西部地区的小农虽然可以通过贷款获得土地，但是后期的贷款资金的偿还也是令小农阶级难以承受，最后不得不转手给土地公司。与此同时，贷款制度的引用，导致许多州的银行不计后果地发放贷款，造成了很多经济和社会问题。

（四）《1820年土地法》（*The Public Land Policies of 1820*）

1. 背景

严重的债务危机已经威胁了美国联邦政府，国会不得不终止土地贷款制度。美国又不断出兵入侵东佛罗里达。鉴于西班牙国内也不断发生祸患，最终西班牙不得不放弃对东佛罗里达的统治。1819 年 2 月 22 日，在华盛顿签订《亚当斯-奥尼斯条约》（*The Adams-Onís Treaty*）。西班牙割让东佛罗里达，并默认西佛罗里达是路易斯安那的一部分，美国仅花了 500 万美元就从西班牙手中获得 15 万多平方千米的领土，国家所拥有的土地进一步得到扩大。1820 年 4 月，国会为买地人通过 12 项照顾性法令。

2. 主要内容

所有公开拍卖的土地，都以 80 英亩的面积出售。而在私下出售土地时，购买者可以任意选择 80、160、320 或 640 英亩的出售面积；从 1820 年 7 月开始，停止联邦所有土地的信贷销售。购地者在购买当天必须用现金支付，否

① Benjamin Horace Hibbard, *A History of the Public Land Policies*, New York: The Macmillan Company, 1924, p.100.

则所购土地将于第二天另行出售，并且该购地者不得再在该次售地中购买土地；所有联邦土地，无论是公开拍卖，还是私下出售，每英亩售价不得低于1.25美元；所有因为拖欠付款而被没收的土地，未经公开拍卖，不得进行私售；本法令所规定的公开拍卖期为两周，不得超出这个时间期限。土地局登记员和公款收款员每天参与拍卖时，可以得到5美元的酬金。

3. 影响与评价

该法令标志着土地信贷销售制度的结束，宣告土地现金销售时代的到来。由于废除了土地贷款制度，使得土地销售的狂潮暂时冷却了一点。《1820年土地法》大大刺激了土地买卖和移民，使农业生产得到惊人的发展。该法令的核心是废除土地的信贷销售，使实际的拓荒者更容易得到小块土地。“这个法令使未来的购地者摆脱了信贷销售制度罪恶的困扰，付100美元就可以得到80英亩土地。”[①]

《1820年土地法》将公地出售的最小单位减少至80英亩，普通的拓荒者有能力承担80英亩的面积和价格。在该法令实施后，大量的土地被出售，有资料显示，“政府出售87538346英亩公地，等于1796年至1820年间联邦出售公地的6.7倍。1790—1820年的30年内，从东部移往西部的人数大约为250万，1820年以后的30年，从东部前往西部的人数高达400万。”[②]

（五）1830年《优先购买权法令》（*Preemption Rights Act*）

1. 背景

美国在殖民地时期就存在移民占地现象，这与美国的历史传统有着很大的关联。美国独立后，政府测量土地的速度赶不上移民西进的脚步，先到

① Treat Payson Jackson, *The Nationa Land System, 1785—1820*, New York: A Division of Antheneum House, Inc, 1967, p.140.

② 何顺果：《美国边疆史——西部开发模式研究》，北京大学出版社，1992年。

的移民就占据了政府还没来得及测量的西部土地。这部分移民并不想免费获取土地,而是能优先购买自己开垦过的土地。1807年,国会通过了《禁止非法占据公地法令》(*Prohibition of Illegal Occupation of the Public Land Act*),该法令只是禁止非法占地。该法令颁布后,实际上没有起到很大作用,大多条款都没有得到有效的实施。随着西部在美国的影响力逐渐增强,国会也开始部分接受西部的占地行为,相继出台了一系列针对特定某个区域或某一个群体的优先购买法令。

2. 主要内容

1830年5月29日,国会颁布了美国建国以来第一个具有全面意义的《优先购买权法令》。法令规定:①公地上的实际拓荒者只要在1829年曾占有或开垦过一块土地,他都享有按最低价格购买不超过160英亩土地的优先购买权。若两个拓荒者都占有于同一个1/4地块上,那么这二人平均分配地块,每人再从其他地方选取80英亩;在行使此优先购买权之前,应向土地局官员提供定居或开垦的证明;没有提供证明或按规定付款者将失去这项优先购买权。

3. 影响与评价

该法令颁布后,土地销售量大增,1830年出售了242979英亩的土地,1831年的销售量高达557840英亩。1841年国会通过《公地出售收入分配与优先购买权法令》后,西部土地关于优先购买法令最终确立起来。1841年,国会又颁布了《优先买权法案》(*The Preemption Rights Act*),它使拓荒农民有权在土地实际出售前,甚至在测量前就选定好一个地块,在土地最终出售时,他可以优先按每英亩1.25美元的价格购买160英亩已经改良的土地,这样一来就有更多的拓荒农民有能力购买一块完全个人拥有的土地,并建立起自己的家庭农场。

（六）1830年《印第安人迁移法》（*The Indian Removal Act of 1830*）

1. 背景

西部的拓荒者和当地的印第安人之间，因为土地、生产生活方式引发的矛盾不断。

2. 主要内容

1830 年 5 月，杰克逊总统通过了《印第安人迁移法》，把印第安人迁到密西西比河以西。

3. 影响与评价

这之后，美国政府派军队把印第安人押送出密西西比河以东地区，殖民事业因此在这一地区迅速发展，棉花产量逐年升高。19 世纪晚期，数百万移民蜂拥西进，占据了从大平原到太平洋沿岸之间的大片土地，把印第安人从俄克拉荷马的最后一个土著避难所挤了出去。

（七）《1832年土地法》（*The Public Land Policies of 1832*）

1. 背景

虽然《1820 年土地法》废除了贷款制度，但是 80 英亩的土地、100 美元的价格对于普通的拓荒者来说还是沉重的负担，远远超出大多数人的支付能力。因此，西部拓荒者再次不断要求政府缩小土地出售面积。

2. 主要内容

在 1832 年 4 月 5 日，国会又颁布了《1832 年土地法》。内容如下：从1832 年 5 月 1 日起，联邦出售的地块面积减少至 40 英亩；联邦对购买 40 英亩的移民有附加的规定，只有以耕种为购买目的；公地上的拓荒者，在本法令通过后 6 个月内，依照本法令的规定，按照财政部的条例，他们将享有不超过 80 英亩土地的优先购买权，包括他或他们曾经开垦改良过的部分。

3. 影响与评价

这部法令的颁布得到了西部人民的认可，在《阿肯色公报》一篇评论中写道："这个法令给阿肯色的每一个地方都带来了好处，我们相信政府也会由于出售数万个小块土地而得到数十万美元的收入，如果按照旧法令把出售面积规定在80英亩或以上时，根本不可能会发生这样的事情。"①该法令在出售土地面积上向西部小农做出巨大让步，还增加了以往土地出售法令中所没有的一项原则，就是购买土地必须是以"耕种"为目的。虽然这一原则只适用于私售的土地，但这是土地销售一个重要转变——从以财政收入为主向以开发为主的土地处理制度的一个转变，首次将土地销售同土地开发结合起来。从18世纪末到1832年，可以看出土地政策的变化主要是围绕出售地块的大小：土地出售面积从最初的1785年规定的640英亩一步一步地减少到了40英亩，普通的农民逐渐可以承受土地的价格。从这些土地政策的不断改变中也可以看出美国土地政策不断趋于民主化。

（八）1854年《土地分级和出售法令》（*Land Grading and Sale Act*）

1. 背景

美国对领土的扩张一直在持续着，在北部，美国和英国于1842年8月在华盛顿签署了《韦伯斯特-阿什伯顿条约》（*The Webster-Ashburton Treaty*），为此美国分到了约11000平方千米的土地。1867年3月，美国与俄国签约，以720万美元购买到阿拉斯加和阿留申群岛。早在18世纪末，美国就垂涎于加利福尼亚，随着美国移民在这一地区的逐渐增多，美国不断制造与墨西哥的事端，并以此作为发动战争的借口。1847年美国攻占墨西哥城，双方进行谈判；1848年2月2日，美、墨双方签订《瓜达卢佩伊达尔戈条约》（*Treaty of*

① Malcom J Rohrbough, *The Land Office Business: The Settlement and Administration of American Public Lands 1789-1837*, Wadsworth Pub.Co, 1990, p.172.

Guadalupe Hidalgo)。根据条约,以格兰德河为边界,割让该河与太平洋之间的领土给美国,包括现在的加利福尼亚、内达华、犹他、新墨西哥和亚利桑那州等,美国支付1500万美元给墨西哥。1851年12月30日,美国又迫使墨西哥签订《加兹登条约》(*Gadsden Treaty*),用1000万美元购买希拉河流域的土地,美国西南部领土扩张结束。从美国邦联时期所颁布的土地出售法令中,所有的土地都是按照统一价格出售。土地肯定是有贫瘠之分、地域之分的,对于贫瘠的、地理位置不佳的土地就无人问津了,因此有大量的土地被囤积起来,没有办法出售。针对这一情况,国会在1854年颁布了《土地分级和出售法令》。

2. 主要内容

法令规定:上市10年的土地仍未售出,土地价格降到每英亩1美元;上市超过15年没有销售的土地,价格降至每英亩0.75美元;上市超过20年还没有售出的土地，价格降到每英亩0.5美元；投放市场25年以上仍未售出的,土地价格降到每英亩0.25美元;投放市场30年以上仍未售出的,土地价格降到每英亩0.125美元;该土地上的实际拓荒者和占据者可以按照《优先购买权法令》购买该土地;购地者应向土地局官员宣誓,所购买土地只能自己使用,必须是实际开发和耕种所用,或者作为扩大已有农场的目的。根据此法,不得购买超过320英亩的土地。

3. 影响与评价

该法令使土地销售量迅速增长,销售量高达2600万英亩。

二、19世纪下半时期的土地政策

“在19世纪50年代，美国民众争取免费土地立法的运动持续高涨,免费分配土地的议案在国会反复提出，但除去以上几项特殊的免费授地法令外,国会欲颁布具有普遍意义的免费土地立法的努力始终未获成功。”① 19世纪60年代以后,联邦政府的土地政策开始有了较大的转变,其特点是从以销售为主转向以赠予为主。这一时期政府出台了多个土地法案,从表面上看,这些新法案拓宽了土地分配渠道和赠地范围,但土地投机的热潮丝毫没有降低。

(一)《宅地法》(*The Homestead Act*)

1. 背景

这一时期,美国的殖民扩张仍在持续,又将领土扩张的方向指向墨西哥,美国人不断涌入得克萨斯州境内,1836年3月,得克萨斯州宣布脱离墨西哥成立“孤星共和国”。直到1845年12月,美国国会同意得克萨斯成为合众国的第28个州。在美国兼并得克萨斯州后,美墨战争(the Mexican-American War)爆发,墨西哥战败,美国和墨西哥签订《瓜达卢佩-伊达尔戈条约》(*Treaty of Guadalupe Hidalgo*),通过此条约,美国获得了加利福尼亚的部分地区,内华达、犹他的全部地区,科罗拉多、亚利桑那、新墨西哥和怀俄明部分地区。美国自独立后,与英国在俄勒冈地区的分界线问题一直没有达成协议。美国多年来对这一地区也没有什么兴趣。19世纪30年代,经传教会的大肆宣传,美国掀起了“俄勒冈热”,大量移民沿着俄勒冈小道进入那里。1846年,英美双方经谈判于6月签订《俄勒冈条约》(*Oregon Treaty*),条约规定北纬49°以南的俄勒冈地区划给美国。1859年,这个地区作为美国的第32个州加入联邦。

在北部,1842年8月9日,美国和英国签订了《韦伯斯特-阿什伯顿条约(*Webster-Ashburton Treaty*),解决了双方争议的明尼苏达、缅因北部边界

① 孔庆山:《美国自由土地制度述论》,《华侨大学学报》(哲学社会科学版),2004年第2期。

问题，使美国东北的边界上移。1846年，美国又和英国签约，把美国北部北纬49°的国境线一直延伸到太平洋沿岸，并以各种方式驱赶当地的英国人。1848年，加利福尼亚发现金矿，从此西部对于广大拓荒者来说更具有魅力。1853年，美国又以修建南部铁路为由，以1000万美元从墨西哥购买了亚利桑那州南部希拉河流域。1853年，美国已把它的国境线推进到太平洋沿岸，国土面积达785万平方千米，比早期独立时的版图增加了7倍多，就连当初移民稀少的密西西比河以西的人口也逐渐多了起来。

1847年2月，国会通过一项军人奖赏法，规定退伍军人可以享受100美元的国库券，用来支付购买任何公有土地。后来又多次修改这项法令，扩大奖赏，这从另一方面也增添着西部土地的吸引力。此外，在1854年8月，国会通过了地价递减法案，进一步缩减土地地价，极大地吸引着移民的到来。1850年以后，西部移民和经济发展，在美国发展中居于重要地位。西部地区地广人稀，大片的土地亟待开发，刚刚成立的邦联国会极度缺乏经济资本，因此土地一直作为美国政府财政的一大经济来源，从1796年到1860年间，共有约2.75亿英亩的国有土地被出售。但是土地的出售面积还有地价对于西部的广大移民来说还是难以广泛接受的。而西部移民争取免费土地的意愿从美国独立开始就一直延续着。美国有着悠久的免费分配土地的传统。实际上，随着北美殖民地的建立，免费分配土地的实践也就开始了。北美殖民地最早和正规的免费分配土地的制度起源于弗吉尼亚的“人头权利制”。所谓人头权利制，就是按人头免费分配土地。在弗吉尼亚建立初期，一切殖民组织活动均由弗吉尼亚公司承担。移民的招收和运送费用皆由公司负担。公司为了减轻日益沉重的财务负担，削减现金开支，许诺向每一位自费移居弗吉尼亚，或者替他人支付移居弗吉尼亚费用的人免费授予50英亩土地。人头权利制成为最有效地吸引和招徕移民的手段，后来几乎为各个殖民地所效仿。[1]美国独立后,要求免费分配土地的请愿书已经源源不断地提交到国会,这项议题也始终是国会辩论的焦点。

2. 主要内容

1862 年,政府颁布了《宅地法》,规定一家之长或年满 21 岁、从未参加叛乱之合众国公民,在宣誓获得土地是为了垦殖目的并缴纳 10 美元费用后,均可登记领取总数不超过 160 英亩宅地,登记人在宅地上居住并耕种满 5 年,就可获得土地执照而成为该项宅地的所有者。《宅地法》还规定一项优惠条款,即如果登记人提出优先购买的申请,可于 6 个月后,以每英亩 1.25 美元的价格购买。

3. 影响与评价

《宅地法》也是一部为鼓励西部开发而颁布的法律,它是美国所颁布的法律政策中一个里程碑式的法案,是美国民主制度的胜利。《宅地法》的实施满足了民众拥有土地的愿望,但也助长了土地投机的行为。“这些政策被标榜为维护自由民和中产阶级城市居民的利益,但实际上各方案的真正受益者多为投机分子、开发商和地方政府。”[2]因为西部土地过于干旱,小农根本没有足够的人力、物力、财力去经营管理,因此在当时许许多多的小农在获得土地的使用权后苦于无力管理,最终把曾经获得的土地转手给了土地投机商。

《宅地法》将西部土地按人民自由权利的原则免费向移民分配,避免了三四十年代的土地投机商和垄断者插手土地分配与哄抬地价的行为,保证土地资源直接流向生产者,它是美国土地立法中最为彻底地体现了民主精神的法案。法案的实施使数以百万的移民获得了合法的土地产权,标志着小土地所有制在联邦土地政策中取得了决定性的胜利。[3]

---

① 参见孔庆山:《“宅地农场议案”在国会的辩论及其通过》,《史学月刊》,2003 年第 2 期。

② 龙花楼、李秀彬:《美国土地管理政策演变及启示》,《河南国土资源》,2006 年第 11 期。

③ 参见何多奇:《19 世纪美国西部家庭农场制度与传统农业转型》,《华南师范大学学报》(社会科学版),2009 年第 4 期。

通过这项法令的颁布，使得西部拓荒者可以免费分到土地，促进西部农业的发展。《宅地法》是美国土地政策史上的一个里程碑，是美国民主制度的胜利。“据统计，在1868年到1900年间，在整个西部地区分出的宅地为68万份，总面积达到8000万亩。”[①]把大量的土地分给农民，从某种程度上确立了小农土地所有制，为美国农业资本主义的发展创造了条件。《宅地法》颁布之后，大批移民涌入大平原，对西部草原进行了迅速开发。“自1863年1月1日丹尼尔·弗里曼在内布拉斯加领取第一份宅地，到1890年大平原被移民住满，只花了27年时间。”[②]无数的小农免费分配到土地，农场数量与面积继续增加。同时土地集中越来越明显，很多的土地投机者抢购西部土地，成为大地产所有者。在西部的新州，有的大地主一个人就拥有近百万英亩的土地。土地集中直接带来的后果就是，大农场和租佃农场数量增多，以及加速农民两极分化，多数小农逐渐丧失土地成为佃农和雇佣工人。据美国官方统计，“美国农业工人人数1860年至1880年间增加了4倍多，到1909年，落基山区各州雇用工人的农户占46.8%，太平洋沿岸各州雇用工人的农户达58%”[③]。

《宅地法》也在某种程度上抑制了南部种植园的向西的扩张，打击了南方奴隶主的利益。大量移民的涌入促进了西部农业的发展，在南北战争时期，西部为联邦军队提供了大量的粮食储备，同时，也有大量的西部移民加入联邦的军队中，为北方获得南北战争的胜利提供了重要的条件。《宅地法》将远西部土地按人民自由权利的原则免费向移民分配，避免了三四十年代的土地投机商和垄断者插手土地分配与哄抬地价的行为，保证土地资源直接流向生产者，它是美国土地立法中最为彻底地体现了民主精神的法案。法

① Hill Robert Tudor, *The Public Domain and Democracy, A Study of Social, Economic and Political Problms in the United States in Relation to Western Development*, New York: AMS Press, 1968, p.49.

② 何顺果：《美国边吸史——西部开发模式研究》，北京大学出版社，1992年，第94页。

③ 张礼萍：《美国农业发展的特点及对工业化的影响》，《青海师范大学学报》，1997年第12期。

案的实施使数以百万的移民获得了合法的土地产权，标志着小土地所有制在联邦土地政策中取得了决定性的胜利。

此外，由于政府，以及部分土地经营者、土地投机分子对待公地管理粗放的态度，导致西部的土地被过分地开垦，让原本肥沃的西部土地遭到了严重的损害。“不当的开发行为导致密西西比河以西7亿英亩草原发生退化或遭到破坏。”①

（二）1862年《莫里尔法》（*Morril Act of 1862*）

1. 背景

“公共土地立法过程中，议案与议案之间常存在制衡关系，一个激进的土地法案颁布后，马上跟进另一个保守议案进行补充，以抵消激进集团对利益的独占。”②《宅地法》是鼓励西部开发的法案，为了平衡东西部的关系，美国国会也似乎开始考虑有利于东部的土地开发政策。

农业在当时的美国属于支柱型产业，因此各级政府也十分重视对农业的发展。美国当时农业发展情况是耕地面积在不断扩大，而劳动力相对缺乏。因此，迫切需要提高农业生产技术以求内涵发展，更重要的还是发展农业教育，造就新型农民，让他们从传统农业中解放出来。当时大部分的高等学府都集中在大西洋沿岸，西部很少。此时，在国会上下创建农业学院和机械学院的呼声越来越大了。各州的议会也不断收到要求政府出资成立农业学院的请愿书。佛蒙特州的国会议员贾斯汀·史密斯·莫里尔认为，应当利用土地来发展农业教育，使科学与农业相结合。受教育尤其是高等教育，绝不能只是少数人所应有的机会，而应当普及一般民众，平民更需要享有接受高

---

① 美国农业部编：《1962年美国农业年鉴》，农业出版社，1963年，第110~111页。

② 洪朝辉：《经济转型期的政治冲突与妥协：关于“宅地法”立法过程的历史思考》，《世界历史》，1990年第6期。

等教育的机会。高等学校不应只培养为国会服务的高精尖人才,也应该培养广大的农民及工人子弟。1857 年，莫里尔向国会递交了国家赠地办学的议案,该议案建议联邦政府按照标准把一部分公共土地划拨给各州,专门用于农学院和工学院的建设。由于这项议案遭到公地委员会和布坎南总统的反对,直到 1862 年 7 月 2 日,林肯总统才在其任期签署了这项议案,该法案的全称是《对设立农业和机械工艺学院的各州和领地授予公共土地的法案》,也称作《莫里尔法》。

2. 主要内容

按照 1860 年国会统计情况,联邦政府根据各州的议员数,按每个议员 3 万英亩的比例把公共土地划拨给各州。有公地的州在本州范围内接收,没有公地的州就发土地证,在其他州接收土地,一个州接收的土地不能超过 100 万英亩。各州出售这些土地所获得的收入,应投资于收益率不低于 5%较安全的股票,使它构成一种永久性的基金。政府必须用从股票中所获得的收益建立一所农业和机械学院，同时也不排除开设其他学科和古典学科及军事策略等课程。所得收入的 10%用于购买学校校址和实验农场,该收入专款专用,不能用于购买、修建其他建筑物。如果哪一个州在 5 年内没有兴办农业和机械学院,联邦政府将收回捐赠的土地。各州每年要提交关于建校情况的报告,内容包括学院的改良、经费支出和实验的成果。

3. 影响与评价

1862 年通过的《莫里尔法》规定,由国会按照各州参议员和众议员人数捐赠给州政府联邦公共土地 3 万英亩左右，然后将变卖这些土地的资金作为长久基金,以其利息去支持、捐赠或维持至少一所学院的开支。这些学院除了开设其他知识课程外,必须按各州法律规定,开设农学和农业机械知识的课程。在该法案的推动下,美国当时共建农学院 69 所,被称作“土地赠予学院”或“赠地学院”,其中包括麻省理工学院、康奈尔大学的一部分,以及伊利诺伊大学、威斯康星大学、俄亥俄州立大学等美国著名学府。这些院校开办后，大都设立了农业附属服务机构，负责在本州各县传授农业和农机技术。这项措施对农业科学化的推广起了积极的作用。继1862年《莫里尔法》通过后，国会又颁布了一系列资助和加强赠地学院的配套法案，更进一步地发展了西部农业教育事业。各赠地院校通过新型的教育模式，为当时西部农业发展培养出了一大批高素质专业技术人才，对农业技术和农业耕作工具的改进起到了重要作用。但是美中不足的是，东部地区赠地，按照西部拨付的方式，再次助长了土地的投机行为。

（三）《太平洋铁路法案》（*Pacific Railroad Acts*）

1. 背景

随着大批的移民涌入西部，西部的重要性也逐渐显现出来。但是当时通往西部的交通却非常落后，国会内部支持修建西部铁路的建议呼声也越来越高。政府主要通过赠予土地还有发放贷款两种方式赞助尚处于开发阶段的西部，这些财力对于高速发展的西部显然远远不足。在1852年至1857年间，政府也多次颁布铁路赠地法案，直至《太平洋铁路法案》的颁布，美国横跨大陆的铁路赠地时代才正式启动。

2. 主要内容

“联合太平洋铁路和中央太平洋铁路二公司可得到400英尺宽的路基用地，以及建造车站、仓库、临时工房、加水站等必需的土地。更重要的是，每修筑1英里铁路，就可以得到沿线两侧各5个以间隔方式划分的地块，这些地块由铁路公司自行处理。”①

① 王旭：《美国横贯大陆铁路的铺设和西部城市化》，《东北师大学报》（哲学社会科学版），1992年第5期。

3. 影响与评价

“从 1850—1871 年，联邦政府赠予铁路公司的自由土地高达 1.3 亿英亩。”[①]此外“美国的铁路在 1830 年还几乎是空白,19 世纪末基本形成全国铁路网”[②]。这些铁路赠地大部分都位于密西西比河以西的干旱和较旱地区,铁路公司为了土地投机的商业利益还增加了西部地区交通运输业的开发,在铁路沿线水源好的地段修建了城镇和用于灌溉的水利工程，这在一定程度上促进了西部城市和灌溉农业的发展。“铁路的修建促进了农业生产的物资和产品的运输和交易。19 世纪 70 年代至 19 世纪 80 年代,铁路相继延伸到了大平原地区,为该地区的开发和农产品的交易提供了可能。”[③]

（四）1873年《鼓励西部草原植树法案》(*The Timber Culture Act of 1873*)

1. 背景

在优惠政策的感召下,越来越多的移民加入了西进的大军,当人们越过密西西比河流域进入大平原时，展现在他们眼前的是与东部完全不同的景象:植被覆盖率明显偏低,土地干旱、降水偏少,这样的气候条件很难形成大片的自然林。然而移民的生活却离不开对木材的大量使用,他们需要靠木材建造房屋、马车,还要靠木材来生火做饭,木材可谓对西部移民的生活起着至关重要的作用。

同时,在 19 世纪后半期一种叫作“雨水会随犁而来”(Rain Follows Plow)的观点盛行,人们相信大量地种植树木可以改变当地的自然气候,树木可以让当地的空气变得湿润,降水量也会随之增加,甚至美国许多的政治家都意识到在西部种植树木的重要性。

① 张友伦:《评价美国西进运动的几个问题》,《历史研究》,1984 年第 3 期。

② 康娅红:《美国西部开发中的政府行为》,《发展》,2000 年第 12 期。

③ 屠志方:《美国南部大平原沙尘暴防治经验及其启示》,《林业资源管理》,2013 年第 6 期。

2. 内容

第一条:任何人只要在美国公地上种植 40 英亩的树木期满 10 年后,其间除了保证树木健康的成长环境,还要保证树与树之间的距离不超过 4 米,就有权获得 1/4 的所种植土地的产权,但是要有不少于两个公正的人为这个事情作证。

第二条：法案规定申请人要到地方土地办事处登记申请，并做口头宣誓,还需缴纳 10 美元的登记费,签署法律文件,确定他或她所申请种植树木的土地面积,在树木种植期满 10 年之前,政府不会出具任何相关证明。在 10 年期满以后或者期满 3 年之内,申请人可以得到约 160 英亩的土地,如果申请人已故，那么他的子嗣或者法定代表需要有两名证人证明他们种植那些树木不少于 10 年,这样已故者的子嗣或者是法定代表才能获得 160 英亩的土地。

第三条:如果在提交上述宣誓书之后,在所述土地的专利发布之前的任何时间内,在进行此类登记并声称培育这种木材的一方通知后,如果申请人已经放弃培育这些树木或者未能培育，保护和保持这些树木在一个良好的状态下生长,按照土地管理局的要求,这些土地应该归还给国家。

第四条:根据法案的规定,自 1862 年 5 月 12 日起,居住在公共土地上的居民可以获得宅基地,三年后需在宅基地开始种植树木,树木的间隔不得超过 4 米,两年内种植最少一英亩的树木,并保证这些树木成活且有良好的生长环境。经两名公正人士出具证明后,申请人方可领取宅基地证书。

第五条:根据本法规定获得的土地,在任何情况下,承租人都不应承担在签发专利前签订合同的债务。

第六条：要求负责土地事务的总负责人根据本法编制和颁布必要的和适当的规章和条例,并负责这些法规规定实施。

3. 影响与评价

该法案的积极意义在于“促进人们向美国西部移民。西部比较干旱，自然环境恶劣，人们缺乏向西部迁移的动力，在西部获得大片的土地对美国人来说增加了吸引力，可以推动西进运动的过程，加快美国边疆的推进和大陆扩张的完成”[①]。《鼓励西部草原植树法案》是美国国会为了鼓励移民在西部大平原植树而通过的法案，该法案对申请人的资格、申请的程序及申请人可以申请的土地的数量、违反法案所采取的措施等都做出了具体说明。“首先，政府通过优惠的专项土地政策，鼓励拓荒者植树造林或对土地进行浇灌，说明西部土地政策已经超越了单纯的农地垦殖，开始与环境保护、水土保持和土壤改造联系起来，升华到了一个新的高度。其次，不断放宽的土地政策吸引了大批移民西进，满足了小农和某些社会阶层的利益，有效避免了土地闲置和荒芜，有利于西部建立自由农民的土地制度及以商品化生产为特征的农业经济，通过小农生产者之间的竞争走向农业资本主义的‘美国式道路’”[②]。但是该法案也存在很多漏洞，对申请人的资格、申请的土地数量、获得土地产权标准、申请程序、违反义务等方面做出的规定还不够严谨，造成土地倒卖的现象严重。此外，因为西部地区气候干旱，加之农民贫困，很多申请者不得不放弃了土地。

（五）1877年《沙漠土地法》（*The Desert Land Act of 1877*）

1. 背景

19 世纪 70 年代，美国国会开始意识到了水土资源综合整治的重要性。《鼓励西部草原植树法案》对解决西部缺水问题的效果非常有限。国有土地

① 宋云伟：《美国〈1873 年林木种植法〉刍议》，《山东师范大学学报》（人文社会科学版），2012年第 5 期。

② 王储：《19 世纪美国西部土地政策的嬗变及其特点》，《世界经济》，2010 年第 11 期。

立法鼓励西部开启解决缺水问题的先河。1875 年,加利福尼亚一家牧牛养殖公司为了获得一块牧场,以用于灌溉为条件向国会提出想要获得那块土地的申请,国会经过考虑批准了该公司的请求。但是从那以后,诸如此类的申请变得多了起来。因此,国会也意识到有必要专门制定一项法律来发展西部地区的灌溉业。提出该法案的内布拉斯加参议员菲尼亚斯·W. 希钦科克(Phineas. W. Hcthcock)就是因西部经常缺雨,希望通过这项措施改变大平原的气候。美国国会于 1877 年 3 月 3 日通过了《沙漠土地法》,以鼓励和促进西部各州干旱和半干旱公共土地的经济发展。个人可以通过该法申请开垦沙漠土地,开垦、灌溉和耕种干旱和半干旱的公共土地。

2. 主要内容

1877 年《沙漠土地法》规定:如果移民在产权申请登记后 3 年内灌溉土地,即可按每英亩 1.25 美元的价格购得 640 英亩土地。该法案为一对成年夫妇提供了 640 英亩的土地,他们将支付每英亩 1.25 美元的土地,并承诺在 3 年内对土地进行灌溉。单身申请者可以以同样的价格得到一半的土地。享受该法的个人必须出具他们在 3 年内灌溉土地的证据。

3. 影响与评价

"《沙漠土地法》适用于联邦的各个州以及所有已经发现存在沙漠的领地,和之前的法案相比,主要的不同是把需要垦殖者在所领取的土地上开垦 2 年变成了开垦 3 年。"[①]这更有利于西部土地的保护。这项法案的积极因素是对美国日后的森林还有草场保护做出了贡献。消极因素是由于该项法律没有在条文上对居民在该片土地上的居住做出明确规定,导致了大量的土地投机现象。此外,由于该地区水资源较少,种植树木存在一定的困难,所以出现了大量的欺骗政府的行为。

---

① Morris Bien, The Public Lands of the United States, *The North American Review*, Vol.192, No. 658(Sep., 1910), pp.387–402.

(六)《林地和砂石地法》(*Timber and Stone Act*)

1. 背景

当时美国各级政府对土地保护意识相对淡薄，土地保护法规也处于初级阶段,从而使一些投机商有机可乘,并留下惨痛教训。自美国西进运动开始,在短短几十年中,美国被破坏的土壤比任何一个国家都要多。美国西部一望无际的广阔草原在发现之初,大部分地区土地肥沃,适合于种植作物,也具有适合畜牧业的各种条件。畜牧业的高额回报吸引了大量的资本投入。由于没有有效的政策限制,无计划、盲目的畜牧业使大草原出现了过度放牧和水草枯竭的征兆,1885—1886 年的严重灾害使西部遭受了近似毁灭性的打击。这种掠夺式经营在林业中也有所体现,多年的过度砍伐,使西部的植被遭到了毁灭性的打击。

2. 主要内容

该法案用于在加利福尼亚州、俄勒冈州、内华达州和华盛顿地区的土地出售事宜。该法案允许美国定居者再获得 160 英亩的公共土地。根据这条法律,土地可以按照每英亩 1.25 美元来购买。只有在遥远的西部各州才能以此种方式得到土地。由于大部分土地还不适于耕种,所以政府以较低的价格对土地进行出售。

3. 影响与评价

大量有价值的林地和砂石地被销售，许多人以合法的程序拥有了大量的森林资源,使得一些投机分子对森林进行了毁灭性的砍伐,导致西部失去了很多的树木。从某种程度上来讲,这项法案的颁布,把大量的林地和砂石地以较低的价格出售,虽有利于移民的西进,但是森林的过度砍伐也导致了西部土壤肥力的减弱,甚至造成了水土流失等多项环境问题。

综观 19 世纪美国土地政策的演变,可以看出美国土地政策重在土地的分配和处理方面。从19世纪60年代开始,美国土地政策逐渐转变为通过不同的赠予方式来处理西部土地，利用庞大的土地资源代替现金支持农业开发、各项公共事业和不同的基础建设。其中以《宅地法》的赠予对象最为广泛,影响也最大。联邦政府也通过赠送土地来实现对铁路、水利、交通、教育、农业等方面的支持。19世纪末的美国,俨然从一个弱小的国家变成一个经济实力较强的大国,农业、矿业、铁路建设等方面都得到了迅速的发展。然而大量的土地被出售,势单力薄的农民并不是真正的受益者,真正受益的反而是通过倒卖土地而获得巨大财富的投机分子和开发商,还有急需资金的政府。没有计划的移民、垦殖土地,严重破坏了自然环境。1890年之后西部连续三年出现大旱,“雨水会随犁而来”的理论彻底破灭。不计其数的移民在这时陷入困境,许多大平原地区的拓荒者被迫丢下已经到手的土地返回东部。

第三节　20世纪土地政策系列法案

美国自独立以来就对土地管理进行不断的探索，根据不同的土地类型实行不同的土地政策,根据功能的不同将土地划分为不同的用地类型,如商业用地、住房用地和农业用地。农业用地根据气候和降水的不同又划分为不同的农业区,如在西部干旱和半干旱地区实行畜牧业和灌溉农业,在中部平原地广人稀、地势平坦的地区发展商品谷物农业,在五大湖和密西西比河上游等水草充足的地区发展乳蓄业。但在土地使用方面避免不了用地不合理和土地使用效率低下等问题,发现问题后,通过立法等形式解决土地使用不合理的问题,美国对于土地的使用和管理也不断完善,对当今及未来产生了积极的影响。

一、初级阶段(20世纪初期至20世纪30年代)

20 世纪美国的土地政策把重点放在对土地资源的开发利用与保护上，从而提高土地可持续生产的能力。随着人口向西部迁移,引起了美国政府对西部土地的开发利用的更大关注。美国对不同的土地类型实施不同的土地政策,以保护美国各种类型的土地,而且美国对土地资源的保护是以不伤及土地未来的生产能力为前提、以维护公民的利益为目标的保护方式。

(一)1902年《联邦土地开垦法》(*Federal Reclamation Act*)

西部地区有“美洲大沙漠”之称,由于干旱,西部地区的农业一直遵循着“雨水会随犁而来”的传统,降水充足粮食便丰收,但西部地区远离海洋的水汽,绵长的阿巴拉契亚山阻隔了来自大西洋的水汽,且美国东西距离遥远，大西洋的水汽也很难影响西部的降水;美国西部的落基山脉阻挡了来自太平洋的水汽,西部温带大陆性气候和温带草原气候往往降水量少,影响了农业的发展。

约翰·卫斯理·包威尔(John Wesley Powell)曾经多次到西部勘察,他意识到春天积雪融化和春雨过后,河流里的水根本不够西部地区发展农业的,他认为西部地区太干旱而不能大力开垦。他的话警醒了美国人,美国政府认为西部蕴藏着经济潜力,于是在河流上建大坝。当地的农民印证了灌溉项目给他们带来的收益，于是来自内华达州的议员弗朗西斯（Francis G. Newlands)向国会提议通过立法的形式来实施灌溉项目,促进西部农业发展。

1902 年，美国第 26 任总统西奥多·罗斯福为了开拓西部土地，签署了《联邦土地开垦法》,从美国西部干旱和半干旱地区的公共销售中拨款,设立开垦基金(Reclamation Fund),资助西部干旱的 20 个州的灌溉项目,用于建设水渠和灌溉系统之用。

该法案授权内政部部长根据规定进行检查和调查，向国会报告结果并对调查的结果进行评估，预估成本，在开垦项目合适建设的情况下给予支持等。最初美国十六个州和地区加入该项目，包括亚利桑那州、加利福尼亚州、科罗拉多州、爱达荷州、堪萨斯州、蒙大拿州、内布拉斯加州、内华达州、新墨西哥州、北达科他州、俄克拉荷马州、俄勒冈州、南达科他州、犹他州、华盛顿州和怀俄明州(Arizona,California,Colorado,Idaho,Kansas,Montana,Nebraska,Nevada,New Mexico,North Dakota,Oklahoma,Oregon,South Dakota,Utah,Washington and Wyoming)。

1903 年,联邦政府在美国地质调查所(the U. S. Geological Survey,USGS)下设了土地开垦所(the United States Reclamation Service)。1902 年至 1907年之间,土地开垦所开展了大约 30 个项目。1907 年,土地开垦所成为美国内政部独立的机构,主要研究每一个西部州的联邦土地潜在水资源开发项目。在早期,有些项目也遇到很多问题:有些土地不适合灌溉,土地投机使得定居模式不合理,有些项目建设在低经济作物生长区,等等。1923 年,土地开垦所更名为"美国联邦土地开垦局"(The United States Bureau of Reclamation)。联邦土地开垦局建设了大量的水坝、发电厂、水道等水利项目,以供西部供水之用。亚利桑那州盐河上的西奥多·罗斯福大坝是该法案通过后土地开垦局批准的首批项目之一。1928 年,胡佛大坝项目(Hoover Dam Project)被通过。联邦土地开垦局在西部河流建设了 600 多个大坝，灌溉了约 4 万平方千米的土地，这些地区每年为国家提供全国 60%的蔬菜和 25%的水果和坚果。[We bring water to more than 31 million people and provide one out of five Western farmers(140000)with irrigation water for 10 million acres of farmland that produce 60% of the nation's vegetables and 25% of its fruits and nuts. [Bureau of Reclamation -About Us,https://www.usbr.gov/main/about/.](The

United States Bureau of Reclamation)约翰·包威尔因此被称为“开垦之父”(The Father of Reclamation)。

《联邦土地开垦法》的颁布,使得西部农田得以灌溉,农业得到发展,也成为吸引人口向西部迁移的一个重要因素,推进了西部运动,更使美国的土地资源保护开始了真正有法可依的阶段,但当时并没有遏制住对土地破坏性开垦的势头。美国的土地开发阶段基本上是不加选择地处理公有土地,其间大量的土地被无序开发,农场主没有及时采取保护土地的措施。过度的开垦以谋取利益,使得土地投机、破坏和浪费的问题严重。

1982 年,《联邦土地开垦法》的修正案《土地开垦改革法案》(*Reclamation Reform Act*)通过,取消了居住要求,超过了开垦局所提供的灌溉土地面积的限制。在 1988 年至 1994 年间,开垦工程进行了重大重组,针对兴建于 20 世纪 60 年代及较早批准的项目,联邦开垦局写道:“干旱的西部基本上已被开垦,主要河流已被利用,设施已经到位或基本完成,以满足目前和将来紧迫的用水需求。”(The arid West essentially has been reclaimed. The major rivers have been harnessed and facilities are in place or are being completed to meet the most pressing current water demands and those of the immediate future.)[①] 在西部 17 个州,开垦项目约有 180 个。至 1992 年 9 月,已完成工程设施的开垦项目总投资约为 110 亿美元,大约 5%的西部的土地得到灌溉,约 37000 平方千米。开垦工程为美国西部 1/3 的人口提供农业、家庭和工业用水。[②]

《土地开垦改革法案》的实施,使得更多的灌溉项目得以进行,为西部的农业、家庭和工业提供了用水,西部农业和工业都得到了发展,对开发和保护西部具有重大意义:联邦土地开垦局在西部实施的项目促进了西部经济

①② See United States Bureau of Reclamation, https://en.wikipedia.org/wiki/United_States_Bureau_of_Reclamation.

的可持续发展，也在一定程度上缩小了西部和东部的发展差距。

（二）修订和完善《宅地法》

《宅地法》的通过为西部小农和农场主带来好处，但160英亩的免费土地并没有满足在大平原上经营畜牧业的农场主的需求。1862年以后，联邦政府又多次对《宅地法》进行修改和完善。1909年《扩大宅地法》（*The Enlarged Homestead Act*）允许移民最多可以占据320英亩土地，占据土地的人不必灌溉所有土地，只要耕种1/8的土地就可以获得这块土地。[①] 1912年的《三年宅地法》（*The Three-Year Homestead Law*）规定，连续居住三年且一年中居住满6个月的移民就可以无偿获得居住土地的所有权。[②] 1916年颁布《畜牧业宅地法》（*The Stock Raising Homestead Act*），规定人们最多获得640英亩的土地，[③]美国农场的土地面积和规模更大了。但是获得土地的人只能获得土地，地表下的矿产等资源还是属于国家，这样就为后来资源的国有化打下了基础。

《宅地法》的修正案，使更多的农民和农场主获得土地，使成千上万英亩的联邦公共土地成功地转化为私人财产，加速了美国土地私有化的进程。土地私有化有利于西部土地的开发，促进西部农业的发展，也加快了西部城市化的进程，有利于西部经济的发展。

但是《宅地法》及其修正案也有其弊端：可供《宅地法》及修正案所能分配的国有土地大部分位置偏远，土壤贫瘠，而且部分是经过拍卖、先占和赠予之后的土地，即便如此，东部贫苦农民若想去西部领取免费的土地，须自筹800到1600千米的旅费和运输费，这相当于一个工人6个月的工资。[④]即使他们到达西部，又不得不抵押土地去借债用以开发土地，购买农具、种子

①②③ 参见徐更生：《美国农业政策》，经济管理出版社，2007年，第131页。

④ See Fred A. Shannon, The Homestead Act and the Labor Surplus, *The American Historical Review*, No.41, 1936, p.645.

等，财单利薄的小农很有可能破产，最终成为雇农。另外，铁路公司和投资商通过“折偿”条款和《宅地法》的补充法令等获得了大量免费和部分有偿的土地，他们将这些土地又通过高价出售来攫取高额利润，也使得西部土地投机现象严重。

二、觉醒期（20世纪30年代至70年代）

随着国家把西部扩张的土地卖给农民，尤其是以第三任美国总统托马斯·杰弗逊（Thomas Jefferson）和第一任财政部部长亚历山大·汉密尔顿（Alexander Hamilton）为主的联邦党（The Federalist Party）主张，以低价把土地卖给农民以增加税收并保护小农场主的利益，因此大量人口涌入西部，这股移民潮流被称为“西进运动”（Westward Movement）。大量的西部土地被移民占用，随着西部土地的开垦，牛羊的数量不断增加，据对大平原 27 个县的调查显示，1910—1920 年，大平原的耕地从 1000 万英亩增加到 1760 万英亩，占全部土地的比例从 38.9%增加到 68.4%，同一时期牛的数量也从 506583 头增加到 894859 头。[①]这导致了农场主在公共土地上过度放牧，再加之土地公有化，没有设立相应的定居设备和放牧控制系统，更加剧了草场的退化。直到 20 世纪 30 年代一连串“黑风暴”席卷美国，大平原变成一片沙漠，土地资源遭到破坏，直接影响了西部一大批人的生存，人们开始意识到保护生态环境、保护土地的重要性。美国南部平原处于内陆，位于北纬 40°以南，西经 98°以西，落基山脉以东，墨西哥湾以北，属于亚热带大陆性季风气候，降水少，蒸发量大，加之人们对土地资源的过度开垦、过度放牧、过度采樵，单一的耕种结构致使土壤风蚀严重，连续不断的干旱和狂风，更加大了土地沙化

① See Hurt Douglas, *The Dust Bowl: An Agricultural and Social History*, University of Chicago Press, 1984, p.23.

现象。美国人口不断增加,从 1900 年到 1930 年,美国人口从 7600 万增加到 1.23 亿。[①]同时城市化进程加快,1920 年美国城市人口超过了乡村,1930 年农村人口只占 44%,1935 年到 1937 年,34%的农民又离开了南部平原,大量农民离开土地之后,农场主开始使用机器,引进了拖拉机,拖拉机的数量在 20 世纪 30 年代里翻了一倍,到 1945 年又翻了一倍,以前所未有的速度开垦草原。[②]农场开始形成规模经营并在 1945 年以后迅速扩大。

1934 年 5 月 11 日,美国黑色风暴(American Black Storm or dust bowl)席卷美国西部草原地区。风暴整整刮了三天三夜,形成一个东西长 2400 千米、南北宽 1440 千米、高 3400 米的迅速移动的巨大黑色风暴带,风暴袭来时,能见度骤然下降,仅仅只能维持 1 米左右的能见度。黑色风暴曾影响了约 40 万平方千米的广阔地域, 从美国南部的得克萨斯州横穿中部平原,几乎横扫美国 2/3 的领土,风暴移动迅速,一直到加拿大。黑色风暴一路洗劫,将肥沃的土壤表层刮走,从西海岸到东海岸,仅芝加哥一天的降尘量就达 1242 万吨,把重约 3 亿吨的沃土白白刮进了大西洋。[③] 5 月 12 日,沙尘暴到达华盛顿特区和东海岸,尘土降落在白宫和林荫大道上,甚至沉积在总统的办公桌上。1935 年 4 月 14 日,堪萨斯爆发沙尘暴,从白天刮到晚上,并延续到次日,给人一种世界末日的感觉,成为 30 年代最著名的一场沙尘暴。1936 年和 1937 年也爆发了不同程度的沙尘暴。美国称沙尘暴频繁发生的 30 年代为"肮脏的 30 年代"。

沙尘暴更加加剧了对土地的破坏,西部表层土壤被吹走,风蚀使地表损失了 20 厘米至 23 厘米的土壤,土地露出贫瘠的沙质土层,使受害之地的土

---

①② 参见王石英、蔡强国、吴淑安:《美国历史时期沙尘暴的治理及其对中国的借鉴意义》,《资源科学》,2004 年第 1 期。

③ 参见杨俊平:《从美国西部大平原黑风暴的控制途径论中国北方沙尘暴的预防对策》,《内蒙古林业科技》,2003 年第 3 期。

壤结构发生变化,严重制约了灾区农业生产的发展。强大的风力与成吨的尘土引起了美国政府的注意,美国商务部设立了土壤侵蚀管理局(Soil Erosion Service),启动达哈特(Dalhart)系列风蚀治理项目,政府拨款5.25亿美元用于牧民应急饲养贷款和拯救濒临死亡的牲口,安排农民修建水塘和水库、营造防风林等工作,为下一季庄稼提供种子贷款,并补贴那些开挖了成行的抗风蚀沟垄的农民。[①]土壤侵蚀管理局还实行了一系列的土壤侵蚀防治措施,种植乔木和灌木,辅以种植草,使荒废的牧场或陡坡成为永久的牧场或动物栖息地;修建梯田,挖水沟;进行土地规划,进行带状耕作或沿等高线进行耕作;与农民签订新的合同,由原来的一年到五年,五年内必须维护水利设施、进行水土保持,改变了土地的租赁方式后,农民看到了水土维护后农田带来的收益,新型农业给农民新希望。此外积极推进包括双臂犁、水平梯田、水平耕作、水平沟和带状播种等土壤侵蚀防治新工具、新技术的示范、推广和应用。

此次风暴使人们意识到土壤保护的重要性,为防止过度放牧和土壤恶化,防止公共放牧地区和灌溉农业区等受到更严重的危害,国会通过了一系列保护土地的法案。美国国会先后通过了许多有关防治土壤侵蚀的法案,如《土壤侵蚀法案》《土壤保持法案》《国内拨款法案》《琼斯-贝克汉德农场租赁法案》和《合作农场林业法案》等,这些法案授权联邦政府实施一系列防治沙尘暴的措施。同时,美国各州也通过立法防治沙尘暴。由此可见,美国对沙尘暴的治理比较全面,不仅综合治理土地问题,而且注重长期治理土地问题。

① 参见王石英、蔡强国、吴淑安:《美国历史时期沙尘暴的治理及其对中国的借鉴意义》,《资源科学》,2004年第1期。

(一)1934年《泰勒牧场法》(*The Taylor Grazing Act of 1934*)

为了停止对公共放牧土地的损害,防止过度放牧、土壤退化,为土地使用更加有序,稳定畜牧业的发展,国会 1934 年通过了《泰勒牧场法》。同年,在内政部下设牧场部(The Division of Grazing)成立,负责具体实施。1939 年,该部门改名为"美国牧草服务局"(The U.S. Grazing Service),1946 年,该部门和土地总局(The General Land Office)合并发展成为美国土地管理局(The Bureau of Land Management,BLM),以管理公共土地上的农牧活动。

为了最高效地使用土地,内政部被赋予执行该法案的权力,通过建立放牧区或修改边界的方法保护土地。法律允许先前没有圈定的 8000 万英亩公共土地规划到放牧区,经修正后,法律对放牧区土地的数量没有限制。[①]确定放牧区范围,国家森林、国家公园和纪念碑、印第安人保留区等除外,内政部负责制定保护、管理、改善放牧区的法规,签署合作协议。

内政部允许下级部门在公共土地上建立放牧区并建立有关的草地调控法,要想放牧,要先办理放牧执照(Permit),由土地管理局负责发放出租许可证。获得租用许可证是有条件的,美国 19 岁以上的公民自愿申请,但申请人至少拥有 60 亩土地、能维持所养牲畜 5 个月的饲草,有饲养牲畜的水利条件等,且许可证有效期一般不超过 10 年,由于严重的干旱或其他自然灾害导致牧场的损耗,许可证可以撤销。未经批准则不得随意使用国有土地。

移居到西部的流动人口要想放牧,首先要办理定居证明,然后办理放牧执照才可以在西部放牧。获得许可证后,由三人委员会(牧民选举产生)研究确定共载畜头数。按产草员 50%利用计算,载畜量平均确定为 60 至 90 亩/月一牛单位。较好的放牧地 30 至 35 亩/月一牛单位,差的放牧地 18 亩/月一牛

① See Paul Gates, American Land Policy and the Talor Grazing Act, 1935.

单位。超载放牧者罚款,初犯每头牛罚 7.5 美元,再犯罚 15 美元,连续再犯罚三倍以上。规定国有土地全年放牧四个半月,超过时间罚款。放牧收费标准由国会确定。另外,移民定居后建立了相应的基础设施,草地设置围栏、水库等必须符合许可证条款,避免了牧民只放牧不建设基础设施的问题。

从 1934 年开始,美国农业部启动了"土地利用工程",对大平原和阿巴拉契亚山等地区不适宜耕种的土地进行收购,同时实行移民,将这些地区的移民迁移到适宜居住的土地上。到 1947 年土地收购接近尾声,联邦政府共花费 4750 万美元,收购不适宜耕种的土地共 1139 万英亩,约占美国当时全部农业用地的 8%左右。[①]收购回的土地大部分被规划为国有林地、草场与野生动物保护区。

1934 年的《泰勒牧场法》虽然不能解决牧场所存在的所有问题,但该法案规定的发放放牧执照的措施使得放牧更加规范化, 不但严格控制了放牧数量,而且加强了基础设施的建设,结束了自 19 世纪早期开始的对公共草地掠夺式利用和无限制利用的状态。美国牧草服务局的设立也使得美国土地管理的工作落实到了具体的部门,加强了对草地的管理并使土地使用更加合理。该法案是众多涉及公有草地改革的里程碑。

(二)《土壤保护法案》(*The Soil Conservation Act*)

土壤保持工作一直没有得到重视,直到 20 世纪初,一位美国农业部土壤专家休·贝纳特(Hugh Bennett)在 1928 出版了关于土壤保持的著作《土壤侵蚀:对国家的恐吓》(*Soil Erosion: A National Menace*)。贝纳特在书中放了土地被侵蚀的照片并在第一部分提道:"砍伐森林获取耕地、过度放牧破坏草

① 参见高国荣、周钢:《20 世纪 30 年代美国对荒漠化与沙尘暴的治理》,《求是》,2008 年第 10 期。

地和灌林等行为，对土地的破坏程度要远远超出自然条件时土地的侵蚀。"①

贝纳特警告除非土壤侵蚀得到有效的处理，否则美国将会失去大量的农场。由于美国20世纪30年代深陷经济危机，该书的出版在当时并没有引起关注，直到1934年黑色风暴袭击美国，人们才意识到土壤保护的重要性。

1935年，针对最高法院宣布的《农业调整法》违宪的情况和对1934年《泰勒牧场法》的补充，在贝纳特的推动下，1935年4月27日，富兰克林·罗斯福(Franklin D. Roosevelt)总统签署了《土壤保护法》，目的在于保护土地资源，减少土壤侵蚀。《土壤保持法》以立法的形式将大量土地退耕还草，划为国家公园保护了起来。贝纳特领导了一场极具影响力的"积极保持土壤"运动，因此他被称为美国"土壤保持之父"(The Father of Soil Conservation)。

国会通过的《土壤保护法》，从国家层面上确立了保护土地的政策。该法案颁布的目的是保护自然资源，控制洪水，防止损害土壤层，保持河流和港口的通航能力，保护公共土地和缓解失业。

> control floods, prevent impairment of reservoirs and maintain the navigability of rivers and harbors, protect public health, public lands and relieve unemployment.②

农业部负责该法案具体措施的实施，本法案第一条规定：

(1)进行调查，研究有关土壤侵蚀的章节和必要的预防措施，发布相关的调查结果，传播有关治理方法的信息，并在受风力侵蚀和水侵蚀的地区开

---

① USDA, More Than 80 Years Helping People Help the Land: A Brief History of NRCS, https://www.nrcs.usda.gov/wps/portal/nrcs/detail/national/about/history/?cid=nrcs143_021392.

② Soil Conservation Act(full text), The National Agricultural Law Center, http://nationalaglawcenter.org/wp-content/uploads/assets/farmbills/soilconserv1935.pdf.

展示范项目；

(2)实施预防措施，不限于是工程操作，耕种方法和土地利用方式的改变；

(3)可以和任何可以提供资金或帮助的机构合作，无论这些机构是政府的还是个人的；

(4)可以通过购买等方式获得土地。

为使美国土地资源保护工作有一个稳定的责任机构，该法案第五条规定，在农业部(Department of Agriculture)下成立土地资源保护局(Soil Conservation Service，SCS)作为常设机构，代替土壤侵蚀管理局行使赋予它的权力。1994年，国会将土地资源保护局改名为“国家资源保护局”(the Natural Resources Conservation Service，NRCS)，从而扩大了该机构的范围和影响力。该法案颁布后三年，美国水土流失的现象减少了65%。到1939年，大平原地区共设立了37个土壤侵蚀防治区，面积达760万公顷。[①]

1936年，罗斯福总统招募了大批志愿者到国家林区开沟挖渠、修建水库、植树造林，每人每月报酬30美元。为了提高土地肥力，促进土地的经济价值，减少因不获利而开垦土地的情况，作为对《土壤保护法》的补充，罗斯福总统签署了《土壤保护和国内分配法》(*Soil Conservation and Domestic Allotment Act*)，其目的是鼓励利用土壤资源，以便保持和改善土地肥力，促进经济利用，减少对国家土壤资源的开发和无利可图土地的利用。

> encouraging the use of soil resources in such a manner as to preserve and improve fertility，promote economic use，and diminish the exploitation

① 参见屠志方：《美国南部大平原沙尘暴防治经验及其启示》，《林业资源管理》，2013年第6期。

and unprofitable use of the national soil resources.)[①]

并且把农作物分类,分为“消耗地力”(如原料作物)和“增强地力”(如牧草)两种,规定用国家税收向农场主提供补贴,以换取他们不种植消耗地力的作物而种植增强地力的作物,从而提高土地肥力,较少对土地的消耗。另外,政府拨款5亿美元,在两年内,对参加政府土壤保护计划的农场主给予资金援助,两年后,则只援助那些已立法执行农业部计划的州。该法案实行三年后,土壤侵蚀的状况减少了21.7%。[②]

为了减少风力侵蚀和水土流失,也为了获得民众的支持从而进行长期有效的水土保持工作,1937年2月国会颁布了《标准水土保持地区法》(*A Standard State Soil Conservation Districts Law*)。该法第五条规定,一个地区任何25岁以上的在规定范围内拥有土地的居民,可以向州水土保持委员会提出建立水土保持区的申请,申请应当阐明:

(1)给所申请水土保持区所起的名称。

(2)如果有必要,为了大众的健康、安全和福祉起见,所申请水土保持区的领土应当描述清楚。

(3)所想建立水土保持区的领土范围,不必描述具体的边界,但是应当被认为是准确的。

(4)州水土保持委员应当界定水土保持区的边界。

州水土保持委员会根据是否有必要建立该水土保持区、是否批准建立该水土保持区和选举水土保持区管理员举行听证会,该听证会应在申请者

---

① Soil Conservation and Domestic Allotment Act of 1936,The National Agricultural Law Center, http://nationalaglawcenter.org/wp-content/uploads/assets/farmbills/soilconserv1936.pdf.

② See Soil Conservation and Domestic Allotment Act of 1936,The National Agricultural Law Center,http://nationalaglawcenter.org/wp-content/uploads/assets/farmbills/soilconserv1936.pdf.

递交申请的 30 天内举行。水土保持委员会将承担举行听证会的费用。所有该区域的居民均有选举权，得票数最多的三位候选人与委员会指定的两名管理人共同当选该水土保持区管理员。水土保持区将按照该法案进行设立，任何本区的水土保持区管理员拥有制定关于保持水土和防止土壤侵蚀管理条例的权力。

本法案第八条具体规定了水土保持区和水土保持管理员有权对水土展开调查、测量和研究土壤侵蚀并拿出具体预防和控制措施，实施土壤侵蚀控制与预防措施，推广实施水土保持示范工程，为居民提供农业和工程设备、肥料、种子、秧苗等，帮助居民实施水土保持防治工作，开展水土保持宣传与教育，制定并执行地方土地利用规章。

随后基于《标准水土保持地区法》，各州颁布相应的州法案，建立水土保持区来保护土壤资源。到 1940 年，已有 38 个州制定了相关法案，设立了 314 个水土保持区，总面积达到 1.9 亿英亩。[①]

经过颁布治理水土流失和风力侵蚀的法案和国家及民众的不断努力，到 1938 年，南部 65%的土壤已被固定住。[②] 1939 年，大雨光临了干旱的平原，大平原地区的沙尘暴天气开始逐渐好转，美国在治理沙尘暴方面也暂时告一段落。

通过上述措施，有效地促进了大平原地区的土壤侵蚀防治工作，遏制了大平原地区沙尘暴的发生发展，也为以后沙尘暴防治提供了经验。特别是 20 世纪 50 年代和 70 年代，该地区出现了比 30 年代更严重的旱情，正是由于长期的防治技术和实践，该地区没有出现 20 世纪 30 年代的严重灾情。

20 世纪 30 年代，美国积极应对黑色风暴带来的危害，集中解决风力侵蚀。1953 年，国会颁布了《水土保持法》（*Soil Conservation Act*），对土地开垦、

---

①② See AL Riesch Owen, *Conservation under F.D.R*, Praeger Publishers, 1983, p.62.

耕作、工矿建设等带来的农业生态环境问题做了相应的规定。1956年修订后的《农业法》(*The Agricultural Act*)出台了土壤银行计划(Soil Bank Program),该法案实行了土地银行项目,二战以后减少土地耕种面积以保护土地。土地银行计划是美国历史上最重要的土壤保护立法之一，通过补贴来鼓励农场主短期或长期退耕部分土地,以用于土壤保护。据统计,1959年至1968年的十年间,根据土壤银行计划退耕的土地每年就有445万至1174万公顷。[①]土地银行(Soil Bank)被1965年的《食品和农业法案》(*The Food and Agricultural Act of 1965*)所替代,为1985年颁布的土地休耕保护计划提供了样板。

(三)对住房用地的管理

1929年到1933年的经济危机给美国造成了极大的影响，工厂倒闭,失业率增高,低收入家庭衣食住行没有保障。各级政府忙于遏制经济危机,加大对建筑业的投资,以提高就业率,1934年国会通过了《1934年国家住房法案》(*National Housing Act of 1934*),作为解决住房问题的开端。

1.《1937年住房法》(*Housing Act of 1937*)

1937年9月1日,国会通过了参议员瓦格纳(Robert F. Wagner)和众议院主席斯蒂高尔(Henry B. Steagall)提议的《瓦格纳-斯蒂高尔低租住房法》(*Wagner-Steagall Low house Rent Bill*),即《1937年住房法》。这是一项直接针对解决低收入居民住房问题的法案，也是美国第一部关于公有住房的法案。该法为低收入家庭修建公有住房制定了长期规划。

联邦政府设立了由美国内政部管辖的“美国住房署”(The United States Housing Authority),为那些从事贫民区改造和公共住房建设的私人机构提供年度资助和贷款,帮助其购买地皮、开发、贷款和管理。该局要在三年内发行

① 参见李静云、王世进:《生态补偿法律机制研究》,《河北法学》,2007年第6期。

由联邦政府担保的5亿美元的债券,向地方提供为期60年的低息贷款。每个住房建设项目的贷款额度不能超过其预算的90%,利息不能超过5%,地方政府必须提供相应的配套基金,额度不能少于总支出的20%。在住房投入使用后,受益对象的年收入不能高于每年房租的6倍或有3个以上未成年子女的家庭。[①]该法的颁布、实施标志着美国政府开始解决低收入居民的住房问题,为战后的城市更新奠定了基础。

2.《1949年住房法》(*Housing Act of 1949*)

首先,随着二战的结束,前线战士归来,迎来了美国的结婚高潮和人口出生率的高潮,住房不足问题显现出来。据联邦政府估计,"1946年美国各城市的住房约有39%是没有达到健康和安全的最低标准,1945年至1955年这十年间,美国至少要建造1600万套新房,才能满足全国需要"[②]。其次,城市化的发展,城市中心区的问题突出出来,交通拥挤、人口密度高、社会问题突出,白人中产阶级不断向郊区迁移,"郊区化"和"空心化"局面并存,美国汽车工业十分发达,也加速了美国城市郊区化的进程。城市中心区的低收入居民和少数族裔所居住的拥挤住宅问题凸显出来,城市中心地带的衰败引起美国联邦政府的注意。继富兰克林·罗斯福之后的美国第33任总统哈里·杜鲁门(Harry S. Truman)意识到,一些低收入的美国民众生活在贫民区,他提出贫民窟清理计划(slum clearance)和城市更新住房运动(urban renewal projects),建造廉租住房给美国民众提供体面的住所。

在杜鲁门的支持下,《1949年住房法》通过。它首次为联邦政府提供了清理贫民窟和重建被破坏地区的有效手段。是一个全面的住房研究计划,旨在降低住房成本和提高住房标准;发起了一个城市更新住房运动,帮助百姓获

① See Housing Act of 1937, http://legisworks.org/congress/75/publaw-412.pdf.

② 罗思东:《战后美国城市改造对社会公正的侵蚀》,《城市问题》,2004年第1期。

得更好的家园。

《1949 年住房法》也确立了一个国家目标:尽快实现一个体面的家庭,为每个美国家庭创造一个适宜的居住环境，并提出了朝着这个目标迈进的政策。杜鲁门意识到地方政府的灵活性,并敦促相关部门及时着手实施。《1949 年住房法》的主要内容有:

(1)美国城市贫民窟清理计划和城市更新住房运动(urban renewal projects)相结合(Title Ⅰ)。

(2)增加联邦住房管理(Federal Housing Administration,FHA),抵押保险的授权(Title Ⅱ)。

(3)扩大联邦资金建设 80 万多套公共住房(Title Ⅲ)。

(4)住房和住房技术研究经费。

(5)通过 FHA 为农村业主融资。①

城市更新住房运动得到了中心城市的商人和房地产开发商及城市官员的支持,他们希望通过清理贫民窟和综合性的再开发振兴中心城市。城市运动一经开始,从阿拉斯加到新墨西哥,从夏威夷到宾夕法尼亚,大城市纷纷开动推土机急于铲平破败的房屋,截至 1960 年,已有 838 个贫民区清理项目动工。②

《1949 年住房法》是二战结束后美国出台的重要法案,是战后遍及美国大城市的更新运动的起点。法案得到了联邦政府、地方政府和房地产开发商的支持,对开展贫民窟清理与重建、建造公共住房和明确政府与私人合作开发模式三个方面做出了明确规定,对战后美国城市走向产生了深远影响。尽管后来美国政府相继出台多部住房法,但并没有从根本上推翻《1949 年住房

① See Housing Act of 1949,https://en.wikipedia.org/wiki/Housing_Act_of_1949.

② See Hilary Ballon,Kenneth T. Jackson,*Robert Moses and the Modern City:The Transformation of New York*,Norton Company,2007,p.94.

法》的基本模式。

该法案的主要内容是开展城市更新、建造公共住房。政府借此进行了耗资巨大的城市更新住房运动，然而实施过程却困难重重，有些工程甚至因此而长期搁置，大规模简单重建，加之有些市中心建设渐渐转向商业用途，背离了初衷，没有取得预期的效果。

针对《1949 年住房法》的不足，国会对其进行修订和补充，《1954 年住房法》通过修订的住房法承认了荒废建筑的复兴和修缮的需求要大于大规模的贫民窟的清除，关于清除的条款仍然保留了下来。修订案中还包括了一个新的条款，即将联邦援助资金的 10%分派给非住宅区的计划。这样，并不适合《1954 年住房房法》中宽松标准“住宅为主”(predominantly residential)的地区现在也能使用 1/10 的联邦资金。[①]以后国会从更新规模扩大的实际需要出发，又先后对住房法进行了若干次的修订。《1959 年住房法》将联邦用于非住宅建设的拨款比例提高到 20%，在 1961 年进一步的修订中，将非住宅资金的比例增大到 30%，此后这一比例不断提升，1965 年已升至 35%，进一步使再开发远离了解决住房问题的初衷。[②]

3.《示范城市与都市开发法》(*The Demonstration City and Metropolitan Development Act*)

20 世纪 50 年代，由于美国联邦政府的政策偏向私人集团和垄断资本，市中心的开发使得低收入人口没有地方居住，又聚集在一起，加之 60 年代美国民权运动发展到高潮，贫困问题一直没有得到重视，直到美国第 35 任总统约翰·肯尼迪(John Fitzgerald Kennedy)提出向贫困开战(War on Pover-

---

① See Howard P. Chudacoff, Judith E. Smith, *The Evolution of American Urban Society*, Prentice Hall, 1988, pp.271-272.

② 参见李芳芳:《美国联邦政府城市法案与城市中心区的复兴(1949—1980)》，华东师范大学 2006 年硕士研究生毕业论文，第 22 页。

ty),承诺给学校、医院和城市交通等给以财政援助。为了履行其承诺,肯尼迪总统为旧房改造、城市更新、污染控制和公共交通等领域注入了新的资金。

20 世纪 60 年代,肯尼迪总统遇刺身亡后,林登·约翰逊(Lyndon Baines Johnson)成为美国第 36 任总统,城市问题一度成为社会关注的焦点。约翰逊总统扩大联邦建设项目的拨款计划,并增加协调这些项目的需要。1965 年 6 月 9 日,在约翰逊总统的倡议下,国会通过住房与城市开发部(The Department of Housing and Urban Development),11 月 9 日正式建立。

1966 年《示范城市与都市开发法》(简称《示范城市法》)通过,以确保联邦保证金用于城市建设。该法案有助于协调城市住房更新、公路或其他建设项目,最大限度支持城市和都市发展。

《示范城市法》第一条第一款强调,美国城市所面对的最严峻的问题是如何提高城市生活质量。而由于城市人口迅速增加,造成大面积贫民窟存在,低收入居民相对集中于城市中心区,其住房与基础设施、社区服务的缺乏,最终导致这些地区环境质量和生活质量下降。为了推进该法的顺利实施,国会授权住房与城市开发部向地方示范机构拨款和提供技术援助,使城市能够规划和实施,以提高美国城市生活质量。住房和城市发展部部长预计在规划、开发和实施示范项目时强调当地居民的主动权。

为了应对这些新的要求,许多城市地区建立了新的规划机构或委员会,将选举的官员纳入他们的政策委员会。到 1969 年底,只有七个大都市区缺少一个全区审查机构。在法案出台伊始,第一批城市利用示范拨款取得成效。亚特兰大是全国得到示范拨款的第一个城市,被确定的示范街区有40000人,利用这一资金,亚特兰大开设了区间公共汽车、幼儿园、教育中心等,并重新平整了路面。

《示范城市法》改进了之前直接拆除房屋的老办法,对城市进行综合治理,将反贫穷措施和教育计划与清理贫民窟计划相结合,通过提高个人教育水平与道德水平以减少失业、贫困和犯罪，沿着这个思路，市中心复兴取得了一定的效果。但随着美国新一届政府上台，一系列住房法的预算被削减，联邦资金最终被平分到每个城市也是杯水车薪，资金的分散等问题也使得该法未能取得预想的效果。由此也看出，早期不合理利用土地资源将会给未来的土地利用带来严重的问题，后期治理耗资巨大且很难达到理想的效果。

（四）对固体废弃物的管理

除此之外，美国各级政府还意识到废弃物对土壤和大气和水等的严重危害。1965 年，美国国会颁布了《固体废弃物处理法》（*The Solid Waste Disposal Act，SWDA*）。由于工业化和城市化的发展，工业和城市废弃物越来越多，地方政府和普通民众采用了多种多样的方式处理废弃物，但有些处理方式并不环保：经常采用的处理垃圾的方式是建立露天垃圾场和火烧废弃物。随着 19 世纪末 20 世纪初细菌致病论的发展，人们意识到不科学的处理废弃物的方式可能会引起疾病。

20 世纪 60 年代，由于人们强烈要求更加科学地处理废弃物，政府也意识到固体废弃物会导致大气污染，1965 年通过了《固体废弃物处理法》，作为《空气清洁法》（*Clean Air Act*）的一部分。1965 年的《固体废弃物处理法》是联邦第一个关于固体废物管理的法律，确立了固体废物处置的最低联邦指导原则。

1970 年，《资源回收法案》（*The Resource Recovery Act，RRA*）是《固体废弃物处理法》的第一部修正案，政府更加积极地参与到废弃物处理中，提高回收利用技术并明确了有害废弃物的标准。1984 年，第二部修正案《有害固体废弃物修正案》（*The Hazardous and Solid Waste Amendments，HSWA*）通过，1992 年最后一条修正案《联邦设施服从法案》（*The Federal Facilities Compliance Act，FFCA*）通过，使得有害物质和固体废弃物的处理有法可依而且更加完善。

三、全面治理阶段(20世纪70年代以后)

20 世纪 70 年代以来,美国政府不断完善土地管理的法律法规,全面治理土地。1976 年通过《联邦土地政策与管理法案》(*Federal land Policy and Management Act*)结束了美国国有土地管理在法律层面的混乱现象。美国国会在 1980 年通过的《综合环境反应、补偿和责任法》(*Comprehensive Environmental Response, Compensation and Liability Act, CERCLA*)是一部土壤污染防治方面的基础性法律,为土地污染防治提供了法律基础。1981 年的《农地保护法》强调了对农业用地的保护,并对这些法律法规不断完善,这些法律的应用明显减缓了农业用地向商业用途转化的速度。

(一)土壤污染与修复

土壤污染的问题很少得到人们的关注,直到 20 世纪 70 年代,土壤污染修复起初是依据物理和化学的方法进行,到 80 年代,细菌致病论理论发展,推动了土壤污染修复的研究和发展。1998 年,第 16 届世界土壤科学大会正式成立了国际土壤修复专业委员会,“土壤修复”一词受到大家的广泛关注。到 20 世纪,随着工业化、城市化和农业集约化的发展,土壤环境的压力与日俱增,土壤污染的控制与修复也迫在眉睫。

出于对环境污染的高度关注,美国第 37 任总统尼克松(Richard Nixon)提议设立环境保护机构。在获国会批准后,1970 年 12 月 2 日,美国国家环境保护局(U.S. Environmental Protection Agency, EPA)成立。环境保护局是美国联邦政府的一个独立行政机构,不在美国内阁之列,但与内阁同级,有权直接向美国白宫问责。其主要职责是根据国会颁布的环境法律制定和执行环境法规，从事或赞助环境研究及环保项目，加强环境教育以培养公众的环保意识和责任感。主要目标是维护自然环境和保护人类健康不受环境危害影响。

1.《资源保护与再利用法》(*The Resource Conservation and Recovery Act，RCRA*)

1976年12月，美国国会通过了《资源保护与再利用法》，在《美国联邦法规》第40章《保护环境》部分，从239条一直到282条，是一部关于处理危险物质和固体废弃物的法律。在任何州，环保局或国家危险废物管理机构都要执行有害废弃物法。环保局鼓励各州能够承担主要责任，能够批准、授权和执行这些法规以完善有害废弃物项目。建立了危险废物管理综合方案，为"从摇篮到墓地"("cradle to grave")提供了监管框架。

第239条至259条规定了对无害固体废弃物的管理规定，从260条到273条规定了危险废弃物的管理规定。《资源保护与再利用法》规定："对于从固体废弃物管理个体中释放出的任何有毒物质和元素，不管从何时开始，在所有废弃物处理与储藏的过程中，都需要采取矫正性行动以维护人类和环境的健康。"该法案将废弃物分类为特征性和清单性废弃物。特征性废弃物在处理后可能具有危险性，而清单性废弃物在处理后仍被认定为具有危险性。由此可见，美国的废弃物的界定经历了一个不断完善的过程。

根据《资源保护与再利用法》中的分类，这里所指的危险废弃物并非绝对意义上的有害，而是按有害废弃物的产生量决定"有害"程度，而不存在绝对意义的"无害"。

(1)危险废弃物跟踪系统。美国对于有害废物管理提出了有害废物"从摇篮到坟墓"的概念——有害废物的生成或制造是"摇篮"，而废物处理、储存和处置工厂(Treatment，Storage，and Disposal，TSD)则是"坟墓"。

(2)TSD设施的必要条件。20世纪80年代后期，美国几千个TSD设施接受危险废弃物。这些设施包括焚烧、脱水和废弃固体物的处理设施，还包括填埋、表面蓄水、地下注水井等处理设施。接收固体危险废物的 TSD 设施必须获得一个 TSD 设施危险废弃物许可。

(3)陆地禁令。在 1984 年《资源保护与再利用法》的修正案中，美国国会对于陆上危险性物质的处置增加了新的要求。

1976 年《资源保护与再利用法》于 1984 年进行修正。这是美国第一个关于危险废弃物的重要法规，一部全面控制固体废物对土地污染的法律，旨在弥补环境法中的最后一个漏洞，即未加管理的陆地废弃物及有害废物的处置，制定了"从摇篮到坟墓"的严格而明确的管理制度。授权美国环保局对那些可能造成健康和环境的急迫和重大威胁的有害废物进行管理，减少废物的生产量，提高废物回收及其潜能的再利用。这部法律全面控制了固体废弃物污染土地的形势，并着重对危险物质对人体健康和环境危害的预防进行了规定。此后经过了几次修订，该法成为从污染源和污染物途径控制土壤污染的重要法律，其重点在于预防危险物质污染环境和危害人体健康。

2. 1976 年《联邦土地政策与管理法案》(*The Federal Land Policy and Management Act, FLPMA*)

为了有效地对联邦土地进行管理，国会意识到了公有土地的价值，宣布这些公有土地仍然属于国家所有，针对联邦土地管理局(The Bureau of Land Management, BLM)管理的土地，1976 年国会颁布了《联邦土地政策与管理法案》。该法案的颁布结束了美国国有土地管理在法律层面的混乱局面，堪称国有土地管理中最具综合性的法律，使国有土地的管理工作能够在以《联邦土地政策与管理法案》为核心的法律构架的指导下顺利展开。此后的土地管理，与土地所有权的分割和对部分权利的限制密切相关。

3. 1980 年《综合环境污染响应、赔偿和责任认定法案》(*The Comprehensive Environmental Response, Compensation and Liability Act, CERCLA*)

工业革命给美国带来了极大的财富，但是一味地开发却忽视了对环境的保护。20 世纪六七十年代,由于废弃物的大量产生与和不当处理,引发了一系列的环境问题,环境污染情况十分严重。美国环境的污染严重程度可以从以下事件中窥见一斑:煤烟使匹兹堡因为空气混浊而闻名;田纳西首府纳什维尔亦因空气污染而被称作“烟雾乔易”;因向伊利湖的克亚霍加河流倾倒大量的工业废弃物而引起的巨大火灾,因此使克亚霍加河成为“燃烧的河”;伊利湖污染严重的时候湖边藻类腐烂,恶臭熏天,湖里布满了油污和工业废弃物,也使有名的伊利湖成为“死湖”。美国的工业也经历了由北到南、从东到西、从城市到郊区的改变,大量工厂的迁移留下大量的遗址,那些被遗弃、闲置或不再使用的前工业和商业用地及设施被称为“棕色地块”(Brownfield Sites)。惨痛的污染事件导致美国不得不采取一系列的法案法规等行动治理污染,保护环境,震惊美国的“拉夫运河事件”也成为美国采取措施的最直接原因。

拉夫运河(Love Canal)位于纽约州(New York State)境内,靠近尼加拉河上游的尼加拉大瀑布(Niagara Falls),修建者威廉姆·拉夫(William T. Love)后因修建资金不足而停建,后被废弃,该运河长约 3000 米,深度在 3 到 7 米之间。1942 年到 1953 年之间,当地一家名为“胡克”的化学工业公司(Hooker Chemicals & Plastics Corporation)把含二恶英和苯等 82 种致癌物质、共21800多吨重的工业废弃垃圾倾倒在该运河中。① 1953 年,胡克公司对拉夫运河废物场进行覆盖填埋后，将该块土地以 1 美元的价格出售给尼亚加拉瀑布学校董事会,胡克公司在卖出此块土地时曾明确指出此地有危险废弃物,但是

① 参见李菁:《“超级基金法案”的前世今生》,http://news.focus.cn/bj/2010-06-02/950746_2.html。

学校委员会并没有重视这个警示，并在此地建立起小学。随后 20 年，此地得到了快速的发展，到 1978 年，这里大约有 800 套单亲家庭住房和 240 套低工薪族公寓，以及在填埋场附近的第 99 街学校上学的 4000 多个孩子。[①]

到 20 世纪 70 年代初，当地居民发现屋内有恶臭味和化学物质的味道，而且不断患病，当地的患癌率快速提高，很多家庭出现孕妇流产，婴儿畸形、夭折等现象。根据调查，此处是堆放 2 万多吨工业废弃物的垃圾填埋场，当地居民陷入恐慌，纷纷要求搬离拉夫运河社区，纽约州健康委员会随后宣布这一地区进入紧急状态，此地被称为紧急声明地区（The Emergency Declaration Area，EDA）。1978 年到 1980 年，时任总统的卡特（James Carter）颁布了紧急令，让拉夫运河的居住家庭实行暂时性搬迁，联邦政府和纽约州政府对居民进行紧急撤离。

轰动全国的“拉夫运河事件”也让人们震惊地发现，在美国还有很多废弃的垃圾填埋场。20 世纪 70 年代，在美国，每年因危险废物泄漏造成的环境危害大约发生 3500 次，每年需要 6500 万美元到 2.6 亿美元来进行治理。[②]美国环保局发布报告称，超过 2000 个含有危险化学物质的垃圾场会对公众健康产生危害，每个污染场地平均每年要花费 360 美元予以治理。1979 年，美国生产的化学物质共 5650 亿磅，其中 3470 亿磅被认为是有害的，并且 1979 年生产的速度为 7.6%，按照这个速度，十年后生产量将会翻番。[③] 1980 年，美国环保局（EPA）发布一个报告，美国有 250 个具有威胁和潜在威胁的污染场地，其中 27 个污染场地会对人体健康造成损害（流产、癌症等），32 个污染场地迫使人们不得不关闭公共和私人的饮水井，130 个污染场地会造成地面水域污染，74 个污染场地会破坏土著物种的自然栖息地。[④]

---

① 参见丝涟（Seuly）：《美国拉夫运河事件》，《环境》，2005 年第 8 期。

②③④ 参见陈建梅：《论美国〈超级基金法〉对中国的启示》，山东师范大学 2014 年硕士研究生毕业论文，第 8 页。

1980 年，受“拉夫运河事件”的推动，美国国会制定了《综合环境污染响应、赔偿和责任认定法案》，通过该法案授权，美国环境保护局设立“超级基金(The Super fund)”为治理污染土地提供资金支持，故又将该法称为《超级基金法》(*The Super fund Act*)。《超级基金法》是美国针对危险废弃物处置不当引起的土地污染和自然资源损害进行的立法，解决遗留在老工业地上的土壤污染问题。为了更加有效地解决出现的问题，还制定了超级基金法规，设立了超级基金项目。

《超级基金法》规定了四项基本制度：信息收集和分析制度、授予联邦政府反应行动权威制度、超级基金制度和严格的环境责任制度。根据四项基本制度，该法授权美国环境保护局有责任敦促各方对危险物质予以清理。《超级基金法》第 102 条授权环保局局长可以发布或适当地修改法令，环保局局长有权决定被报道的最低排放量；第 103 条规定：所持船只或设备的人，如果知道设备泄漏，应立即向环保部门报告其泄漏到污染场地的危险物质的数量和种类……还提出了相应的惩罚措施：如果排放有害物质超过允许范围，如在知情的情况下没有禀报，将缴纳不超过 10000 美元的罚款或拘留不超过一年，或两者结合。

> Any person who knowingly fails to notify the Administrator of the existence of any such facility shall, upon conviction, be fined not more than \$10,000, or imprisoned for not more than one year, or both. (*Super fund Act*)

超级基金规定了两种相应行动：一是清除行动(Removal actions)，二是修复行动(Remedial actions)。清除行动是短期行为，是数月内把排放在环境中的泄漏物清理完毕，是在紧急情况下实施的清除措施，例如受污染的土壤对人的健康和环境造成了严重的危害。修复行动则是长期的行为，是指试图永久性、根本性地去除危险物质对人造成的危害。采取修复方式治理行动进行清理时可以使用联邦基金，但仅限于列入环境保护局所规定的国家优先治理清单(National Priorities List,NPL)上的项目,国家优先治理清单是国家通过的优先处理的废弃物、污染物或危险物质等,环境保护局根据危险评价等级体系(Hazard Ranking System)确定哪些危险排放物和危险设施等列入国家优先清理项目清单。国家优先清理项目基金每年都会更新,将已经治理完毕的项目从清单上去除。

《综合环境污染响应、赔偿和责任认定法案》明确了清洁费用的承担者,对污染土壤的情况采取“谁污染谁治理”的原则,由造成污染事故的责任方支付受污染土壤的治理费用,在无法使责任方支付费用的情况下,由超级基金承担。超级基金的使用有着严格限定,仅适用于以下两种情形:第一种情形是有明确的污染者,但污染者确实无力支付修复费用;第二种情形是污染者无法确定。此外,基金的使用还要受到超级基金管理部门和国家救济审查委员会的监督与审查。该法也允许超级基金先行支付清理费用,清理完成后再通过诉讼等方式向责任方索回相关费用。环境保护局或委托机构根据国家优先治理清单,分析优先处理场地的危险程度,据此选择、设计清理方案,然后进行清理,最终达到永久性、根本性地清理污染物等。

超级基金主要来源:①对石油和化工原料征收的原料税,②对年收入200万美元以上的公司征收的环境税,③一般财政中的拨款,④对潜在责任人追回的治理费用,⑤对不愿承担相关环境责任的公司及个人的罚款,⑥基金利息，以应对可能发生的危险物质污染与有害物质应急计划(National Contingency Plan,NCP)。到1985年,美国通过《超级基金法案》已筹集到16亿美金,联邦政府以此设立信托基金,为污染者无力支付修复费用和污染者不明确情形下的土壤污染治理提供资金帮助,由环境保护局在全国10个地区执行机构负责具体操作,此方法突破了传统私法救济的局限性,力求建立及时、快速的土壤污染治理、修复机制。

超级基金的使用要遵循《超级基金法》的规定，超级基金可以用于以下方面：①政府应对危险废弃物所需要的费用；②任何其他个人为实施国家应急计划所支付的必要费用；③对申请人无法通过其他行政和诉讼方式从责任方处得到救济的、危险物质排放所造成的自然资源损害进行补偿；④对危险物质造成损害进行评估，开展相应调查研究项目，公众申请调查泄露，对地方政府进行补偿以及进行奖励等一系列活动所需要的费用；⑤对公众参与技术性支持的资助；⑥对不同大都市中污染最为严重的土壤进行试验性的恢复或清除所需要的费用。

针对可能或已经发生的土壤污染问题，超级基金的使用有着严格的程序规定，具体操作流程如下：

（1）初步评估，现场检查。首先对于可能存在污染或已存在污染的土壤地块进行现场勘查，然后结合土壤污染评定标准，确定是否需要立即或短期内进行土壤修复。

（2）确定污染等级。根据污染地块的具体情况，确定有无必要列入国家优先项目名单。具体从以下指标进行考察：是否需立即清理、修复，是否可以确定污染责任主体，是否严重影响公众利益和国家利益，有无长期修复的必要。符合上述指标的，列入名单优先治理，并在部门网站予以公示。

（3）整治调查或可行性研究。美国环保部及其委托的专业机构对污染地块进行评估，对土壤修复的成本、技术手段进行科学性评定。

（4）决策记录。决策记录是超级基金使用的必要环节，决策记录必须载明资金用途，且当拨款超过一定数额（2500 万美金）时，必须接受国家救济审查委员会的审查。

（5）补救设计或补救措施。本阶段进行土壤治理、修复计划和规范的制度与具体实施，风险控制小组会根据实际情况，调整全美各区域项目优先级排序，确保资源进行最优化配置。

（6）建设阶段性成果。结合污染地块的实际情况拟订方案，实施污染物质的清理、土壤修复，但这并不意味着达到理想状态下的最终修复。土壤修复治理还需长期的修复治理。长期修复措施如下：定期维护和审查、土地的限制使用等，确保实现保证人类健康、生态平衡的目的。

（7）修复完成。在实现全部清理目标，土壤恢复到未被污染时水平，恢复自我净化能力，完成被污染土壤的彻底修复后，终结该项目。

同时，根据判例，在符合上述情形下资金用于治理、修复、赔偿后，超级基金可以作为原告起诉污染责任人，追偿其支付的相关费用。这是超级基金享有的代为求偿权，一定程度上解决了环境诉讼难的问题，同时贯彻了“污染者付费”原则，有利于基金的长久有效运行。

克林顿政府时期这些措施成效显著，1981 年至 1992 年共完成 155 处清理项目；自 1993 年至 2000 年已经完成了 458 处，是其他政府时期清理项目的 3 倍，原订计划清理花费的时间由 1993 年的 10 年也减少到了 1998 年的 8 年，同时清理费用也减少了 20%。①在整治的过程中，1.8 万家污染制造者，包括小型企业，已经收到了解决方案，避免了长期诉讼，在实现效率的同时也很好地保护了环境，超级基金在科研项目的投入的研究成果也节约了纳税人和责任人大量的资金。截至 2012 年 2 月 21 日，据美国联邦环保局网站公布的数据，全国已经陆续完成 1123 个列于国家优先治理名单上历史污染场地的清理工程，完全从名单上删除的有 358 个，并且对它们实行长期的保护和监督，以保证其再利用，还有将近 171 个场所的修复工作正在进行中。②

《综合环境污染影响、赔偿和责任认定法案》是美国土壤污染防治体系的一部基本法律，该法案以人为本，为了保护生态环境，给人们提供健康安

①② 参见孟春阳、田春蕾：《对美国超级基金法的一点思考》，《安阳工学院学报》，2010 年第 3期。

全的生存环境，不惜耗费大量资金。该法案确立了“谁污染谁防治”的原则，使得责任主体意识更加强烈。该法案创立了超级基金，在无法确定责任主体或责任主体无力采取反应措施时，有采取治理污染的资金支持。该法案采取的“清除”和“修复”两种治理行动，对于清除危险废弃物和修复污染场地都起到了积极的作用。美国环境保护局 1981 年公布了第一批有害排名系统（Hazard Ranking System，HRS），1983 年公开了国家优先项目清单（National Priorities List，NPL）。据统计，该法案颁布实施以来，共清理有害土壤、废物和沉积物 1 亿多立方米；清理垃圾渗滤液、地下水、地表水约 12190 亿立方米，还为数万人提供了洁净的饮用水源；[①]从 1981 年至 2005 年间，美国陆续完成清理项目 1500 多处，还有将近 500 个场所的修复工作正在进行中；永久性地治理了近 900 个列于国家优先名单上的危险废物设施，处理了 7000 多起紧急事件。[②]这些行动更加注重人类的健康，注重生态的健康发展，并使受污染土地的重新使用成为可能，有效地促进了自然资源的综合利用。

美国针对经济社会发展中出现的新的环境问题，又陆续颁布了一些修正和补充法案。1986 年，美国国会通过了《超级基金增补和再授权法案》（*Superfund Amendments and Reauthorization Act*），对《超级基金法》进行了进一步的补充和完善。此后，该法又陆续进行了几次补充修改，包括 1997 年的《纳税人减税法》（*Taxpayer Relief Act*），以及在 2002 年布什总统签署的《小规模企业责任减轻和棕色地块振兴法》（*Small Business Liability Relief and Brownfields Revitalization Act*）。随着一系列关于土壤防止的法案出台，美国土壤污染防治法律体系逐渐完善。

①② 参见罗思东：《美国城市的棕色地块及其治理》，《城市问题》，2002 年第 6 期。

(二)对矿山废弃地的修复

自17世纪40年代以来,美国就一直在开采煤炭,但直到20世纪30年代,地表采矿才得以普及。30年代末,西弗吉尼亚颁布管理煤矿业的第一部法律——《复垦法案》(*The Reclamation Act*),之后各州纷纷效仿。尽管有这些法律，但在二战期间对煤炭的巨大需求导致煤炭被大量开采而很少顾及环境后果。二战后各州继续制定和扩大监管项目,其中一些州需要采矿许可证,以确保土地在开采完成后可以收回。但这些州法律在开采地表煤矿对环境的影响方面基本没有成功。各个州的法律不尽相同,使得采矿业搬迁到规章制度不那么严格的州。与此同时,20世纪60年代至70年代,由于美国石油短缺引发了能源危机,国际市场上的煤炭价格大幅度上涨,露天采矿迅猛发展,表面采矿现象变得越来越普遍,1963年只有33%的美国煤炭来自露天矿,到1973年这个数字达到了60%。[①]

1.《露天矿管理与复垦法案》(*Surface Mining Control and Reclamation Act*)

1974年和1975年国会向时任美国第38任总统福特(Gerald Ford)递交采矿条例草案,但福特总统担心这些草案会限制煤矿工业的发展,引起通货膨胀,限制能源供应。1976年,吉米·卡特(James E. Carter)竞选总统成功;1977年8月3日，卡特总统签署这些法案使之变成法律,《露天采矿管理与复垦法案》颁布。

《露天矿管理与复垦法案》条文十分详尽,共13章188条703页,对土地复垦金、采矿许可证和土地复垦保证金制度给予了明确规定。在美国内政部下设立露天采矿复垦局(Office of Surface Mining)负责执行该法案。该法案具体规定了露天采矿复垦管理局的职责范围;废弃矿山复垦,露天采矿环境

---

① See Surface Mining Control and Reclamation Act of 1977, https://en.wikipedia.org/wiki/Surface_Mining_Control_and_Reclamation_Act_of_1977.

影响的控制，原有矿和新开矿作业的标准和程序及复垦技术与目标，开采计划,土地复垦的标准,环境保护的要求,监督和执行,公众参与等相关条款。

《露天矿管理与复垦法案》建立了土地复垦基金制度和保证金制度。美国国库下设“废弃矿复垦基金”,由内政部部长管理。基金来源有两种:一种是现有采矿企业缴纳的费用[露天开采煤矿每吨缴纳 35 美分,地下开采煤矿每吨缴纳 15 美分或按每吨销售价格的 10%缴纳(两者中取少者缴纳),褐煤每吨缴纳 10 美分或每吨销售价格的 2%缴纳(两者中取少者交)]。[①]另一种是包括捐款、罚款、滞纳金及基金用于投资所得。在每个州也设立废弃矿复垦基金,资金来源是经内政部部长根据经过批准的州复垦计划,从国家废弃矿复垦基金向各州下拨的补助金。为了保证基金的征收,该法案还规定:对弄虚作假、没有如数缴纳废弃矿复垦基金的,根据情节轻重,罚 1 万美元以下的罚金或处 1 年以下监禁,或两者并处。该法案是针对在建矿山,法案规定矿主必须向美国内政部缴纳复垦保证金，其形式可以是现金、担保债券、信托基金和不可撤销的信用证。保证金的数额因各采矿山的地理、地质、水文、植被的不同而由管理机关决定。

法案规定,在进行露天开采之前需获得许可证。不持内政部或各州管理机构办法的许可证,任何单位和个人不得采矿。申请人按照获得许可证的标准申请采矿许可证,许可证的有效期不超过 5 年,在获得许可证 3 年之内没有进行采矿作业的,许可证自动失效。

《露天矿管理与复垦法案》以法律的形式规定了统一的露天矿管理和复垦标准,建立了健全的复垦制度,成立了负责矿山复垦的专门机构,对新开垦的土地实行复垦及采矿后复垦应达到的相关标准，同时要求对复垦以前废弃的土地进行治理,对露天矿做出了详细的管理办法。美国不仅废弃矿区

① 参见张凤麟:《发达国家矿地复垦保证金制度及对中国的启示》,《中国矿业》,2006 年第 9 期。

修复的面积大，而且对废弃矿区生态恢复率也位于世界前列。据调查，20世纪70年代以来，美国矿山废弃地的生态恢复率为70%左右。[①]美国又于1990年、1992年、1996年和2012年分别对《露天矿管理与复垦法案》予以修订，不断适应采矿发展的需要。

2. 国家优先项目清单

美国一直重视土地复垦工作，每年的8月3日被称为“美国的复垦日”。为处理矿山废弃地的问题，美国列出了由联邦超级基金项目资助的国家优先项目清单，是美国进行长期修复有毒废弃物堆积场所名单，在国家优先项目清单中包含大量矿山废弃地。美国国家环境保护局开展的矿山废弃地修复案例被列入清单的共133个，[②]集中分布于美国中部如犹他（Utah）、密苏里州（Missouri），以及沿东西海岸加利福尼亚州（California）、宾夕法尼亚州（Pennsylvania）等；另外，美国北部的蒙大拿州（Montana）、南部的新墨西哥州（New Mexico）也有零散分布。

美国针对矿山废弃物存在的各种问题，如土壤污染、水污染和植被遭到破坏等不同的情况进行不同的修复。以对加利福尼亚峡谷（California Gulch）硬岩矿废弃地进行土壤修复为例，对废弃地进行复垦，主要使用无机和有机特色土壤改良剂。改良废弃矿地时，先用家畜粪便和木材废料制成堆肥，增加土地肥力，再用拖拉机牵引犁（tractor-pulled plow）直接将14000吨堆肥混入表层30厘米的土壤，基本达到污染物的全部深度。[③]进行堆肥填埋后，回收当地的废弃木材和大块岩石对其进行固定和保护，最后进行植被修复，种植耐寒性、非入侵性的草种，使废弃地植被茂盛。

由此可见，美国对矿山废弃物的处理不仅有相关法律，还有相关的项目，而且对矿山的治理是综合治理，并不是采用简单的填埋，在治理的基础上采

①②③　参见王美仙、贺然、董丽、李雄：《美国矿山废弃地生态修复案例研究》，《建筑与文化》，2015年第12期。

用物理方法和化学方法等对土壤进行修复，再用改良剂和堆肥等对土壤肥力进行恢复，收到了土地治理与修复的效果，促进了土地的可持续利用。

（三）对农业用地的保护

美国对土地的管理基本是以农场的形式实现的，农场土地包括用于农作物种植、牧场和草场的土地，林地和没有用于牧场和草场的荒地被土地休耕保护计划（Conservation Reserve Program）和湿地保护计划（Wetlands Reserve Program），或其他政府计划登记注册。美国是自由市场经济，耕地数量主要取决于市场上农产品的价格，当农产品价格上升时，农场主就将农场中经济效益较低的草地、牧地转化为经济效益较高的耕地，但总体看来，1910—2000 年美国的耕地面积变化相对较小，耕地数量在 3.3 亿英亩以上。[①]在耕地转化为城市用地的同时，美国会将各种类型的土地转化为耕地。耕地并不是孤立地存在，它在空间上与森林、草地、渔业等相邻配置，在时间上与其他类型的用地相互转化。

美国之所以重视农业用地，原因之一就是农业用地转化的不可逆性，一旦农业用地转化为城市用地，如再将其转化为农业用地，不但价格十分昂贵，而且土壤很难恢复。因此，农业用地，尤其是耕地几乎是不可逆的，美国十分重视对农业用地的保护。在城市的边缘区，是城市向外扩张的首选，特别是在二战以后，美国在城市化的过程中，中心城区衰落和城市郊区化现象，使得城市向外围扩张现象严重。但是当时美国政府的主要关注点在城市建设上。直到 20 世纪七八十年代，美国的农地保护政策才得到公众的关注与支持。具有标志性的事件是 1981 年美国农业部（United States Department of Agriculture，USDA）和美国环境办公室联合公布了国家农地研究报告（Na-

① 参见刘丽：《美国农地保护政策的特点》，《国际国土资源管理·态势与趋势》，2003 年第 16 期。

tional Agriculture Land Study,NALS)。根据报告,在20世纪六七十年代,美国的农地流失增加了3倍,从60年代的110万英亩到70年代的310万英亩。[①]这些数字成功地引起了人们的关注,美国政府和国会也针对农业用地实施了一系列保护措施。

为了保护农业用地,1980年,美国成立了农田信托基金组织(The American Farmland Trust,AFT),旨在保护农田和牧场,促进环境友好型的耕作方式,使农民继续在农地上耕作。信托基金组织由农民、政策专家、研究人员和科学家组成,由董事会管理,总部设在华盛顿特区。

1. 1981年《美国农地保护政策法》(*The Farmland Protection Policy Act*)

1981年,美国国会通过《美国农地保护政策法》,该法案的主要目的有:①尽量减少联邦计划的范围,包括技术援助或财政援助,减少不必要和不可逆转的重要农地和非农地的转化;②鼓励适当的替代活动,减少对农田的不利影响;③确保联邦计划的运作方式在可行的范围内,国家、各州、地方政府和保护农田的私人项目共同保护农业用地。

根据法案,美国将全国的农业用地划分为以下四大类,实行严格的用途管制:①基本农业用地:最适于生产粮食、饲草、纤维和油料作物的土地,总面积1588亿公顷,禁止改变用途;[②] ②特种农业用地:生产特定的高价值粮食、纤维和特种作物的土地,禁止改变用途;③州重要农地:各州的一些不具有基本农业用地条件而又重要的农业用地可有条件改变用途;④地方重要农业用地:有很好的利用和环境效益,并鼓励继续用于农业生产的其他土地,可以或有条件改变用途。

该法案规定了农业用地和非农业用地的转化,保护了美国的农业用地。从1983年至1994年,各州、县、市完成了对农业用地的划分。农场主在与政

① See Fredrick R. Steiner,John E. Theilacker(eds),*Protecting Farmland*,Avi Publish Company,Inc.

② 参见李茂:《美国土地审批制度》,《国土资源情报》,2006年第6期。

府签订协议保证农业用地农用后，可获得政府减免税费等一些优惠待遇和政策。此外,美国还采取推行建立植被、防护林、草地等生态保护缓冲带的做法,大大改善了农业生产环境,防止了水土流失。

2. 1985 年《农业法》,又称《食品安全法》(*The Food Security Act of 1985*)

1985 年修订后的《农业法》,即《食品安全法》提出实施土壤保护,使受侵蚀的土地退出耕种,改良土壤。新提出了四个计划:保护储备、草地保护、沼泽地保护和保护依存计划。其重大意义在于,首次将农场主是否实施土壤保护措施与其能否有资格接受政府农业计划的优惠政策联系起来。虽然这些条款还保留着自愿性,但农民被要求在农地上实施水土保持措施,以作为其参加政府对农产品进行价格补贴计划的前提。在 20 世纪 80 年代,从农产品价格补贴中得到的收入几乎是必不可少的。这种经济刺激手段比较强硬,一些农业生产者认为政府的环保计划已经由自愿转为强制了。

3. 土地休耕保护计划(Conservation Reserve Program,CRP)

1985 年,美国国会根据《食品安全法》制定了土地休耕保护计划。土地休耕保护计划于 1986 年开始实施,是一项全国性的农业保护项目,通过签订休耕合同对农民进行为期 10 至 15 年的补贴，政府鼓励农民将自己受侵蚀或环境敏感的土地变成自然植被覆盖区,鼓励农民和农场主采取休耕还林、还草等长期性植被恢复措施,最终达到改善水质、阻止土壤侵蚀、减少野生动植物栖息地损失以保护环境的目的。

土地休耕计划由农业部下的农场服务局(Farm Service Agency)执行,将生态脆弱的耕地转换为草地或林地。具体流程是,当地农场服务局会提出告知,农民进行自愿申请,当地农场局在 7 至 90 天内给予回复。当地农场局和国家农场局对所有申请者的土地进行研究,借助环境效益指数(Environment Benefits Index,EBI)和其他规定综合分析,研究其退耕的可行性和租金要价,对农民的退耕申请进行分析和筛选，只有满足土地休耕计划的各种条件的农场主才能得到补贴。列入土地休耕计划的土地一是要休耕，退出粮食种植;二是要采取绿化措施,种植多年生的草类、灌木或林木。农场服务局每年向参与者提供补贴,提供的补贴分为两部分:一是土地租金补贴,二是根据农民实施种草、植树等分担种植植被的成本。农民可以根据环境的需要续签合同。

相关研究证明,从1985年到2002年,已有1360万公顷耕地退出农业生产活动,涉及37万农户。美国政府每年要花费约15亿美元用于支付土地租金和分担农民转换生产方式的成本,平均补偿金额为116美元/公顷每年。退耕的土地,60%转为草地,16%转为林地,5%转为湿地。

1985年《农场法案》首先设立了退(休)耕还草还林项目,1990年《农场法案》增设了湿地恢复项目。1996年和2002年,美国又相继出台了《农业法》(*Agricultural law*)和《农场安全与农村投资法案》(*Farm Security and Rural Investment Act of 2002*),简称《2002年农业法》(*2002 Farm Bill*),陆续修改或增设了环境保护项目、农场和牧场保护项目及草场保护项目。

多年来，美国农业部一直在实施旨在保护国家自然资源的土地休耕计划。从退耕面积和政府投资规模上看,土地休耕保护计划是美国迄今最大的环境改善与农业保护项目,美国农民和牧场主自愿参与。土地休耕计划减少了水土流失,改善了水质,保护了野生动物等的栖息地,取得了长远且有效的效益。

除此之外,美国1996年通过《联邦农业发展与改革法案》(*Federal Agriculture Improvement and Reform Act of 1996*),该法案提出备用地保护计划,农场主根据市场情况，将符合耕作条件的土地作为保护地，可获得备用地保护补贴。同年,美国颁布了《新农业法案》。该法案的颁布使联邦政府正式开始以保留地役权或其他农田部分权利的形式保护耕地。在这些法规的指引下,农场主可以自愿将自有土地的开发权转让给政府机构或农田信托，而他们则通过直接支付货币或税收减免等形式获得经济补偿。农场主仍旧是土地的所有者,可以买卖或者将土地赠予他人,但对于土地的使用却仅限于耕作或者作为休憩用地。美国国会在1997年通过的《联邦土地政策和管理法》(*The Federal Land Policy and Management Act*),是美国最具权威的土地管理大法,明确了美国实行公私兼有的多元化土地所有制。在美国所有的土地中,私有土地占58%,联邦政府土地占31%,州政府土地占10%,城市政府土地约占1%。[①]联邦、州、县、市在土地的所有权、使用权和受益权上各自独立,不存在任意占用或平调,确实有需要的,也要依法通过买卖、租赁等有偿方式取得。

第四节　结　语

美国的土地政策是一个不断完善的过程,美国在建国初期,随着领土不断扩大,制定了一系列土地法令和土地法案以管理土地。伴随着西进运动的轰轰烈烈,美国政府与时俱进地颁布了一系列土地法案,以鼓励大批移民向西部迁移,1862年颁布的《宅地法》便是其中一个典型的法案,使得向西拓荒的人可以免费获得土地。美国还针对西部荒地的林地和沙石地颁布了《鼓励西部草原植树法案》《沙漠土地法》和《林地和砂石地法》等,并且在此基础上不断完善。除此之外,美国政府还颁布了特殊法案,诸如国家赠予的教育用地和给予退伍军人的赠地法案,来满足特殊群体和国家宏观利益的需求,而这一系列土地法案自身也伴随着时代的步伐不断完善,且具有其独特先明的特色。

在20世纪,美国不断科学地开发和利用土地,针对西部干旱的问题政

① 参见孙利:《美国的土地利用管制和特点》,《资源导刊》,2008年第2期。

府颁布了《联邦土地开垦法》,但是随着移民不断向西迁移,美国西部不堪重负。20 世纪 30 年代,黑色风暴席卷美国,美国针对牧场和水土流失颁布了一系列法案,比较典型的有《泰勒牧场法》《土壤保护法》和《标准水土保持地区法》。与此同时,美国经济危机的爆发,使美国政府不断探索恢复经济、减少失业等对策。政府注意到城市建设领域大有可为,从而可使得以解决就业为主的 1937 年《住房法》的成功出台。从 1949 年清理以贫民窟更新城市住房运动的《住房法》到 1966 年的《示范城市与都市开发法》,美国各级政府在住房用地问题的管理上不断觉醒。20 世纪 70 年代,美国对于土地的管理到了全面的治理阶段,针对固体废弃物的问题,美国政府 1965 年通过了《固体废弃物处理法》,该法在实践过程中并不断修正;针对土地污染问题,政府又颁布了 1976 年《资源保护与再利用法》和 1980 年《综合环境污染响应、赔偿和责任认定法案》并进行完善;针对矿山复垦的问题,美国 1977 年颁布了《露天矿管理与复垦法案》,并将重点要复垦的矿山列入国家优先项目清单,各级政府联手采用各种方法综合治理矿山问题。20 世纪 70 年代和 80 年代,针对农业用地颁布了一系列法案,从 1981 年保护耕地面积的《美国农地保护政策法》,到保护土壤的 1985 年《农业法》,到土地休耕保护计划,再到 1977 年的《联邦土地政策和管理法》,美国的农地保护政策不断完善。

从 1785 年制定的第一个土地法令到 1997 年国会通过的《联邦土地政策和管理法》,美国已形成了纵横交错的国土资源管理法律法规体系,为公共土地管理提供了完整健全的法律法规依据。

第四章　美国水资源环保法

美国位于北美洲中部（阿拉斯加州位于北美洲西北角、夏威夷州位于太平洋中部），国境东西南三面环海，北部以五大湖为界，国内大部分河流是南北流向，主要包括由波托马克河、哈德逊河等组成的大西洋水系；由哥伦比亚河、科罗拉多河、萨克拉门托河等组成的太平洋水系；由格兰德河、密西西比河等组成的墨西哥湾水系，其流域面积占美国本土面积的 2/3；由阿拉斯加的育空河及其他诸河流构成的白令海水系和包括阿拉斯加州注入北冰洋的河流所构成的北冰洋水系。水资源总量为 2.97 万亿立方米，仅次于巴西、俄罗斯和加拿大，位居世界第四位，人均占有水资源量接近 1.2 万立方米，是中国人均量的 5 倍。因此总体来看，美国是水资源储备较为丰富的国家。

美国降水分布存在很大的地域差别，水资源分布极不均匀，其降水量特点大致可概括为东多西少。东部地区是湿润与半湿润区，年降水量在 800mm 至 1000mm 左右。西部大约 17 个州属于干旱半干旱区，年降水量在 500mm 以下，且西部内陆地区仅为 250mm 左右，科罗拉多河下游地区低于 90mm。①

① 参见邹体峰：《美国水资源综合管理与思考》，《中国水能与电气化》，2012 年第 1/2 期。

因此，为了使水资源满足经济社会发展的需求，美国是较早走上依法管水、依法治水、依法用水的国家之一，其水法规大致可以分为两部分：一是联邦参议两院通过的水法，用以约束全国的所有水事活动；二是各州根据本州的实际情况所制定的地方性法规。美国涉及水资源管理和保护方面的法律法规基本涵盖了水资源开发、利用、管理和保护的全过程，其中具体涉及供水调水、水质清洁、防洪治洪、水道航运、开发利用、生态保护等各个方面。本章的水资源法规部分将着重探讨联邦政府层面所颁布的环保法。

美国的水污染问题及水资源利用和管理方面的矛盾是工业化程度与城市化进程不断加快的产物。在美国历史发展的早期阶段，人类活动对于自然环境的影响较小，水资源污染、短缺、管理等问题相对而言并不突出。直到19世纪末20世纪初，人水矛盾日益严重，逐渐成为广大公众与政府关注的焦点，因此水资源的治理、管理和保护政策，以及相关法律法规随之出台。由于美国是较早走上依法治水、管水和用水的国家，因此政府当局除了不断加强、完善水资源法规的建设之外，也十分重视水资源管理体制与管理机构的建设和完善。美国水资源管理机制大致可分为三级机构：联邦政府机构、州政府机构和地方政府机构，基本上都是采取分层管理的模式，即各个相关的管理部门在联邦政府的授权下对水资源行使各自的管理职能。联邦政府层面的主要管理机构有：美国陆军工程兵团（United States Army Corps of Engineers，USACE）、农业部自然资源保护局（Natural Resources Conservation Service，NRCS）、内政部垦务局（United States Bureau of Reclamation，USBR）、国家环境保护署（United States Enviromental Protection Agency，USEPA）、美国地质调查局（United States Geological Survey，USGS）、联邦应急管理署（Federal Emergency Management Agency，FEMA）、鱼类和野生动植物管理局（The Fish and Ildlide Service，FWS）、田纳西流域管理局（Tennessee Valley Authority，TVA）、水土保持局（Soil Conservation Service，SCS），等等。为了使读者更好地了解美国在水资源管理、保护、立法等方面的经验,本章节将按照水资源法规所涉及的主要功能和用途进行大致归类并分节给予详述,它们分别是水道航运,防洪滞洪,水资源的开发、利用和管理,以及水资源的保护与防治四部分。

第一节 美国水资源环保法之水道航运篇

在19世纪初期之前,美国水资源管理的侧重点主要是水道航运方面。1824年的《河流和港口法案》(*Rivers and Harbors Act of 1824*)是美国国会出台的第一部着重于改善水道航运的立法。当时,国会拨款75000美元,授权美国陆军工程兵团疏浚整治俄亥俄河(Ohio River)和密西西比河(Mississippi River)流域的沙坝,以及其他障碍物以改善水道航运。[①]该法案的通过需要从美国历史上一次具有里程碑意义的诉讼案件说起,即吉本斯诉奥格登案(Gibbons v.Ogden)。众所周知,美国是先形成的独立各州,随后才形成了统一的联邦国家,因此建国初期美国各州都拥有广泛的权利。然而根据美国宪法第1条第8款规定:美国各州有权管理州内的工商业,但管理州与州之间的经济活动属于联邦政府的权限[美国宪法称之为"州际贸易或州际商务"(Interstate Commerce)],即联邦政府有权管理对外贸易、州际贸易及印第安部落的贸易。然而国家将法律条文的纸上规定转化为法律实践需要一个过程,而1824年的"吉本斯诉奥格登案"就为联邦最高法院确定联邦政府州际贸易权提供了绝好的机会,也正是该案件的判决使最高法院大法官约翰·马歇尔(John Marshall)成为"美国宪政第一人"。[②]

① See https://en.wikipedia.org/wiki/Rivers_and_Harbors_Act.

② 参见《影响美国25大案——吉本斯诉奥格登案(1824)》,法律咨询网,http://china.findlaw.cn/jingjifa/fldf/lunwen/031469910.html。

该案件主要是由汽船航运贸易而引起。事情的来龙去脉需要从著名的汽船发明人罗伯特·富尔顿(Robert Fulton)讲起。富尔顿是一个爱尔兰裔美国人,一直潜心于蒸汽机船的发明,但由于资金缺乏,四处奔波寻求投资援助。他先是去法国向当时称雄欧洲大陆的法国帝王拿破仑推销自己的发明,希望说服其给予资金支持,但被拿破仑当成骗子最终徒劳而返。穷途末路之际,富尔顿遇到了具有非凡商业眼光的罗伯特·利文斯顿(Robert Livingston)。利文斯顿曾是纽约州的第一名大法官,也是当时托马斯·杰弗逊总统派往法国的外交公使,著名的“路易斯安那购买”(Louisiana Purchase)正是在其谈判下购买成功的,并最终使美国版图扩大了一倍。利文斯顿极具远见的眼光使其预见到未来汽船的商业价值和发展潜能，毅然答应向富尔顿提供资金支持。随后,利文斯顿还利用自己的权势和关系,说服纽约州通过法律并向州议会申请专利允许他和富尔顿垄断汽船经营。因此,纽约州议会最终通过州立法并规定，凡是在纽约州内进行汽船经营业务的船只必须得到富尔顿的许可,否则将给予非法扣押,并将其垄断权延长至三十年。这就极大地损害了其他各州进行汽船经营的权利。后来,一名来自新泽西州的商人埃伦·奥格登(Aaron Ogden,1811 年当选为该州州长),对纽约州的垄断法律发起抗议,却没有得到州议会和法院的支持,最终迫于无奈向富尔顿购买了汽船经营权。之后,又有一个来自乔治亚州的种植园主名叫汤姆斯·吉本斯(Thomas Gibbons)也看到了汽船航运的有利商机,并开始在奥格登所管的辖区内经营汽船贸易,当地法院则判处吉本斯侵权并责令其立即停业。于是乎吉本斯一气之下对奥格登提起诉讼,几经波折最终上诉到美国最高法院。

法院审理该案件所涉及的主要问题是根据美国宪法规定，管理州与州之间经济活动的权利属于联邦政府,各州有权管理州内的工商业,包括州议会是否有权立法。首席大法官马歇尔裁定,根据宪法的商业条款,联邦权力机构涵盖州际贸易，包括水域营运和汽船的运输航行等，他的立场要点有三:第一,各州可以自由调节州内的商务;第二,国会拥有专有的权力来调节州际贸易;第三,即使国会没有行使这一权力时,各州也没有这个权力。因此,该案件最高法院的最终判决结果是:纽约州建立汽船垄断的法律与联邦法律相抵触,所以无效。[①]最高法院通过该案对联邦管制州际商业条款进行了广义的解释,从而大大扩大了联邦的权力。最高法院大法官威廉·道格拉斯(William Douglas)评价道,州际贸易条款成为联邦政府"广泛权力的源泉"。

"吉本斯诉奥格登案"结束后不久,美国国会于1824年4月通过《通用调查法案》(*General Survey Act of 1824*)。该法案规定,总统有权对一些运输道路、运河,以及具有商业或军事用途或为公共运输条件所必需的运输线路进行调查,并且授权总统委派军事工程师到一些国有及私有航运公司开展地质调查并完成估算成本、监督施工等系列工作,委派成本则由联邦政府全权承担。最终詹姆斯·门罗(James Monroe)总统将调查任务分配给美国陆军工程兵团。为了尽可能扩大水道航运的改善范围,国会于1824年5月通过了美国第一个《河流和港口法案》(*Rivers and Harbors Appropriation Act of 1824*),授权陆军工程兵团负责俄亥俄河与密西西比河水域的管理工作。该法付诸实施后很快便取得了明显的成效。在1824年到1837年期间,联邦政府执行部门向陆军工程兵团提供经费42.5万美元去进行调查。在这期间,兵团进行了120次调查,协助修建了90个项目,调查项目除了河流与港口,还包括对其他运输道路、运河及铁路的调查。随后几年里,联邦政府持续增加拨款,一些道路和运河系统的建设和维护工作也逐渐在其他地区陆续发展起来。总之,1824年的《河流和港口法案》《通用调查法案》的颁布及陆军工程兵团在海路和陆路交通系统上所做的努力,都为19世纪美国的经济发展与

① 参见《影响美国25大案——吉本斯诉奥格登案(1824)》,法律咨询网,http://china.findlaw.cn/jingjifa/fldf/lunwen/031469910.html。

西部扩张奠定了重要基础。①

1826 年，国会又颁布了新的《河流和港口法案》(*Rivers and Harbors Appropriation Act of 1826*)，授权总统对选定的水路进行调查和清理工作，同时改善其他河道和港口。同年，国会批准对大西洋和墨西哥湾之间的运河进行首次调查，并扩大陆军工程师的工作量。虽然 1824 年的《河流与港口法案》被称为"第一部河流港口立法"，但 1826 年的《河流与港口法案》是第一部将航道调查与项目建设两者授权相结合的法案。此后，联邦政府对于河流和港口水资源的保护力度一直在加大，且不断增加投资用以改善水道航运和修建各种工程项目。②随后 1899 年联邦政府又颁布了《河流和港口拨款法》(*Rivers and Harbors Appropriation Act of 1899*)，该法是美国首部与水污染控制有关的法规，并提出了排污行为的许可要求，但当时该法案的关注重点仍然是流域航行而非水质。

美国关于河流与港口方面的法案数量极多且修订频繁，在此不过多赘述，具体内容可见表 4-1：

表 4-1 《河流与港口法》概览

1869 年	国会拨款 200 万美元改善河流和港口水域环境。
1871 年	国会在全国范围内确立了一些具体项目，并拨款 390 万美元，开始了在内陆河流修建水坝。
1873 年	国会拨款 580 万美元，批准对密西西比河以西的内河航道进行首次调查，同时改善西弗吉尼亚的卡诺瓦河。
1876 年	国会授权改善密苏里河和加州的圣华金河。
1882 年	国会通过新的《河流和港口法》，意图通过促进交通运输模式(特别是铁路)之间的竞争来改善水路，使国家受益。
1890 年	国会再次通过新的《河流和港口法》，该法对未经授权的水利设施建设，如大坝、船闸等加以限制，并规定任何水域发展计划或工程项目的建设必须通过战争部部长和工程兵团的批准方可实施。

① See https://en.wikipedia.org/wiki/General_Survey_Act.

② See https://en.wikipedia.org/wiki/Rivers_and_Harbors_Act.

续表

1899 年	国会通过《河流和港口拨款法》,规定未经国会许可,对可通航的河流修建堤坝是非法行为。
1909 年	1909 年的《河流和港口法》制定了从波士顿到格兰德河的沿海航道的国家政策。
1910 年	1910 年的《河流与港口法》授权在佛罗里达州的阿帕拉契拉河和圣安德鲁湾之间的海湾水路上设一个通道,并研究最有效的货物运输方式。
1915 年	1915 年的《河流和港口批款法》具体规定了建立锚地和港口的一般条例。
1925 年	1925 年的《河流和港口法》命令工程兵团确定对国家河流进行调查的费用,并提出改进措施。
1935 年	1935 年的《河流和港口法》主要对大古力水坝和帕克水坝所具有的主要功能进行了探讨,其中包括控制洪水、改善航行、调节河流流动、协助发电等。
1938 年	1938 年的《河流和港口法》授权在河口和港口进行一些公共工程的建设、维修和保养工作,其中最重要的项目是在哥伦比亚河建造博纳维尔大坝。
1940 年	1940 年的《河流与港口法》授权改善某些河流和港口,以利于国防和其他目的。
1954 年	1954 年的《河流和港口法》对那些用于航行、防洪和其他用途的河流和港口的公共工程的建设、维修和保养进行财政拨款,包括被海滩侵蚀的港口。
1966 年	1966 年的《河流和港口法案》确定了一些具体的航行和海滩侵蚀项目,并分别在伊利诺伊州和密苏里州之间、堪萨斯州和俄克拉荷马州之间建立了州际协定。

注:本表内容总结皆源于法案英文版原文。

表中内容清楚地表明,在水道航运方面,政府的投资力度不断加大,覆盖范围逐渐扩大。从 1824 年第一部《河流和港口法》颁布以来,关于河流和港口的法案几乎贯穿了美国 19 世纪至 20 世纪整个发展过程，陆续出台的法案也经历了从起初仅侧重水道航运的改善,到之后开始将改善航运、建设水利设施和保护水域环境等多个方面相结合的一个逐渐丰富完善的过程,使得法案所取得的成效更加显著。至今,美国关于河流与港口所颁布的相关法案体系已经趋于完善。

第二节　美国水资源环保法之防洪滞洪篇

美国环保史上的水法除了河流与港口的相关法案贯穿于一个多世纪的

发展史之外，另外一项水法就是美国的防洪系列法案。本节将着重对美国的防洪水历史进行简要概述，并对美国政府颁布的一些重要防洪法案进行详细介绍。

首先，美国是一个地广人稀的国家，辽阔的疆土孕育众多河流水系，洪水灾害频频发生。其次，美国的海岸线较长，沿岸地区频繁受到飓风、台风及地震的影响，因此风暴潮和海啸也较为严重。作为洪水多发的国家，美国受洪水威胁的面积约占到国土面积的7%，影响3000多万人口，约占总人口的12%。针对国内频繁发生的洪水灾害，美国联邦政府及社会公众进行了不屈不挠的斗争和坚持不懈的努力，有关防洪的法律法规也经历了从不成熟到逐渐完善的过程，最终才得以形成了目前世界上最为成熟和完善的防洪体系之一。

美国独立之后，联邦政府并没有参与河流的整治，洪水的防范和治理仅由各州分散独立完成。说到防洪则必须对美国联邦层面极为重要的管理机构——美国陆军工程兵团予以详细的介绍。美国陆军工程兵团是联邦层面最早、最重要的水利机构，隶属陆军部管辖，1802年成为纽约西点军校工程班。1824年，国会授权陆军工程兵团负责航道整治，包括建设闸坝、疏浚、护岸及航运工程管理等，同时负责相邻湿地的维护，以保证密西西比河，尤其是上游河段常年通航，但当时对于防洪并没有给予足够重视。第一部由联邦政府颁布并且起到防洪作用的法案是19世纪中期的《沼泽地法案》(*Swamp Land Act*)。为了鼓励农民开发湿地，国会分别在1849年、1850年和1860年颁布《沼泽地法案》。该法案拨给15个州总计6490百万英亩湿地，鼓励各州开发湿地，在湿地上建筑防洪堤和排水沟，减少洪涝灾害。[①]尔后在19世纪50年代至70年代期间，密西西比河下游和俄亥俄河地区频繁发生洪水灾

① 参见《美国湿地政策带给我们的启示》，中国园林网，http://www.yuanlin365.com/news/124623.shtml。

害，国会才正式授权陆军工程兵团负责调查密西西比河防洪措施的预算。1879年国会成立了密西西比河委员会(The Mississippi River Commission)，负责制定密西西比河干支流调查、航运及防洪等项目计划并研究规划实施的可行性，然而国会在当时则认为其主要目标是负责河道航运，防洪则是附带任务。到了20世纪初期，密西西比河、俄亥俄河及东北部的其他河流又接连发生多次严重的洪水灾害，这才迫使联邦政府颁布了第一部专门用于控制洪水的法案，即《1917年防洪法》(*Flood Control Act of 1917*)，该法案主要是为了控制密西西比河、俄亥俄河和萨克拉门托河的洪水，并批准在这些流域内建立必要的防洪工程。根据法案规定，在每一个财政年度，联邦政府对于防洪工作的投资不得超过1000万美元，并且所拨付的款项均需按照工程师师长所批准的密西西比河委员会的工作计划和工程项目，并在战争部部长的指挥下支出，其主要工作任务是对密西西比河流域进行调查评估，以确定防洪成本，同时授权陆军工程兵团研究其他河流的防洪。①

因此，当时陆军工程兵团依旧是防洪事宜的总负责机构，该机构设立了勘察小组，其中两位负责人艾伯特上校（H.L. Abbott）和汉弗莱上尉(A.H. Humphreys)在勘察报告中建议，应该沿着密西西比河两岸大规模修建堤防，达到既能防洪又可改善航运的目的，于是美国出现了盛行已久的“唯堤论”。当时该报告最大的缺陷就是反对使用水库蓄洪、滞洪区等作为防洪的有效手段。《1917年防洪法》的防洪策略也因此受到影响，认为通过建立一系列水利工程，如堤防、大坝等就可以完全抵抗洪涝灾害的侵袭。总的来说，该法虽然在政策方向的制定上存在一定的缺陷，但它颁布的重大意义和突破在于，国会开始将防洪独立于航运并列为国家政策的重要内容。法案颁布之初，国会拨款4500万美元用于防洪，并且规定联邦与地方政府分摊比例为2:1。1923

① See https://en.wikipedia.org/wiki/Flood_Control_Act_of_1917.

年，国会再次拨款6000万美元用于密西西比河防洪工程建设。

正是由于对“唯堤论”的过分信任，1927年4月，密西西比河下游多处堤防决口，洪水沿支流而下，汇入密西西比河，汹涌的洪水继续向南，奔向墨西哥湾。据统计，洪水期间，密西西比河沿岸共溃堤120处，这一年美国7个州遭洪水袭击，其中损失最为惨重的州有阿肯色州、密西西比州与路易斯安那州，80万人无家可归，约246到500人丧生，淹没面积达63740平方千米。历史学家霍维尔指出，这场大洪水造成大约10亿美元的经济损失，是美国历史上最为严重的洪水之一。[①]

这次洪水促使美国政府不得不启动密西西比河防洪新规划，于是美国国会在1928颁布新的《防洪法》(*Flood Control Act*)，并决定修建水库大坝、整治河道、开辟滞洪区和泄洪道。为此，联邦政府拨款3.25亿美元用于防洪体系建设。在随后的二十几年里，联邦政府又投入90亿美元，并授权陆军工程兵团修建了900多项防洪工程，其中包括220座大中型水库、1.45万千米长的堤防与防洪墙，整治了1.2万千米的河道，这些水库在提供灌溉用水和防洪排涝方面发挥了至关重要的作用。

该法案共包含14条重要条款，本节将就其中的几条主要内容做详细介绍。

1. 1928年《防洪法》条款一：密西西比河流域项目

法案规定：第一，批准密西西比河流域和萨克拉门托河流域的防洪工程项目，并创建了一个由工程师，密西西比河委员会主席和由总统任命的民事工程师组成的董事会，审计该法案所通过的项目计划；第二，法案批准对路易斯安那州的巴吞鲁日和密苏里州开普吉拉多市之间进行有针对性的调查，以确保除堤防之外洪水救济的最佳方法；第三，合并资金。除了该法案第

① 参见严黎、吴门伍、李杰：《密西西比河的防洪经验及其启示》，《中国水利》，2010年第5期。

十三条条款规定的工作外，在 1917 年的《防洪法》和 1923 年的《防洪法》中，所有用于密西西比河防洪的未动用余额均可支出。

Flood Control Act of 1928

SEC.1. Mississippi River Valley project

(1)Created a board consisting of the Chief of Engineers, the president of the Mississippi River Commission, and a civil engineer chosen from civil life appointed by the President.

(2)Directed surveys to be made between Baton Rouge, Louisiana, and Cape Girardeau, Missouri to ascertain and determine the best method of securing flood relief in addition to levees.

(3)Consolidated funding. All unexpended balances of previous appropriations for flood control on the Mississippi River under the Flood Control Act of 1917 and the Flood Control Act of 1923, were made available for expenditure except for work under section 13.

2. 1928 年《防洪法》条款二：本地贡献与参与

法案规定：第一，重申地方承担的防洪工作费用原则的合理性，该原则已纳入先前的所有国家立法中，即承认当地居民对其自身保护方面的特殊利益，并将其作为一种手段以防止对没有重大国家利益的不合理的工程项目提出过分的要求。

Flood Gomtrol Act of 1928

SEC.2. Local contribution and participation

Reiterated the soundness of the principle of local contribution toward the cost of flood–control work which had been incorporated in all previous national legislation, recognizing the special interest of the local population in its own protection, and as a means of preventing inordinate requests for unjustified items of work having no material national interest.

3. 1928 年《防洪法》条款三:地方实体必须维护已完成的项目

禁止启动使用资金,除非各州或堤坝区保证除控制和管理溢洪道结构,包括特殊救济堤坝外,它们将负责维护所完成的防洪工程。

Flood Control Act of 1928

SEC.3. Local entities must maintain completed projects

Prohibited expending funds until the States or levee districts gave assurances that they would maintain all flood–control works after their completion, except controlling and regulating spillway structures, including special relief levees.

4. 1928 年《防洪法》条款四:流动权

法案规定:第一,联邦政府对因密西西比河主河道改道而通过的破坏性洪水提供了流动权。但在减少因水流权而支付的补偿额时,会考虑到因实施防洪计划而对财产造成的任何利益。第二,规定了政府获得所需土地以顺利执行各大工程计划的方案。政府可通过征用、购买或者捐赠的方式取得进行这项工程的所需的任何土地、地役权或通行权。1918 年《河流和港口法》的规定适用于获得防洪工程所需的各种土地权。

Flood Control Act of 1928

SEC.4. Flowage Rights

Provide Federal government flowage rights for additional destructive flood waters that will pass by reason of diversions from the main channel of the Mississippi River. Provided that any benefits to property from execution of the flood-control plan would be taken into consideration in reducing the amount of compensation paid for flowage rights.

Provided a method to obtain lands to execute the plan. The Government can acquire by condemnation, purchase, or donation any lands, easements, or rights of way which are needed in carrying out this project. Provisions of the Rivers and Harbors Act of 1918 were made applicable to the acquisition of lands, easements, or rights of way needed for works of flood control.

5. 1928 年《防洪法》条款八:密西西比河委员会的负责工作

法案规定：密西西比河委员会在战争部部长的指导和工程总监的监督下执行该项目。无论出于任何其他目的，管理该委员会的现行法律保持不变。法案重申了密西西比河委员会的工作任务,如例行检查、举行听证等,以便获得有关其管辖范围内防洪情况和问题的第一手资料。根据委员会成员的等级规定其薪资和津贴待遇。

Flood Gontrol Act of 1928

SEC.8. Work of the Mississippi River Commission

The Mississippi River Commission, under direction of the Secretary of

War and supervision of the Chief of Engineers was to execute the project. For all other purposes, the existing laws governing the commission remained unchanged. The commission was to inspect frequently enough and hold hearings to enable it to acquire first-hand information as to conditions and problems of flood control within the area of its jurisdiction. It established that the president/executive officer of the commission is to qualifications prescribed by law for the Assistant Chief of Engineers and be given the rank, pay, and allowances of a brigadier general. It established the salaries for officers of the Commission.

6. 1928 年《防洪法》条款十:迅速进行调查工作并提交关于密西西比河各条支流系统的调查报告

法案规定:第一,对密西西比河及其支流的调查将在切实可行的范围内尽快进行;第二,指示陆军工程兵团编写和提交密西西比河各支流防洪项目报告,包括:红河、雅祖河、白河、圣弗朗西斯河、阿肯色州河、俄亥俄河、密苏里河、伊利诺伊河及其各支流。

Flood Control Act of 1928

SEC.10. Proceed speedily and provide reports on various rivers systems

(1)Surveys of the Mississippi River and its tributaries were to be done as speedily as practicable.

(2)Directed the Corps of Engineers to prepare and submit reports on projects for flood control on tributaries of the Mississippi River including:

The Red River and tributaries

The Yazoo River and tributaries

The White River and tributaries

The Saint Francis River and tributaries

The Arkansas River and tributaries

The Ohio River and tributaries

The Missouri River and tributaries

The Illinois River and tributaries

7. 1928 年《防洪法》条款十二:法案规定与本法相抵触的其他法律均被废除,以本法为标准。①

Flood Control Act of 1928

SEC.12. All other laws inconsistent with this law are repealed,All laws or parts of laws inconsistent with FCA 1928 were repealed.

以上是 1928 年《防洪法》的重要条款规定,从中可以看出,此法颁布的关键意义在于,它提高了公众对防洪理论与实践的认识,并将防洪事宜确立为国家政策及联邦政府责任的同时,也促使国家在防洪治理上的思维模式的转变,即从一味坚持"唯堤论"到采取"多元化"治洪思路的转变,也可以说该法的颁布终结了之前的"堤防万能"政策。此外,在 1927 年以前,防洪主要是依靠州政府及州下属的市级和县级地方政府来组织完成,而联邦政府仅仅只是负责提供一些救灾物资或者在洪水灾害超出州政府所能承担的能力之外时,联邦政府根据应急计划指挥各部门进行救灾,因此防洪治理及工程

① See The Flood Control Act of 1928(FCA 1928)(70th United States Congress,Sess.1.Ch.596,enacted May 15,1928).

建设等方面的预算和开支大都是由州、地方政府来承担。据统计，在 1928 年防洪法制定以前，地方政府在密西西比河防洪工程上花费 2.92 亿元，而联邦政府仅花费 7100 万美元。1928 年《防洪法》出台后，国会批准在密西西比河的防洪工程上投资 3.25 亿美元。①

1928 年《防洪法》出台时美国正处于经济大萧条时期，当时富兰克林·罗斯福总统为了应对经济危机，实施新政，采取一系列措施挽救国内经济，同时也大力促进了水利设施建设，其中最重要的当属 1933 年田纳西河流域管理局（TVA）的成立。该管理局成立后，田纳西河谷上陆续修建了 20 座水库，为预防汛期洪水侵袭起到了至为关键的作用。而后在 1935 年至 1936 年间，俄亥俄河流域与新英格兰地区等均发生了洪水灾害，这促使国会在 1936 年 6 月 22 日通过新的防洪法，即 1936 年《防洪法》。该法由总统富兰克林·罗斯福签署通过，法案规定国会支出 3.1 亿美元用于防洪项目，在 1937 年财政年度则不得超过 5000 万美元，同时规定受益地区要提供建设各种水利设施所需土地，且在项目完成后当地有责任对其进行维护和操作管理。也就是说，该法明确建立了防洪工程规划，并且由联邦与地方政府共同承担投资与建设。该法案还要求降低洪灾重现频率，减少洪灾人员伤亡，当时联邦政府许下了一个重大承诺，那就是要保护大约 1 亿英亩（40 万平方千米）土地上的人民和财产不受洪水侵袭。联邦防洪项目的唯一要求就是经济效益必须超过成本，当地利益必须符合当地项目的要求。当时该法案还宣布，把洪水控制作为国家的优先事项，因为它对国家福利构成了严重威胁。②

另外，1936 年 3 月，联邦政府在海洋和大气管理局（NOAA）的基础上成立了联邦及各个州的洪水预报中心，该预报中心与美国水文局共同合作，进行水情预报和警戒服务。自《1936 年防洪法案》颁布以来，联邦政府投资建设

---

① 参见刘艳玲：《美国防洪政策的转变》，《河川》，1994 年第 10 期。

② See https://en.m.wikipedia.org/wiki/Flood_Control_Act_of_1936.

费用 3.1 亿美元，调查费 1000 万美元。国会授权陆军工程兵团建设了 200 多项防洪工程，建造了数百千米的堤坝，改造了众多河道，修建了将近 370 多座水库。[①]总之，1936 年的《防洪法》可以说是国会通过的首部综合性的防洪法案，从此全国的综合性防洪工作成为联邦政府的一项重要职责。此后，在 20 世纪 30 年代末至 70 年代初期间，国会不断与时俱进，对防洪系列法案进行了多次修订和完善，具体修订时间如下：1938 年、1939 年、1941 年、1944 年、1946 年、1950 年、1954 年、1958 年、1960 年、1962 年、1965 年、1966 年、1968 年和 1970 年。由此可见，防洪法案修订次数频繁，数量繁多，一直处于不断完善之中，笔者将就其中具有重要意义的法案给予简短介绍，阐述重点放在法案所取得的成效，其他不再过多赘述。

1938 年《防洪法》修改了联邦与地方的投资分摊比例，并减少了地方投资份额。另外，1938 年颁布的防洪法对 1936 年防洪法中的投资分摊条款做了较大修改，明确规定防洪工程建设和治理所需费用都由联邦政府承担。据了解，截至 20 世纪 60 年代中期，美国联邦政府投资用于防洪工程建设的资金已达 110 亿美元。[②]据最新数据统计，1996—2011 年，美国联邦政府用于全国城市防洪工程的支出费用占总资金消耗的 83%，剩下的由社会集资承担。[③]同时法案的重点还是放在防洪工程的修建上，特别是授权美国陆军工程兵团进行水坝和堤坝等土木工程项目的修建工作。该法案所覆盖的具体水坝项目如表 4–2 所示：

---

①② 参见刘艳玲：《美国防洪政策的转变》，《河川》，1994 年第 10 期。

③ 参见欧明：《防洪工程建设运行管理的思考》，《城市建设理论研究》，2012 年第 13 期。

表 4-2 《1938 年防洪法》所建水坝概览

水坝名称	开始时间	完工时间
牛滩坝(Bull Shoals Dam)	1947 年	1951 年
特拉华大坝(Delaware Dam)	1947 年	1951 年
爱荷华大坝(Coralville,Iowa Dam)	1949 年	1958 年
金祖阿坝(Kinzua Dam)	1960 年	1965 年
希南戈河大坝(Shenango River Dam)	1963 年	1965 年

1939 年《防洪法》中联邦政府开始对成本效益进行分析评估,其评定标准就是对于所建造的任何项目措施，其投入的成本资金是否与其所带来的效益成正比，并且法案授权将地方和州级水坝的所有权转让给美国陆军工程兵团。同年,除了 1939 年《防洪法》的颁布之外,政府还通过了其他三部与防洪工作相关的重要法规,分别是《综合防洪法》(*The Omnibus Flood Control Act*)、《国家司法商业拨款法》(*The State-Justice-Commerce Appropriation Act*)和《军事拨款法》(*The Military Appropriation Act*)。其中《综合防洪法》正式宣布并授权新墨西哥州皮科斯河上的阿拉莫加水坝(Alamorga)用来控制洪水;《国家司法商业拨款法》授权修建里奥格兰德的项目;而《军事拨款法》规定联邦政府向美国陆军部拨款 305188584 美元，其中 133000000 美元用于一般防洪工作,9600 万美元用于保存和维护现有的河流和港口工程,3900 万美元用于密西西比河及其支流的防洪,24774924 美元用于巴拿马运河和其他运河区。①

随后 1955 年,美国东北部和加利福尼亚州等地区接连发生严重的台风与洪水灾害,这就促使联邦政府再次颁布 1956 年《联邦洪灾保险法》(*The Federal Flood Insurance Act of 1956,FFIA*),目的主要是遏制洪泛区土地的无序滥用,同时降低政府灾后救济的财政负担。该法案创立了联邦洪灾保险制

① See https://en.m.wikipedia.org/wiki/Flood_Control_Act_of_1939.

度,成为洪灾保险制度实施的开端,从此美国开始走上洪灾保险制度的探索与发展之路。然而该法虽然打开了洪灾保险制度的大门,却由于种种原因而未能顺利施行。一方面,国会当时意识到洪灾保险对于防洪工作的开展极为重要,洪灾保险制度的发展又需要政府的财政支持,但是在立法未对洪泛区进行有效规范的前提下，国会担心推行政府补贴的洪水保险有可能加剧洪泛区的开发损失，因此实施洪灾保险所需的资金迟迟未拨付到位；另一方面,保险业领域对洪灾保险的有效性也存在疑虑。这些因素使得该法未能切实施行。直到 1968 年美国政府才再次颁布《国家洪灾保险法》(*National Flood Insurance Act, NFIA*)和以之为基础的“国家洪灾保险计划”(National Flood lnsurance plan, NFIP)。该法的颁布意味着美国开始正式实施洪灾保险制度。与《联邦洪灾保险法》(FFIA)不同,《国家洪灾保险法》(NFIA)规定:该洪灾保险仅仅提供给那些有意愿实施洪泛区发展规划的社区，这一规定也就消除了国会先前的担心。NFIA 的立法目标大致可总结为两点:第一,在全国范围内提供洪灾保险;第二,制定有关洪泛区土地利用的相应政策。其最主要的目的是用保险制度代替灾害救助，同时解决由于洪灾损失逐步升级所致纳税人负担加重的问题。

该法主要包含四章内容：第一章规定了国家洪灾保险计划的授权设立和执行、计划的对象和范围、承保责任的性质和限制、费率的确定和收取、国家洪灾保险基金的设立和运营、土地使用控制等;第二章规定了国家洪灾保险计划的组织和管理,包括政府资助下的私营保险公司的参与、政府项目在私营保险市场支持下的运营、损失理赔与司法管辖权等;第三章规定了洪泛区土地管理计划与洪水保险计划的协调,如对于洪泛区的划定、土地管理和使用的标准、洪灾评估要素、减灾资助、国家洪水减灾基金的设立和使用等;第四章则规定了联邦财政干预、计划的管理机构设置等事项。根据该法和《国家洪灾保险计划》,联邦政府设立了国家洪灾保险基金,通过洪灾保险基金对参与洪灾保险基金的投保人进行保费补贴。同时,该法与国家洪灾保险计划确立了洪泛区内土地利用和管理的总原则,对洪泛区的开发起到了一定的抑制作用。[①]

但是1968年《全国洪灾保险法》及其国家洪灾保险计划在实施中暴露出其两大缺陷:一是计划是自愿性的,由于参加洪灾保险短期内要增加居民的经济负担,许多社区对其不感兴趣;二是缺少可供各社区确定洪泛区范围并进行风险分区的洪灾保险费率图(其制定至少需要五年时间才能完成),无法准确地确定保险费率。因此,在国家洪灾保险计划实施的第一年,美国遭受洪水威胁的20000个社区中仅有四个社区有条件参加了保险计划,总共只受理了20件洪灾保险业务。为解决洪灾保险费率图缺失问题,美国国会在1969年对国家洪灾保险法进行了修订,制定了洪灾保险应急计划,规定各社区在详细的洪灾保险费率图绘制完成之前,可暂以全国平均保险费率标准并以部分投保形式参加应急计划。此后,国家洪灾保险计划的参与者有所增加,但计划整体进展仍较为缓慢。

为了更正1968年国家洪灾保险法的弊端和促进国家洪灾保险计划的推广,美国国会于1973年12月颁布了《洪灾防范法》(*Flood Disaster Protection Act of 1973*)。该法对洪泛区内的可使用的联邦资金进行了限制,其中一项条款规定,只有财产所在社区参与了国家洪水保险计划或资助申请者已经购买了洪灾保险,才有资格享受联邦政府所提供的资助。联邦资助主要是指联邦保险的各种信贷机构提供的商业优惠贷款等,这实际上是将联邦资助与洪灾保险"捆绑"起来,并将洪灾保险规定为一种强制性保险。根据此项条款的要求,所有受洪水威胁的社区都需参加国家洪水保险计划,否则受灾区将无权享受联邦的灾害救济与援助。

---

① 参见任自力:《美国洪水保险法律制度的变革及其启示》,国际经济法网,http://ielaw.uibe.edu.cn/flsw/bjsfx/14310.htm。

随着相关法律条款的逐步完善，国家洪灾保险计划进入了快速发展阶段。从此美国的洪灾保险法律制度基本成形，这三部法案，即1968年《国家洪灾保险法》《国家洪灾保险计划》(NFIP)和1973年《洪水灾害防御法》构成了美国洪灾保险制度的基本框架。其中，1968年《国家洪灾保险法》作为美国洪灾保险法律制度的核心，在经过1969年的应急法和1973年的洪害防范法的实质性完善之后，又经历了1977年、1983年、1988年、1989年、1990年、1994年、2004年、2007年等多次修订，其中比较重要的是1994年、2004年和2007年的修订。相关修订不断地更新着美国洪灾保险法律制度的内容，并焕发着生机与活力，洪灾保险计划的实施的确取得了很大的成效。到1979年底，在将近16732个社区中共有180万份保险单生效，投保财产值达730亿美元。1982年度洪灾保险收入为2.77亿美元，申报损失为1.55亿美元(保险公司理赔28849份保险单)的赔偿费。至1996年4月，全美参与国家洪灾保险计划的社区数已达18469个，其中参与正式计划的有18277个，参加应急计划的有192个，保险单3416842份，收入保险费11.415亿美元，投保总额达3496.477亿美元。[①]此外，1978年至2009年期间，美国共售出1.07亿张强制洪灾保险保单，年均售出335万张保单，NFIP单张保单的平均保额为12.9万美元，为泛洪区提供共计4329亿美元的洪灾保险保障。在1978年至2010年的33年运行中，有24年洪灾保险基金的当年保费收入大于赔款支出，有9年保费收入小于赔款支出。根据FEMA官方统计数据，1978年至2010年间，美国累计发生重大洪灾灾害98次，累计赔付317亿美元，平均每张保单赔付1.96万美元。其中2005年卡特里娜(Katrina)飓风后累计支付洪水赔款161.7亿美元，平均每张保单支付9.67万美元，为NFIP历年赔付之最。至2004年末，NFIP尚有累积结余104.5亿美元，然而2005年支付赔款后，美国国家

① 参见姜付仁、向立云、刘树坤:《美国防洪政策的演变》,《自然灾害学报》,2000年第3期。

洪灾保险基金多年来的结余被全部抵消。①

经过长时间的探索与努力，美国已经形成世界上较为完善的全国性洪灾保险体制，洪灾保险法律制度也逐渐成为美国应对洪水灾害的重要非工程措施。该体制充分发挥了巨大的社会效益，大大减少了洪水灾害所带来的经济损失，并且提高了洪水治理的效率。

第三节　美国水资源环保法之开发利用篇

美国水资源开发和利用的开端可以说是始于 1902 年《垦殖法》(*The National Reclamation Act*)的颁布。在西进运动和西部大开发进程中，由于西进移民完全属于自发性、无组织性的群众运动，他们只能依靠自己的力量来应对陌生恶劣的环境。因此，移民初期，联邦政府对于西部干旱地区的水资源管理和水利设施建设等方面并没有给予充分的重视，即便是鼓励人民开发水源，克服干旱，但不会直接参与西部水资源的开发和水利设施的建设与管理。在雨水充沛的地区，拓殖速度相对较快，而在西部一些干旱地区，随着移民数量的急剧增加，农业、工业与城市用水已经无法满足人民的发展需求。况且当时西部农业正处于扩张时期，间歇性的降水也完全不能满足西部农业的发展需求，加之私人和州赞助的灌溉系统也由于资金和技术方面的原因宣告失败，因此西部农民不得不向联邦政府寻求援助。迫于压力，1901 年，17 个西部州议员开始聚集商讨如何解决西部干旱地区土地的开垦问题，他们要求联邦政府将出售西部国有土地的部分款项用于干旱地区的水利建设。最终，联邦政府在 1902 年宣布通过《垦殖法》，又名《纽兹兰法》(*Recla-*

① 参见《美国洪水保险制度》，中保网，http://www.sinoins.com/zt/2014-05/08/content_109176.htm。

mation Act)。法案规定,16 个指定的西部干旱州出售国有土地的款项可以保留下来作为灌溉系统建设所需要的资金，且各种水利工程和设施的建设需要由内政部部长审批,方得以实施。同时法案规定,在工程覆盖的土地上定居五年并开垦一定面积的土地的农户可以获得 80 英亩的土地,但每年必须向有关水利机构交付 20 至 30 美元的灌溉费,在 10 年内基本把工程费用付清,这样就可以保证这笔灌溉基金有效运转且永久保存下来。[①]另外,该法案除了联邦政府资助西部干旱地区的灌溉项目外，它的另一个重要意义在于依法在内务部成立垦务局，承担西部这 16 个干旱地区的水资源开发任务，除了资助西部灌溉系统建设和管理之外，还承担水力发电和城市工业用水任务。至 20 世纪 90 年代初,该局在西部建成 170 多处工程,管理水库 333 座,建立水电站 50 多座,承担 4200 多亩农田的灌溉供水。到 20 世纪 90 年代以后，垦务局的重点开始转为水资源的管理、水质保护和其他环境计划上。总而言之,《垦殖法》的颁布标志着联邦政府直接参与西部水利建设的开始,对于西部干旱地区的开发具有极为重要的意义。

那么说到美国水资源的开发、利用与管理,则不得不提到美国兴建的一系列大型跨流域调水工程。由于美国特殊的地理条件和气候特点,东部地区温和湿润,西部地区干旱缺水,本土水资源分配不均匀已经严重制约了经济社会的可持续发展。因此从 19 世纪开始,美国政府就积极修建大批跨流域调水工程,解决干旱地区的水资源短缺问题。目前,美国已建成的大型跨流域项目近 20 项,总调水规模超过 350 亿立方米/年,调水干线总长达 5800 多万千米。其中大多数调水工程集中分布在西部干旱地区,并且一些最重要的调水工程又集中在加利福尼亚州和科罗拉多河流域(如表 4-3 所示)。毫不夸张地说,美国西部的崛起,很大程度上依赖于这些调水工程的成功建设。

① 参见张友伦:《略论水利设施对美国西部开发的重大意义》,《湛江师范学院学报》,2002 年第 4 期。

表 4–3　美国著名调水工程一览表[①]

工程名称	水源地	受水地	首次输水时间
纽约调水工程	克罗托、卡茨基欠	纽约	1904 年
洛杉矶水道工程	欧文斯河	加州、洛杉矶	1913 年
纽约调水工程	特拉华河	纽约	1924 年
莫凯勒米水道工程	莫凯勒米河	旧金山湾东部	1929 年
赫齐赫齐水道工程	图奥勒米河	旧金山、圣马特奥等	1934 年
全美灌溉系统	科罗拉多河	加利福尼亚南部	1940 年
中央河谷工程	萨克拉门托河	加利福尼亚南部	1940 年
博尔德河谷工程	科罗拉多河	圣迭戈、洛杉矶	1941 年
科罗拉多—大汤普森工程	科罗拉多河	南普拉特	1959 年
加利福尼亚水道工程	费捷尔	加利福尼亚南部	1973 年
芝加哥引水工程	五大湖	密西西比河流域	1979 年
南内华达水利工程	米德湖	拉斯维加斯	1982 年
中亚利桑那工程	科罗拉多河	费尼克斯、图森	1985 年

大型的跨流域调水工程在方案设计、技术研究、工程结构、资金支持和管理运行等方面都存在较大难度，同时对生态环境的影响会表现出明显的滞后性。因此，跨流域调水工程的建设需要从长远利益出发，并将社会、经济、生态等各方面因素结合起来，进行统一的规划与管理，最大限度地实现工程的社会、经济与生态效益。美国的跨流域调水工程则很好地体现了这点，为世界上其他国家的调水工程提供了科学的样本与范例。

美国的调水工程主要有以下特点：

第一，美国所有大型调水工程的建设与管理都需经过国会或州立法机构的批准，并且都遵循“法案一对一授权”的原则，即每一个调水工程的修建，都有一部相应的具体法案作为指导，从工程的立项、投资、建设到运行管

① 参见李运辉、陈献耕、沈艳忱：《美国调水工程社会经济效益与生态问题研究》，《水利经济》，2006 年第 1 期。

理等全过程都需严格按照具体法案的法律程序执行。这就为美国跨流域调水工程的建设与管理提供了重要的法律保证,是其取得成功的关键。

第二,调水工程的建设与管理最大限度地发挥政府的主体作用,广泛鼓励公众参与。也就是说,美国在大型水利建设上实施垄断性经营管理模式,基本由联邦政府或州政府组织建设,不允许私人直接介入。

第三,在调水工程的管理体制方面,联邦政府授权垦务局、陆军工程兵团、水资源委员会与田纳西流域管理局等四个单位负责工程的规划、设计、施工、运行和后期的维护等工作,各个机构各司其职,分工明确。

第四,在各项调水工程的建设过程中,美国政府鼓励公众参与生态环境的保护工作,确保公众的环境参与权。例如相关部门会通过举办听证会、说明会、公示资金账目支出和组织管理机构拍摄介绍工程的宣传片等方式来接受公众的监督, 有效地防止了工程建设期间违法、渎职等不当行为的发生,同时也避免对环境造成严重的污染与破坏。

第五,联邦政府在建设调水工程的同时,注重对生态环境和野生动植物资源的保护,努力实现社会、经济、生态效益的统一。调水工程的建设与实施在满足人类社会生活发展需要的同时, 不可避免地会对生态环境造成一定的破坏和污染,如破坏土壤结构,受水区土地盐碱化、沼泽化,引发地面塌陷、滑坡、泥石流等自然灾害,破坏野生动植物的生存环境等一系列问题。因此,美国各级政府逐渐意识到调水工程所带来的滞后消极影响后,就将对生态环境与野生动物的保护与工程的经济、社会功效,如供水、发电、灌溉等摆在同样重要的战略位置上。在各项调水工程建设后期,联邦政府或州政府都会通过不断完善、修订相关法案来体现其对生态环境保护的重视程度。

美国在调水工程的法制建设、生态环境保护等方面的经验与手段相当丰富,以加州的调水工程为例,一方面,加州是美国供水矛盾最为突出的区域,也是调水工程较集中的区域;另一方面,加州在调水工程的建设方面已经积累了丰富的经验，基本形成了完整的管理体制与组织模式。因此，通过对加州调水工程的介绍，基本可以一览美国调水工程的整体概貌。

加利福尼亚州(State of California)位于美国西部，其北部为喀斯喀特山脉，西部濒临太平洋，东部是内华达山脉，美国本土的最高点——惠特尼山(Mount Whitney)以及陆上最低点——死谷(Death Valley)都坐落于此地，州内地理条件相差悬殊。加利福尼亚州中部的大平原——中央谷地纵贯美国太平洋沿岸，位于海岸山脉与内华达山脉中间，南北长约720千米，东西宽约60~100千米，是加州重要的农业区，物产富饶。谷底内的萨拉门托河(Sacramento River)向南流，南部的圣华金河(San Joaquin River)向北流，最终向西注入旧金山湾。本州气候属地中海型气候，干湿两季分明，冬季多雨，夏季干燥，同时南北降水量时空分布极不均匀，北部降水量多达1000多毫米，中央谷地降水量介于200至500毫米之间，而南加州地区干旱少雨，降水量不足100毫米。

19世纪中期及二战结束后，加州掀起的两次淘金热潮吸引了大批移民来此地，促使该地经济迅速崛起。加州工农业极为发达，拥有世界最大的电影中心——好莱坞，还有最重要的电子工业基地——硅谷。此外，中央谷地是主要的农作物区，物产富饶，蔬菜、水果和葡萄产量居全国前茅。南加州地区人口则更为密集，工农业高度发达，城市化进程迅速且耕地资源丰富，因此在生活、工业和农业方面的需水量占到全州的80%左右。正由于降水量分布不均匀的原因，南部地区严重缺水，使得加州南部及沿海地区的供水危机日趋紧张，成为供水矛盾最为突出的地区。且从1928年起，加州连续几年都发生了严重的旱灾，因此跨流域调水工程的建设显得极为必要。

自20世纪初，为解决严重的水资源供需矛盾，联邦政府和加州政府先后在该州建立了七项调水工程，构建了较为合理和完整的水资源配置体系。本节将着重介绍以下具有代表性的调水工程，包括科罗拉多河流域的水道工程(重点介绍胡佛大坝)、中央河谷工程与加州水道工程,并对保证工程顺利实施而出台的系列相关法案进行简要介绍。

1. 科罗拉多河流域的水道工程

美国进行水资源综合利用、开发与管理的第一个流域是科罗拉多河流域,同时它也是美国水资源开发利用最为充分的流域。科罗拉多河发源于落基山脉西部,最终汇入加利福尼亚湾,河流长度大约 2300 千米,流域面积超过 39 万平方千米,涵盖美国七个州,包括加利福尼亚州、内华达州、亚利桑那州、犹他州、科罗拉多州、新墨西哥州和怀俄明州的部分地区,以及墨西哥的两个州,其中墨西哥流域面积约有 3200 平方千米。科罗拉多河上游受海拔和地形的影响,气候变化较大且由于落基山区降水较多,并有冰雪融水补给,因此科罗拉多河上游干、支流水资源极为丰富。春末夏初洪水容易泛滥成灾,严重破坏河岸低洼地区附近的农田,对公民的生命财产安全造成威胁。而中、下游地区大部分属干旱、半干旱气候,秋冬河水干涸,各年、各季之间的丰枯相差很大且蒸发量大,同时渗漏、灌溉等耗水严重,使得水量逐渐减少。然而河水下游地区超过 70%的水源用以支撑半干旱区的农业生产,加之下游地区城市和人口众多,工农业和生活用水需求量也日益加大。因此,长期以来,关于科罗拉多河的水权问题,在美国与墨西哥之间,以及以河流为边界的七个州之间一直存在着严重的争议和矛盾。

直到 20 世纪 20 年代,该流域对农业所造成的损失逐渐受到关注,为了解决州际之间日益突出的水权纷争,1922 年 11 月, 在联邦政府商务部部长的主持下,七个边界州各派一名代表开会,经过将近半个多月的长期协商,最终签订了科罗拉多河协定,确定了上下游诸州的水权分割方案,对科罗拉多河的使用权进行了首次州际分配。随后,下游各州在水权分配上仍然存在矛盾。随后于 1928 年,美国总统卡尔文·柯立芝签署《博尔德河谷工程法案》(*Boulder Canyon Project Act*), 决定在拉斯维加斯东南的科罗拉多河上修建水坝,即如今的“胡佛大坝”(Hoover Dam)。该水坝的修建是美国历史上自巴拿马运河以来最大的工程,也是美国西南地区最大的水利枢纽工程,被称为“美国现代土木工程七大奇迹之一”。

法案出台的目的主要有以下三点:第一,解决下游三个州,即亚利桑那州、加利福尼亚州和内华达州之间的水量分配问题,同时授权兴建全美灌溉系统,并从科罗拉多河向加州南部地区实施调水;第二,发展加州南部英佩瑞尔(Imperial)河谷和考契拉(Coachella)河谷地区的灌溉农业,并解决洛杉矶和圣地亚哥等城市的供水问题;第三,大坝的建成还可以反过来为西部各州提供急需的电力,可谓一举多得。法案颁布之后,加州议会通过立法于1928年正式成立了南加州市政水管区(Metropolitan Water District of South California),负责科罗拉多河水道工程的建设和管理。①

胡佛大坝于1931年开始修建,1935年顺利建成并于1936年10月份首次发电。水坝及相关工程的建设资金由联邦政府来承担,还款期50年,年息4%,建设期间不付任何利息。建造水坝期间正处于经济大萧条时期,失业人数剧增,这就为水坝的建设提供了大批廉价劳动力。据统计,在水坝修建期间,总计雇用5251名工人。由于工程的建设强度大、难度高,从工程建立之初到结束,工人们不分昼夜地工作,约有112人为此而丧失了生命。奥斯卡·汉森,一位水坝建筑者曾说:“他们献出生命,让沙漠开出花。”此外,“胡佛大坝”名称的由来也颇为曲折。由于胡佛早在20世纪20年代初期就积极倡导水坝的修建,在其担任商务部部长到成为第31任总统期间,一直致力于促进修建大坝法案通过,因此在1935年水坝建成之际,官方将其命名为“胡佛水坝”。随后,胡佛下台之后,民主党人上台,便将大坝更名为“博尔德水坝”(Boulder Dam)。直到共和党人罗斯福总统上台,水坝在1947年又被重新改

① See Boulder Canyon Project Act(1928),https://www.ourdocuments.gov/doc.php? flash=true&doc=64.

名为“胡佛水坝”。

水库对于美国防洪、灌溉、发电、供水、航运、旅游等方面都发挥了至关重要的作用。第一，在防洪方面，由胡佛大坝所形成的米德湖水库面积为 593 平方千米，蓄水量为 383 亿立方米，最大水深为 180 米，防洪库容容量可达 117 亿立方米，是世界上最大的人工湖之一。在河流汛期有效地防止了过去频繁发生的洪水灾害，同时在调洪后下泄的洪水又可以为旱期提供需要的水源。第二，在电力供给上，位于大坝后面的胡佛水力发电厂，总计安装了 19 台机组，总装机容量为 208 万千瓦，年发电量 40 亿千瓦/小时，为当时世界水力发电之最，每年为加利福尼亚、内华达、亚利桑那等美国中西部各州提供 40 亿度电，最突出的是解决了拉斯维加斯的水电供应问题，极大地促进了新兴城市拉斯维加斯的崛起，使得原本处于沙漠之中的不毛之地一跃成为美国西部最大、最繁华的新兴城市。另外，当年建造大坝的投资，水电站通过销售电力能源不仅可以做到连本带利地偿还给联邦政府，每年还可净赚 7 亿美元。第三，在农业及供水方面，大坝的建成不仅使西部摆脱了能源匮乏的困境，同时解决了西部城市严重缺水的局面。大坝为西部的一些干旱区、半干旱区，包括加利福尼亚州和亚利桑那州沙漠地带的 70 万公顷的土地提供了充足的灌溉水源，目前该区域每年可生产 10 亿美元以上的农产品。除了农业灌溉用水之外，大坝为西部的主要城市如洛杉矶和圣迭戈市供水 10 亿加仑，每年可为 3200 万户五口之家及上百个城镇和工矿企业单位提供充足的生活、工业用水。第四，在航运和旅游业方面，水库长度约达 177 千米，大小船只和游艇都可在此通航，基本改变了建坝前的不通航的局面。此外，胡佛水库周边风景优美，是著名的游览胜地。据统计，自从 1935 年大坝对外开放以来，已经有超过 3500 万的游客来此观光，大大带动了当地旅游业的发展。总而言之，事实证明，胡佛大坝的确是美国综合开发科罗拉多河水资源的一项关键工程，完全达到了它修建之初的预期。

科罗拉多河作为美国水资源综合利用和开发最充分的流域，除了胡佛大坝的修建之外，其上下游的干流和支流都修建了多项大型跨流域调水工程,用于农业灌溉、城市及工业用水。由于该流域调水工程数目繁多,不再加以详述,具体工程项目详情参见表4–4。

表4–4　科罗拉多河大型调水工程一览表

流域	名称
上游	弗赖因潘河–阿肯色河引水工程(Fryimg Pan–Arkansas Project)
	圣胡安河–查马工程(San Juan–Chama Project)
	纳瓦霍印第安人灌溉工程(Navajo India Irrigation Project)
	科罗拉多河–大汤普森河工程(Clolrado–Big Thompson Project)
下游	南达科他工程(South Dakota Project)
	科罗拉多河引水工程(Colorado Aqueduct Project)
	全美灌渠(All American Canal)
	中央亚利桑那工程(Central Arizona Project)
	索尔特河工程(Salt River Project)
	希拉河工程(Gila Project)

2. 中央河谷工程

中央河谷工程(Central Valley Project,CVP)是美国加利福尼亚州的联邦水务管理项目之一。该项目于1937年10月份开工建设,并在1940年10月份顺利建成,首次实现通水。工程的调水路线是将河谷北部萨克拉门托河的多余水量调至南部贫水的圣华金河谷，并向加利福尼亚州中部谷地的大部分地区提供灌溉和市政用水,年调水量为53亿立方米,总灌溉面积可达100立方百米。因此,该工程的主要目的可概括为以下三点:第一,保护中央河谷地带免受洪水灾害的威胁;第二,开垦中央河谷地区大片干旱土地,提供充足的灌溉用水,大力发展农业;第三,也是最为首要的目的,缓和中央河谷地带和加利福尼亚中部与南部地区的干旱缺水，解决南北地区水资源分布不均的问题,进而促进该区域城市经济的快速健康发展。

起初,中部河谷地区大约有 11 万平方千米肥沃的可耕种土壤,且气候宜人, 一些不熟悉自然降水模式的山谷居民则开始在该地开展集中的灌溉农业,但是很快便发现了两个严重困扰该区域农业发展的问题,即萨克拉门托山谷(Sararamento Valley)地区洪水频发,相反,圣华金河谷(San Joaquin Valley)区域却面临水资源匮乏的问题。尽管萨克拉门托山谷占地面积远远小于圣华金河流域的圣华金河谷,但萨克拉门托河(Sararamento River)北部地区的降雨量可达 60%~75%, 而圣华金河谷地带只享有不到 25%的降水量。因此,为了继续维持河谷经济的平衡发展,需要采取措施来调节河流流量,解决河谷南北部水资源分配不均的问题。

然而中央河谷计划的提出到授权兴建的整个过程也经历了一些曲折。说起中央河谷工程计划的建立过程,则不得不提起该计划的创始人,他就是巴顿·亚历山大(Barton Stone Alexander)。亚历山大是美国内战时期的工程指挥官,毕业于美国西点军校,曾在美国陆军的地形工程兵部队服役,该部队当时隶属于美国陆军工程兵团。在 1867 年 1 月 7 日,亚历山大被派遣到西海岸,担任该地区的美国陆军总工程师,并于 1867 年 3 月 7 日被顺利提升为陆军中校。在抵达西海岸后,作为美国整个太平洋海岸的陆军工程兵团总工程师,他对从阿拉斯加到墨西哥边境的所有区域进行了考察,以便分析后续所要做的工作。从 1868 年至 1870 年间,他调查了加利福尼亚的许多港口,并根据需要提出工程建议,其中之一是他提议建造一个 2100 多米的防波堤,使得长滩港(Long Beach Harbor)实现了首次通航。1870 年,他建议加利福尼亚州科卢萨(Colusa,California)附近的土地所有者能够共同建造堤坝以便调控萨克拉门托河水的水流量。该计划对于周边沼泽地的恢复和河流洪水的控制都起到了至关重要的作用, 同时使得该地进行大规模农业种植成为可能,得到当地居民的强烈支持和拥护。

之后,亚历山大回到了加利福尼亚州,国会任命他为委员会主席,该委员会后来便以亚历山大的名字命名为“亚历山大委员会”(The Alexander Commission)。直到 1873 年,国会授权亚历山大考察并研究圣华金河谷、图莱里河谷和萨克拉门托河谷的灌溉潜力，并在夏季和秋季分别对加州中央河谷地带进行了首次调查。委员会当时的报告宣称:该区域进行大规模的灌溉是可能的,而且萨克拉门托河周边的大部分沼泽地也是可改造的。尽管该报告的提议并没有立刻付诸行动,但这是对中央河谷地带进行的首次专业调查,为随后河谷地区的进一步发展奠定了重要的基础。

随后,在 1874 年和 1875 年,亚历山大被委托审查如何避免密西西比河三角洲的泥沙淤塞长期阻碍船舶交通问题。他在任职期间,曾亲自前往欧洲考察并学习国外的经验来寻求该问题的解决办法。1875 年底,加利福尼亚州政府要求亚历山大审查圣华金河谷的拟建灌溉项目。由于当时忙于其他项目,亚历山大便任命他的一位合伙人威廉·哈默德·霍尔(William Hammond Hall)来负责该项目。随后于 1878 年 12 月 15 日,亚历山大在加州旧金山去世,被埋葬在旧金山国家公墓,享年 59 岁。因此,亚历山大对中央河谷地带的首次考察和报告中首次提出尝试在该地建立中央河谷计划，即便当时没有付诸实施,但被称为该计划的创始人并不为过。

直到 20 世纪 20 年代初期,该地区频繁发生干旱等自然灾害,这才使得相关部门真正开始启动该项目。然而该工程的立法却是先于工程实施的。在 1933 年,加州议会集体草拟并通过了《加州中央河谷工程法案》(*Central Valley Project Act*,*CVPA*),该法案确定了工程建设的方案。然而在当时美国正处于经济危机的笼罩之下,加州政府在资金、人力和技术方面都无力单独承担起这样巨型的工程兴建,不得不向联邦政府寻求帮助。于是,在 1935 年罗斯福总统批准中央河谷工程总体规划,并授权垦务局(The United States Bureau of Reclamation,USBR)承担兴建任务。该工程建设的主要集资方式是联邦政府直接提供专项基金拨款、低息贷款和发售债券,这也是保证调水工程从立项审批到顺利建成的关键因素。该项目的第一批大坝和运河于 1937 年正式开工,大部分工程于 1982 年基本竣工,共建有 20 座水库,15 座泵站,11 座水电站及 8 条输水饮水渠道,计划年调水 90 亿立方米。中央河谷计划修建了多项重点工程,包括沙斯塔(Shasta)水库、特雷西(Tracy)泵站、三角洲-门多塔(Delta-Mendota)渠道、三角洲横渠(Delta Cross)、福尔瑟姆(Folsom)水库、特里尼蒂(Trinity)水库、圣路易斯(San Luis)水库,等等。其中最为关键的工程是沙斯塔水库,深 183 米,总库容达 580 万立方米,可以产生 680 兆瓦的电力,是中央河谷计划中主要的蓄水和发电设施。其主要功能是调节萨克拉门托河的水流量,提高下游导流坝和运河的水资源利用率,并有效防治萨克拉门托-圣金华三角洲的洪水泛滥。总的来说,中央河谷计划作为一项远距离、大规模的多目标调水工程,在水力发电、生态环境保护、城市工业用水、农业灌溉、防洪滞洪和旅游业等方面都发挥了重大的经济和社会效益。最突出的是,该项目为加州南部的经济社会发展提供了充足的水源,现灌溉面积 133 多万立方百米,使加州南部成为果树蔬菜等经济作物的主要生产出口基地,并保证了以洛杉矶为中心的 1700 多万人口的生活和工业等用水。现在加利福尼亚州是美国人口最多的州,洛杉矶则成为美国第三大城市。总之,该项目不仅促进了加州地区的繁荣,对于全美的经济发展也起到了至关重要的作用。

然而任何事物都具有两面性。该工程在发挥它巨大经济与社会效益的同时,对生态环境则产生了严重的负面影响,主要包括以下三点:第一,破坏了流域脆弱的生态系统,造成许多主要河流鱼类种群的减少,以及河岸带和湿地的减少;第二,多座水库的建设淹没了许多历史遗迹和美国本土部落的土地;第三,集约灌溉的径流造成河流和地下水的大面积污染。为了解决以上问题,联邦政府不得不采取相应的措施。因此,继《中央河谷法案》颁布之后,美国前总统乔治·布什于 1992 年 10 月签署了《中央河谷工程改良法案》

(*Central Valley Project Improvement Act*, *CVPIA*), 为中央河谷工程项目的经营和管理提供科学的指导方案,并为其确立新的工程目标和方向。该法案修正的主要目标是着力消除中央河谷工程项目对野生动植物及其相关栖息地的消极影响,加强对野生动物和生态环境的修复与保护,并将鱼类野生动物和生态环境的保护与项目建设的其他目标,如灌溉、供水、发电等放在同等重要的位置。该法案项目主要由隶属于美国内政部的美国鱼类及野生动植物管理局与美国垦务局合作实施。[①]除此之外,联邦政府还颁布了一些与中央河谷工程相关设施建设相辅相成的法案,如《苏森湿地保护与恢复法案》《奥本-富尔松南部设施授权法案》和《特尼提河河道整治法案》等。其中的《苏森湿地保护与恢复法案》授权由内务部部长负责与加州政府进行磋商,签订关于减小中央河谷工程对苏森湾湿地鱼类和野生资源的负面影响,以及联邦政府在保护工程的建设中应承担的工程费用等事项的协议。[②]

总而言之,美国所有大型跨流域调水工程的建立在初期阶段,对流域内的生态环境和野生动植物种群的生存环境及栖息都不可避免地造成一定程度的影响和破坏。然而美国政府面对这些问题并没有选择回避,而是果断将野生动植物的保护纳入各大调水工程计划重点保护的范围之内, 除了中央河谷项目以外, 许多有关调水的综合性政策法案中都专门设有关于野生生物保护的条款, 还有一些法案会有针对性地对调水区野生生物进行分类保护,以维持生态平衡,避免种群灭绝和外来种群入侵带来的生态灾难。

具有代表性的调水工程是加利福尼亚州水道工程(California State Water Project,SWP)。该工程是美国加利福尼亚州水资源管理局(The California Department of Water Resources)的一个州级水资源管理项目,但却是美国已建

① See Central Valley Project Improvement Act,https://www.fws.gov/cno/fisheries/CAMP/CVPIA/.

② 参见徐子凯、张玉山:《加利福亚州调水工程的法制建设与资金筹措》,《南水北调与水利科技》,2006年第6期。

成的规模最大的调水工程项目，它与前文所描述的由联邦政府投资兴建与管理的中央河谷计划(CVP)相辅相成,共同构成加利福尼亚州调水工程的重要组成部分。该工程也是世界上最大的公共水力发电项目之一,每年除了为2300多万人提供饮用水,年平均发电可达65亿度。同样,由于当地的水资源和科罗拉多河所享的水资源份额已不足以维持该地区的发展，因此该项目的初衷也是为南加利福尼亚州的干旱地区提供水资源。加之联邦政府所建立的中央河谷工程的主要受水区仅限于中央河谷地区，且工程的大部分水源主要用于防洪、航运和农业灌溉等,因此远远不能满足南加州沿海城市和旧金山湾等地区的城市用水需求。

1951年,加州议会提出关于加州水道工程的规划方案,随后联邦政府议会同意并批准该工程规划,同时同意为加州水道工程拨出部分专项资金。随后,由于水道工程建设和管理的需要,以及南加州地区对于建立一个全面的全州水资源管理系统的强烈呼吁,加州州长在1956年签署通过《温伯格议案》(*Weinberg Bill*),专门组建了加利福尼亚水资源部(California Department of Water Resources,DWR)。该机构除了负责工程的建设、管理与维护工作之外,还承担加州水资源的开发和保护任务。随后在1959年,加州议会通过了《伯恩斯-波特法案》(*Burns-Porter Act*),批准发行17.5亿美元债券以筹集加州水道工程建设所需的初始资金。根据加州宪法规定,授权发行州债券必须由全州投票公决决定，因此在1960年11月全州人民通过公投通过了该法案，正式批准了加州水道工程的修建。该工程建立了29座水坝及水库、17座泵站及10座电站,输水渠道总长为1102千米,总库容达84.5亿立方米。其输水路线主要是通过水坝、泵站等将南部三角洲的水调入圣金华河谷,为河谷的农业种植提供充足的灌溉用水,其次是为加州南部城市如洛杉矶(Los Angeles)、河滨市(Riverside)、圣贝纳迪诺(San Bernardino)、圣迭戈(San Diego)等地区提供生活用水。调水的顺利完成则主要依赖于工程所建设的一系列关键性工程,其中重点工程包括奥罗维尔大坝(Oroville Dam)、圣路易斯水库(San Luis Reservior)、埃德蒙斯顿泵站(Edmonston Pump)、卡斯太克水库(Castaic Dam)等。

根据联邦政府所制定各种环境立法，为了保护各种鱼类及野生动物种群,加州水资源局(DWR)开始设立环境服务部门,主要担负起与加州水工程有关的河流水质、生态环境及数据的监测和分析工作,此外出于环保目的,加州水资源局还建立了大量的水利设施并发起、参与了多项环境保护计划。如在1986年，加州水资源局与渔业局签署了一项三角洲水域鱼类保护协议,并与地方供水部门共同设立了1500万美元的鱼类保护基金。同时,在奥洛维尔水库上游和加州南部等地区，加州水资源局也参与了多处野生动物保护区、三角洲湿地保护区等的建立工作,负责三角洲和旧金山湾等水域的生物监测的指导、管理和生物生态研究等工作。另外,水资源局还采取了一些积极的水环境保护措施,以改善、修复、保护野生动物栖息地,如大力保护萨克拉门托河和圣华金河马哈鱼产卵地、加强旧金山湾区河流出海口捕鱼的立法、出海口鱼群的监测、鱼类繁殖所的扩大和改进等。

综上所述，通过对美国几项具有代表性的比较成功的跨流域调水工程的介绍,可以看出美国在水资源的开发、利用和管理方面的经验是相当丰富的。这些长距离调水工程所发挥的巨大经济和社会效益,大大促进了美国西南部经济的快速发展，对整个美国经济的宏观布局都起到了重要的推动作用。最为重要的是,联邦政府在重视国家经济社会发展的同时,并没有以牺牲环境利益为代价,而是及时发现问题并迅速采取对策去解决问题,实属难能可贵,值得借鉴学习。

第四节　水资源保护与防治系列法案

水是生命之源，是人类赖以生存的根本保障。不难发现，人类的生产生活活动与水资源密切相关，所以水资源的保护和水污染的治理具有重要的意义。水资源的保护是水资源可持续利用的重要保证。而水资源的污染和破坏，比如河流和地下水的污染，带来的是更为严重的生态破坏和生物多样性的破坏，所以水污染的治理对于整个生态环境的保护都具有重要的意义。

早期的欧洲移民刚来到北美大陆的时候，北美大陆保持着自然的原貌，由于当时在北美大陆生活着原住民，他们当时的生产力水平很低，再加上对自然的崇拜，在那个时期，并没有对水资源造成严重的破坏。工业革命之后，生产力迅速提高，工业废水的无节制排放带来的是水体的污染和破坏，这使水体逐步丧失了自洁的能力，所以美国不得不逐步通过完善法律来达到对水体的监管，美国的水环境也在短时期内经历了从污染水体到保护水体的过程。

具体来说，原住印第安人出于对自然的崇拜和生产力的限制，并未对环境造成不可逆转的伤害。到了工业革命之前，人们不用担心水体的污染，因为那时河流可以依靠本身的自洁功能来进行自我修复，污染物数量和类型还没有超出河流的承载能力。工业革命后，河流中的污染物发生了变化，河流的自洁功能无法实现，人工合成的有毒物质、化学物质，以及其他人类生产生活所产生的大量废弃物逐渐超出河流所能承受的环境容量。有污染才会有治理，特别是当出现不可逆污染，且更不可能仅仅依赖大自然的自我修复能力时，此时的制度和法律规范就成为约束人类行为、保护自然资源的关键所在。

由于水污染具有流域性(扩散)跨区域特点,上游的污染物很可能影响下游的生态环境甚至生物链，所以治理的时候往往不能只考虑一个特定的区域,治理水污染需要区域之间进行配合,这种配合可能是州际的,也可能是国际的。同时污染源又具有隐蔽性,所以要对水下的复杂情况进行考察,这种复杂性使水污染的治理在当时面临着各种挑战。[①]

回顾历史,美国的水资源保护和水污染治理也分了几个时期,初始时期是从 19 世纪 50 年代开始,英国当时建立了污水排放系统,这使得城市变得更加清洁,公共卫生得到了改善。

初始时期,人们并没有意识到细菌是疾病的元凶,而细菌和水污染有着密切的关系,水污染又和排污系统有关,因为排掉的污水会使细菌进入人们的生活用水当中,从而导致疾病影响人们的健康。直到 19 世纪 80 年代科学家们提出了“细菌理论”,人们才开始彻底认识到这三者之间的关系,“细菌理论”的提出也为治理水污染提供了科学依据。

从 19 世纪 70 年代开始,美国的各个州开始治理水污染。在水权的问题上,东西海岸有所差异,所以水权的含义也有所不同,东部河流湖泊众多,水源充足,水量大,而西部则较为干旱。所以在东部,水权是指河岸权,它是私人享有的权利,一般包括捕鱼、航行、家庭使用、发电等。在西部的干旱和半干旱地区,很多州使用的是“先占理论”或者“先到先得”的原则对水权进行分配。在先占理论下,下游所有者只能在上游所有者使用的基础上对水进行使用,其无权要求上游对水进行合理使用。

美国对于水污染的治理首先起源于各个州的立法，而且是首先从公共卫生这个角度出发,并未真正以治理污染为目的。初期对于水源的保护是由于私人对于保护水源的诉求。

① 参见尹志军:《美国环境法史论》,中国政法大学 2005 年博士学位论文,第 134 页。

1878年创立的马萨诸塞州健康委员会(Massachusetts State Board of Health)标志着美国州治理水污染的开始。该委员会推动了马萨诸塞州清洁河水和溪流的立法。该州通过法律规定:“任何个人或公司,以及未经授权的城市、镇、公共机构,不得将任何固体垃圾或任何污染物质单独或集合排放或导致排放到……任何溪流或公共池塘,影响其流量、流动,或污染其水。”[①]但是法案仅仅是以改善公共卫生为目的进行管理, 并没有从根本上对水污染进行治理。此后,美国各个州通过立法对河流和水体进行管理,并长期在水污染治理中占据主导地位。

美国各州政府认识到河流污染对公共卫生造成的危害, 而联邦政府也认识到河流污染对国家利益造成的危害, 因为河流的污染影响了水运和贸易,因此联邦要对河流污染进行治理。法案具体介绍如下:

一、《1899年河流及港口法》(简称《垃圾法》或《废物法》)

(一)法案背景

美国是一个拥有很长海岸线的国家,而且河网密布,水运是美国国内外重要的贸易运输方式。19世纪后期,由于人们的生活垃圾和工业废弃物的大量堆积和排放造成了港口与河道的堵塞,影响了船舶的通行,从而也影响了商业活动。因此,联邦和州都需要解决垃圾堆积和排放问题。但是对于州来说,其只可以管理州以内的河流,而联邦无权管理各个州的河流污染,国会因此建立了河流航行与州际商业之间的内在联系。为保证航行,行使对河流污染的管理权。

① 尹志军:《美国环境法史论》,中国政法大学2005年博士学位论文,第140页。

(二)法案内容

该法第十节规定，未经国会明确授权而对美国任何水域适航能力的任何妨碍均被禁止,并对具体的行为做出了明确的规定。

该法案的第十三节最能体现水污染的治理,该节明确规定,禁止未经陆军部部长许可而将任何废弃物投掷、排放或沉积到适航水域,但街道和污水管流入除外。①

(三)法案意义

该法使得河流、港口的通行能力大幅提高,但是该法并未在水污染治理上发挥很大的作用,因为它的目的是保障通行和商业活动。该法十三节的规定对于以后的水污染治理具有重要意义,因为联邦法院通过一系列的判例,将该法由一部保护贸易和航运的法律改变为一部治理水污染的重要法律。

二、《1948年水污染控制法案》

(一)法案背景

在水污染出现后，联邦和各个州并没有认识到水污染的治理需要全国制定统一的法律法规,因此联邦很难在水污染治理这一问题中发挥作用。二战结束后,随着美国经济的发展和人口的增加,水污染变得愈发严重,而各个州在经济利益面前缺乏解决水污染的动力，这时候联邦逐渐认识到需要国会赋予联邦直接管理水污染的权力，并为此提供立法保障。1948 年 6 月

① 参见尹志军:《美国环境法史论》,中国政法大学 2005 年博士学位论文,第 140 页。

30日国会通过《1948年水污染控制法案》。此后，联邦于1956年、1961年、1965年、1970年对该法进行多次修订，提高了联邦在水污染治理中的地位，增加了联邦发挥的作用。

（二）法案内容

该法案规定，联邦安全署的公共健康服务局(The Public Health Service of The Federal Security Agency)及联邦工程局(The Federal Works Agency)所应采取的水污染控制行为。

国会的政策是承认、保持并保护州在控制水污染问题上的基本责任和权力，对那些已知有效手段不能产生影响的工业废物，联邦为处理厂设计并完善处理手段提供支持和技术研究上的帮助，并向州、州际机构和工业企业提供技术服务，向州及州机构，以及市低污染项目计划和执行提供财政支持。

联邦授权的医务处处长经过仔细调查，以及与其他联邦机构、州水污染机构和州际机构、市及其所涉及的工业企业合作，准备或通过消除或减少州际水域和支流污染的全面项目，并提高地表水和地下水的卫生条件。这类全面项目的开发所应考虑的是提高那些必须得到保护的公共水源供给、鱼类和水生生命的繁殖，休闲、农业、工业，以及其他合理用途。

根据任何州的水污染机构或州际机构的要求，对州、州际机构、社区、市，或工厂面临的特定水污染问题，医务处处长可以进行调查、研究和勘测，并推荐解决方案。

（三）法案意义

该法案是美国历史上联邦制定的第一部治理水污染的法律。它的制定标志着联邦水污染治理由保障贸易和水源供给向保护公共健康转变。通过多次的修订，联邦在水污染治理中开始发挥作用，确立了联邦在水污染治理中的地位。但是联邦的参与度虽然提升了，它更多的是为州和地方政府提供治理水污染的资金和技术，因此发挥的作用是辅助性的，而治理的主导权仍然在州和地方政府。这部法案是联邦治理水污染的开端。

三、《1956年水污染控制法修正案》

(一)法案背景

联邦于1948年开始治理水污染的立法，通过1948年到1970年几次法案的修订，联邦管理水污染的权力不断扩大。该法案是对《1948年水污染控制法案》的修订，联邦开始逐渐在水污染治理中的权力慢慢突出，慢慢发挥作用，为以后的水污染治理打下了基础。

(二)法案内容

国会的政策是承认、保持并保护州在防止和控制水污染问题上的基本责任和权力，支持并帮助关于防止和控制水污染的技术研究，为与防止和控制水污染有关的州、州际机构、市提供联邦技术服务和财政支持。

联邦提供津贴应当建立在该州人口、水污染问题的范围，以及各州财政需求的基础上。

本法不得被视为对州所享有的与该州水(含边界水域)有关的任何权力或司法权的损害，或任何方式的影响。

联邦政府可以应州政府污染控制机构的要求提起减少污染的诉讼。对于威胁公众健康的情况，联邦政府无须收到州的意见即可提起诉讼。

授权医务处处长“应与其他有相关职责的联邦、州及地方机构合作，收集并传播关于水质的化学、物理学及生物学数据”①。

(三)法案意义

该法案虽然确立了联邦在水污染治理中的辅助性地位,但从它的内容中我们也可以看出这部法案的局限性，因为联邦并没有因为这部法律的制定而获得管理全国各个州水污染的实质性权力，这部法案决定的联邦所起到的作用只是辅助性的支持。这部法案标志着联邦开始通过间接手段治理水污染,同时必须尊重州的自主权,它同时也模糊地显现了《1972 年联邦水污染控制法》的管理框架,即联邦、州和地方之间协调共管水污染的模式。此外,这部法案还强化了联邦的执行权力,作为研究机构,联邦通过研究和调查逐步获得了治理水污染所需的科学和技术信息，为以后各个州的水污染治理打下了科学技术基础。

四、《1965年水质法》

(一)法案背景

在《1965 年水质法》颁布之前,联邦水污染治理的重点始终建立在对污染行为的控制上,但是仅仅控制污染物的排放并不能从根本上保障水质,因为水质不仅取决于污染物的数量,还取决于污染物的类型。所以建立水质标准,就能够有效地规定何种污染物可以排放,从而在根本上控制水污染。该法的立法目的是为了提高水源的质量和价值。②

---

① 尹志军:《美国环境法史论》,中国政法大学 2005 年博士学位论文,第 147 页。

② 参见[美]威廉·P.坎宁安主编:《美国环境百科全书》,张坤民主译,湖南科学技术出版社,2003 年,第 139 页。

(二)法案内容

国会要求每个州必须制定水质标准,否则联邦有权为该州制定水质标准。

该法规定,自该法第 10 条实施之日起 1 年内,若州长或州水污染控制机关提交一份意向书, 表明该州将于公共听证会之后,1967 年 6 月 30 日之前通过:

(1)适用于该州内的州际水域或其部分的水质标准(Water quality criteria)。

(2)实施并提高所通过水质标准的计划,且若该标准和计划系根据意向书确定,且若部长决定该州的标准和计划符合该条第 3 款,[①]则该州的标准和计划其后即成为适用于该州际水域或其部分的水质标准。

如果一个州没有提交意向书,或者没有根据该法规定水质标准,或者部长或被依法所设定水质标准影响的任一州的州长希望修订该州制定的标准时,部长可以在合理的通知及召开恰当的联邦部级机构、州际机构、州、市及所涉及工业企业等委派代表参与的会议后, 准备条例以设定适用于州际水域或其部分的水质标准。若在部长公布该条例之日起 6 个月内,该州没有通过部长认为符合该法要求的水质标准, 或没有根据本条第 4 款提交召开公众听证会的请求,部长将实施此标准,而不论州的态度。

为了保障所设定的水质标准能够满足保护公共健康或福利, 达到提高水质的目的,在设定水质标准时,部长、听证委员会或恰当的州的代表应当考虑其对于公众水供给的用途和价值、鱼类及野生动物的繁殖、休闲目的,以及农业、工业、其他合法用途。[②]

① 参见尹志军:《美国环境法史论》,中国政法大学 2005 年博士学位论文,第 148 页。

② 参见[美]J.G.阿巴克尔等:《美国环境法手册》,文伯屏、宋迎跃译,中国环境科学出版社,1988 年,第 76 页。

在所制定标准公布后30天的任何时间里，受该标准影响的任何一州可以向部长申请召开听证会。部长应当召开公众听证会，并成立听证委员会。召开听证会的通知应当刊登在《联邦登记》上，并给予各方不少于30天的准备时间。根据听证会上出示的证据，听证委员会可以做出维持或修改标准的决定。维持部长已刊登或已颁布标准的，标准于部长收到之日生效。修改部长已刊登或已颁布标准的，部长应当实施修订后的条例，并根据听证委员会的建议设定水质标准，该标准于颁布时立即生效。

（三）法案意义

该法为美国制定水质标准提供了法律保障，同时它也在一定程度上体现出对于美国的各个州来说，由于水质的不同，很难在法律制定的初期将具体水质标准作为所有地区遵循的规则，所以水质标准的建立也同样经历了一个复杂过程。

通过国会立法，联邦取得了对州际水域的水质管理权。截至20世纪70年代初期，所有的州都已经通过水质标准。

五、《1972年联邦水污染控制法修正案》

（一）法案背景

20世纪70年代是美国水污染治理的分水岭，在此之前，州和地方政府是水污染管理的主体，虽然制定了一系列的水污染治理法案，美国的水污染状况并没有从根本上得到改善，水污染仍在不断加剧，联邦并没有取得水污染治理的主导权。

现行法律所采取的以州和地方政府为治理主体的管理体系，无法将水污染问题列入全国计划进行管理。各州为追求自身经济利益而忽视其污染行为对他州造成的伤害，而间断性的立法也使水污染治理法如同一个法律的大杂烩。联邦必须开创水污染治理的全新法律制度。20 世纪 70 年代是美国环保运动的高峰期。联邦在 20 世纪 70 年代制定了大量的环境法案,其中包括重要的《1972 年联邦水污染控制法修正案》。

(二)法案内容

《1972 年联邦水污染控制法修正案》的目标是恢复并保持国家水体的化学、物理、生物完整。

1. 国家目标

(1)1985 年前消除适航水域的污染物排放。

(2)1983 年 7 月 1 日前达到过渡时期的水质目标,即在可以达到的任何地方能够为鱼类、贝类及野生生物及其繁殖提供保护,并提供水中及水上休闲。

2. 国家政策

(1)禁止以有害数量排放有毒污染物。

(2)对公共废物处理厂的建设提供联邦财政支持。

(3)开发并实施区域废物处理管理计划,以保证对每州污染源的有效控制。

(4)努力从事主要研究及示范工作,开发消除污染物排放到适航水域、毗邻区域及海洋的必要技术。

该法案在程序上规定了实现国家目标的三个步骤:第一步是在 1977 年 7 月 1 日前,所有的电源(公有处理厂除外)必须反映“当前实践最佳技术”(best practical control technology currently available,BPT)。第二步是在 1983 年 7 月 1 日前,所有的电源(公有处理厂除外)必须反映“经济可行的最佳可得技术”(best available technology economically achievable)。第三步是在 1985 年实现污染物的零排放。截至 1977 年,公有处理厂必须达到“二级处理”(secondary treatment)标准。截至 1983 年,其必须达到“超过该厂寿命的最佳可行废物处理。

公众可以通过法律赋予的诉讼权利,监督政府部门、污染者履行法定义务。明确规定联邦管理的“适航水域”就是“美国的水体”,包括美国的领海。授权工兵部队颁发适航水域的许可证,并依法制定管理条例。对每一个排放到美国适航水域的点源排放者建立排放许可制度,即“国家污染物排放清除系统”(National Pollutant Discharge Elimination System,NPDES)。设定“国家污染物排放清除系统”的目的是通过对点源排放者的管理,保证其所排放的污水符合污水限制。①

(三)法案意义

该法案标志着美国的水污染治理开始走向成熟。该法案为联邦水污染立法确定了基本框架。此后对该法的修改都是在该法的基础上有所提高,主要体现在以下六个方面:

(1)该法案使联邦在水污染治理中占主导地位,审理案件时不再考虑经济效益的问题,对于违规违法污染的行为惩罚力度加大明确的立法目标和国家政策为水污染的治理打下了坚实的基础。

(2)厘清了之前法案对于水污染范围的规定。在此之前,联邦管理水域的范围一直局限在适航水域及其支流上。该法案对联邦管理的“适航水域”的概念做了明确的规定,所谓的“适航水域”就是美国的水体,也包括美国的领海。

---

① 参见尹志军:《美国环境法史论》,中国政法大学 2005 年博士学位论文,第 150 页。

(3)建立了“国家污染物排放清除系统”。这种排放许可制度将确立的水质标准落到实处,有效地保证了水质。

(4)针对不同的污染源,法律规定了不同的污水限制要求,从而实现了从污染源头到水体的全面管理。

(5)随着固定的点源污染得到有效治理,非点源污染逐渐显现并逐渐成为美国水污染的主要源头。通过对非点源污染治理,美国的适航水域及地下水水质都得到了提高,水污染的治理从而实现了从点源到非点源的全面管理。

(6)鼓励并保障公众参与,授予了公众广泛的参与权,包括制定条例、修订标准、执行法律等各个环节。公众从法律被动的接受者,成为推动法律前进的积极参与者。公民通过法律所赋予的参与管理权、诉讼权等权利获得了参与管理和诉讼的资格,并通过诉讼维护了联邦的水体和行政制度。

六、回顾与总结

《清洁水法案》,或《联邦水污染控制法》是美国联邦管理地表水污染的第一个主要法律，建立了美国水域的污染物排放规范的基本结构和地表水的质量标准。《清洁水法案》主要包括两大部分:一部分是授权联邦政府对于市政污水处理设施建设提供资金援助，在法案的第二篇和第四篇（Title II and Title IV)着重阐述;另一部分是对工业和市政污水排放的法律规范和执法措施,也就是排污准证制度的建立。

该法案最初制定于 1948 年,特地为州和地方政府提供技术帮助及资金来解决水污染的问题。水污染被看作主要是州和地方的问题,因此联邦政府没有规定目标、目的、限制甚至指导方针。自 1956 年以来,联邦法律授权对市政污水处理设施的规划、设计和建设的补助。在 20 世纪 50 年代后半期到

20 世纪 60 年代,1948 年的《清洁水法案》经历了四次修订。联邦援助市政污水排放,并对所有污水排放有执法程序。在此期间,联邦政府的作用和司法管辖区逐步扩展到包括州际的通航,以及州际公路和水域。1965 年的《水质法》使水质标准成为清洁水法的一部分,要求各州制定州际水域的标准,用来确定实际的污染程度。[①]

在这些年间也同时进行了大量的对国家水道和水样的研究，以确定为什么鱼死亡,为什么人生病。结果表明:原因是持续增加的水污染问题。比如,1968 年在切萨皮克湾进行的一项调查显示,因为海湾的污染,捕渔业每年损失 300 万美元。1969 研究显示,在哈得逊河的细菌含量比建立的水体安全极限高 170 倍以上。1969 年记录的鱼类死亡的数量超过 4100 万。有史以来最大的鱼类死亡发生在佛罗里达州的索诺托萨萨湖(Thonotosassa),同年又有报道称其中有 2600 万条鱼死亡。

到了 20 世纪 60 年代末,有种普遍的看法,即现行的执法程序太费时,而且水质标准的做法是有缺陷的，因为很难把特定的排放与违反溪流质量标准连接起来。此外,清除污染措施实施起来进展缓慢,这使越来越多的人开始产生怀疑。

美国俄亥俄州凯霍加河的污染非常严重，在 1969 年爆发了第二次大火！在新闻和杂志覆盖式宣传的帮助下,大火促使国家对水的污染立即采取行动。对此事件的公众反应帮助建立了 1972 年的《联邦水污染控制法》,通常被称为《清洁水法》。这项立法通过提供资金来改善污水处理厂,并设置行业和污水处理厂排放污水的限制。

1972 年,国会通过了《清洁水法》,自 1972 年以来,国会批准并授权联邦政府将近 780 亿美元的清洁水法案基金用于资助各州的污水处理设施建

① 参见王曦:《美国环境法概论》,武汉大学出版社,1992 年,第 118 页。

设,并且禁止把污染物排放到通航的水域。 1976 年,国会通过了《有毒物质控制法》以控制危险工业化学品。1977 年的修正案集中针对有毒的污染物进行治理。直到 1977 年和 1987 年对《清洁水法》的重新修订,联邦政府预见到了需要通过法律提供数十亿美元来保护可以安全游泳和钓鱼的干净水。《清洁水法》并不直接解决地下水污染问题。地下水的保护条款包括在《安全饮用水法》《资源保护和恢复法》,以及《超级基金法》里。《清洁水法》的主要目的是恢复和维持国家水域的化学、物理和生物的完整性。为了实现这一目标,该法案的目标是实现水质的程度能够为鱼类、贝类和野生动物提供保护和传播,并提供水中和水上娱乐。

《清洁水法》要求美国环境保护署(EPA)建立城市污水处理厂和工业设施污水排放特定污染物数量的限制。设定标准的两步法包括:①对特定的行业通过评估技术和经济可达到的，建立一个全国性的基本水平的水处理系统。②如有必要,则对某些工厂要求更严格的水处理,以实现工厂排放的水的质量目标。例如，美国环境保护署将根据控制水质来限制州里指定的饮用、游泳或钓鱼的水域的污染程度。

主要限制污染物排放的方法是全国范围内的许可证制度。任何人负责在任何点源排放污染物或放污染物进入任何美国的水域，必须申请并获得许可证。超过 65000 家的工业和城市污水排放必须从美国环境保护署获得许可证。许可证中指定适用于各污染物的控制技术,符合规定的污水排放限制并限期,必须保持记录,并开展对排放的监测。许可证发行五年之后,必须更新。某些类型的活动可免除这些许可证的要求,包括一些不改变土地使用的农业、牧业和林业,还有一些建设和维修及州里已经监管的活动。

根据《清洁水法》,联邦的管辖范围是广泛的,特别是关于建立国家标准或排放限制,一些责任委派给州政府。美国环境保护署的规定包含了目前最切实可行的技术(BPT)和经济实惠的最先进的技术(BAT),适用于工业污染源的各类别的污水排放标准(如钢铁制造、有机化工制造业、石油炼制等)。《清洁水法》像其他环境法律一样,体现了联邦与州政府合作的哲学,其中联邦政府设定议程和污染减排的标准, 而各州进行每天的日常监测的实施和执行。

20 世纪 80 年代,联邦政府赤字连连,入不敷出,由联邦对各州的污水处理厂建设进行直接资助遭到很多人的反对。因此,1987 年对《清洁水法》的修正中,国会将联邦对于各州污水处理厂建设的直接资助改为贷款资助。

关于《清洁水法》的执法,20 世纪 70 年代初以来,《清洁水法》的刑事条文也得到了加强,美国司法部已加大了环境执法力度,并起诉环境污染者。在 1970 年和 1980 年之间,几个环境法,包括《清洁水法》《清洁空气法》和《固体废物处置法》都包括刑法规定。然而在此期间 10 年的时间里,只起诉了 25 个案子。1981 年,美国环保局成立了刑事执法办公室。次年在司法部的土地和自然资源部门内建立环境犯罪部。在 20 世纪 80 年代,政府获得 569 个起诉书,判了 447 个罪;收缴了超过 2600 万美元的罚款,判的入狱时间加起来多于 271 年。单单在 1990 财政年中,政府收到 134 个起诉书,78%的起诉书针对公司和他们的高级官员。政府收到的 95%的起诉书被判罪,超过一半的被告人实际上被送进监狱。

对违反许可证条款的人,美国环境保护署可以发出遵守令,或在美国地区法院提起民事诉讼。违反的罚款可高达每天 2.5 万美元。更严厉的惩罚定性为违法侵害疏忽或故意违法的,罚金高达每天 50000 美元,监禁 3 年,或两者都有。第二次违反可能被处以每天 10 万美元的罚款,或长达 6 年时间的监禁,或两者都有。如果被定为明知危害故意犯法,使另一人濒临死亡或有严重身体伤害的危险,罚款可高达 25 万,15 年的监禁,或两者兼而有之。最后,美国环境保护署有权对某些完整记录的违法在行政上评估民事处罚。

此外, 个人可以在美国地区法院对任何违反了规定的排放标准或限制的人进行公民诉讼。个人也可对渎职《清洁水法》的美国环境保护署管理员或同等的州的官员提起公民诉讼。

大部分的刑事检控涉及以下类型的违规行为：

（1）无许可证直接排入水体或违反许可证的规定。在1977年的美国诉代雷沃尔案中，费城警察发现几人往河中倾倒化学尾罐里的储存物，逮捕他们后发现证据显示，与他们关联的两家化学公司直接往下水道系统倒了未知数量的化学和工厂废物。同年联邦陪审团判被告人和他们的公司违反《垃圾法》《清洁水法案》，化学公司的总裁被判监禁6个月和罚款2万美元，拘留察看4年半。

（2）违反预处理标准排入下水道系统。在1977年的美国诉迪斯特勒案中，路易斯维尔废水处理厂因两种刺激的化学品干扰工人而被迫关闭，后来调查找到一家液体回收公司和其几个员工，一年后公司负责人被判2年刑，罚款50000美金。

（3）没有许可证或违反许可证填埋湿地。在1993年的美国诉宝子盖案中，约翰·宝子盖购买的一大片土地上有联邦保护的湿地。没有许可证的情况下，他往湿地上放填充物。在被告知他需要申请许可证和停工及两个违反通知、临时禁止令后，他继续填充湿地。最后被判了3年拘留和27个月的监狱，及1年的监督释放。拘留之后他被判5年的缓刑和共20万美元的罚款。

关于《清洁水法》的执行现状，因为很难确定什么原因导致疾病，比如癌症，所以不可能知道水体污染如何造成许多疾病的，或者污染物对某个人健康问题的作用。但是美国国会和美国环境保护署通过《清洁水法》管理超过100种污染物，并通过安全饮用水法严格限制91种化学物或污染物进入自来水中。

研究显示，估计有1/10美国人的饮用水中含有危险化学品或以其他方式达不到联邦健康基准，有1950万美国人每年因饮用遭寄生虫、细菌或病毒污染的水而生病,这一数字还不包括其他化学品和毒素引起的疾病。

《清洁水法》的违规事件在过去10年显著增加。《纽约时报》发现,仅仅在过去的有综合数据的5年里,有超过20000的化学工厂、制造工厂、污水处理中心和其他工作场所违反水污染法律超过50万次,从没有按照规定报告排放、倾倒浓度超规定范围的可能致癌和出生缺陷及其他疾病的毒素,约60%的污染者被视为“重大违规”。政府官员对只有不到3%的污染者进行罚款或其他重大处罚。一些州的官员将日益严重的污染归咎于增加的工作量和资源的日益减少。在美国46个州中,地方监管部门负《清洁水法》的主要责任。虽然受管制的设施的数量增加了一倍多,在过去的10年中,许多州的执行预算经通胀调整后基本持平。

水资源的保护和水污染的治理是一个漫长的过程,相信将来随着技术的发展和人们对环境问题更深入的认识,该法案还会继续修正,以解决新的水环境问题。

第五章　美国空气污染防控法案

空气污染问题是主要的环境问题之一。空气污染主要指当包括气体、微粒和生物分子等有害的或过量的物质被引入地球大气层时，就会发生空气污染，它可能会引起疾病、过敏和人的死亡；也可能对其他生物如动物和农作物造成伤害，并可能破坏自然环境或建筑环境，而且人类活动和自然过程都会产生空气污染，尤其是人类不节制的活动很大程度上会引发严重的空气污染。对于一个国家而言，它不免会经历其工业化的推进、城市的扩建、交通方式的改变等，人类在追求发展的同时，向大气中持续排放物质的数量越来越多，种类也越加复杂，致使大气成分发生急剧的变化，严重的空气污染便随之而来。当今，作为世界第一经济强国的美国，在其城市化和工业化推进的过程中，也曾发生过严重的空气污染，对其国家的生产和百姓的生活造成了极大的影响。因此，在重视发展的同时，美国联邦政府在 20 世纪 50 年代、60 年代、70 年代和 90 年代相继制定了一系列清洁空气法案，大大加强了对美国空气污染的管制。

1955 年《空气污染控制法》(*Air Pollution Control Act of 1955*)是美国的第一部涉及空气污染的联邦立法，该法案也标志着美国各级政府开始提供与空气污染控制相关的研究、技术援助和资金。1963 年《清洁空气法》(*Clean Air Act of 1963*)是第一部关于空气污染控制的联邦立法,根据该法案,联邦政府授权有关机构对美国空气污染问题开展调研和监测,对控制空气污染给予一定的技术支持。1963 年《清洁空气法》正式确认机动车对空气污染的严重影响;对机动车污染源的进一步研究后,《机动车空气污染控制法》(*Motor Vehicle Air Pollution Act of 1965*)于 1965 年正式通过。1967 年,为了扩大联邦政府的空气污染防控成效,美国国会颁布了《空气质量法》(*Air Quality Act of 1967*),根据此法案,联邦政府首次在全国大范围内进行广泛的环境监测研究和固定污染源检查,并在州际空气污染严重的运输地区实施强制的执行程序,此法案的颁布更加表明美国政府对空气污染防控的决心。

1970 年的《清洁空气法修正案》(*Clean Air Act Amendments of 1970*)的颁布使联邦政府在空气污染控制中的作用发生了重大转变。这项立法授权制定联邦和州的全面法规,本法案提出通过四大监管方案来限制固定工业污染源和移动污染源的排放:国家环境空气质量标准,州实施计划、新能源性能标准和国家有害空气污染物排放标准。此外,为了落实空气污染治理政策的贯彻执行,美国还于 1970 年 12 月 2 日成立了美国环境保护局。在 1977 年对《空气清洁法》再次进行了修正。新修正案主要关注区域空气质量是否达到国家环境空气质量的标准,并对区域空气进行显著恶化预防(PSD)。1977 年《空气清洁法》也制定了对非达标区[①](Non-attainment Air Quality Areas, NAAQA)空气污染的相关要求。

1990 年《清洁空气法修正案》(*Clean Air Act Amendments of 1990*)大幅度增加了联邦政府在空气污染防控层面的权力和责任,批准了用于控制酸沉降和固定污染源的新管制计划。为实现和维护国家环境空气质量标准,本

① 非达标区指不符合联邦空气质量标准的地理区域。

法案进行了大幅修改,其他修订涉及平流层臭氧保护、执法权力的加强和研究计划的扩大等内容。

第一节　1955 年《空气污染控制法案》（Air Pollution Control Act of 1955）

在两次世界大战后,美国的经济得到了迅速发展,工业化和城市化进程不断加快。20 世纪 50 年代到 60 年代,美国国民生产总值“从 2848 亿美元上升到 5037 亿美元，增长了约 43%；总消费从 1910 亿美元上升到了 325272 亿美元”[①]。然而在蓬勃的经济发展和高涨的消费主义背后,一场旷日持久的“战争”早已涌入了美国人民的生活中,那就是“空气污染”。早在一战后,随着美国工业进程的加快和城市的向西扩展,美国的重工业地区和西部地区已经频繁地出现空气污染事件,各个州、市对此也做出了一定的反应。根据美国环保局的相关资料,在 1900 年到 1930 年之间,“美国共有 45 个城市颁布了空气污染控制法案”,然而这些法案并未取得明显的效果。[②]此外,随着煤炭的大面积燃烧和交通工具的更新换代,各类新型的化学物质不断蔓延在大气中,污染物量的增多终于产生了质的影响——美国出现了严重的烟雾污染和光化学污染的公害事件,典型的空气污染事件便是 1943 年洛杉矶的光化学烟雾(photochemical smog)事件和 1948 年宾夕法尼亚多诺拉事件(Donora, Pennsylvania)。由于此类公害事件的严重性,自然引起了媒体和环保人士的深度关注。

---

① *Economic Report of the President*, U.S. Government Printing Office, 1968, p.209.

② See John Bachmann, *Air Today, Yesterday, and Tomorrow. An Air Quality Management Orimer*, http://www.epa.gov/air/caa/Part1.pdf.

美国洛杉矶市三面环山，坐落在南加利福尼亚的一个巨大沿海盆地中。此地全年阳光充足，降雨量较少。早期的淘金热、石油开采和运河开凿，以及在二战期间当地制造业的迅猛发展，促使洛杉矶的经济呈现一片繁荣的景象。经济的繁荣吸引了大量的移民，据美国人口普查统计，从 1920 年到 1950 年，“洛杉矶人口由 576673 人增加到了 1970358 人”[①]。人口的急剧增长和交通方式的改变及制造业的盛行，使得洛杉矶在繁荣的经济景象背后隐藏着巨大的危机。据南海岸空气质量管理地区(South Coast Air Quality Management District)官网研究报告，1943 年 7 月 26 日，即二战之际，洛杉矶遭到了非外国敌军的“烟雾攻击”(Smog Attack)。[②]根据《洛杉矶时报》的相关报道，在当日，有一团烟雾笼罩着市区，致使“市区的能见度不超过三个街区”，而且“毒气的袭击”让民众几乎无法忍受，使得当地工人和居民的眼睛感到刺痛，喉咙感觉被刮伤似的，[③]此事件被称为“1943 年洛杉矶的光化学烟雾”。面对事实的教训和广泛的民众舆论，洛杉矶政府决心治理空气污染。于是在 1945 年，洛杉矶政府实施了空气污染防控项目，并在其部门内设置了烟雾控制局。1947 年，加州通过了《空气污染控制法》(*Air Pollution Control Act*)，要求各个城市设立空气污染控制区(Air Pollution Control Districts)。此举措虽然使传统污染源得到一定的控制，但是空气治理的效果并不理想。

多诺拉是美国宾夕法尼亚州的一个小镇，该地位于匹兹堡市往南的 30 千米处。这个小镇坐落在一个马蹄形河湾内侧，两边高约 120 米的山丘把这个小镇夹在山谷之中。多诺拉镇是硫酸厂、钢铁厂、炼锌厂的集中地，多年

---

① *Census of Population and Housing*, Census.gov. Archived from the original on May 12, 2015. Retrieved June 4, 2017.

② See Atwood S, Kelly B, *The southland's war on smog: fifty years of progress toward clean air*, South Coast Air Quality Management District, 1997, p.1–32.

③ See Atwood S, Kelly B, *The southland's war on smog: fifty years of progress toward clean air*, South Coast Air Quality Management District, 1997, p.25–32.

来,这类工厂的烟囱不断地向空中喷烟吐雾,镇上居民们对空气中的怪味都习以为常。终于,在 1948 年 10 月 26 日到 10 月 31 日,整个小镇被浓厚的“浅蓝色烟雾”包围,造成多数居民眼睛红肿。这次严重的空气污染致使“这座拥有 10000 人口的工业城市有 4000 人患病、600 人需接受医学治疗、21 人死亡”[①]。此次烟雾事件发生的主要原因是由于小镇上的工厂排放了含有二氧化硫等有毒有害物质的气体及金属微粒，在气候反常的情况下聚集在山谷中积存不散,这些毒害物质附着在悬浮颗粒物上,严重污染了大气,人们在短时间内大量吸入这些有毒害的气体,致使身体出现各种不良症状。

该残酷事件引发了美国各大媒体对美国空气污染的关注，他们直面谴责美国联邦政府在空气污染治理层面的低作为、低效率。面对严重的空气污染和民众的强烈不满,美国联邦政府终于在 1955 年由时任总统艾森豪威尔签订了《空气污染控制法》。

一、主要内容

1955 年《空气污染控制法》的主要内容如下:[②]

(1)本法案第一条指出,经美国参议院和众议院同意并制定。在识别空气污染对公共健康福利、农作物、牲畜、财产、航空及陆地运输等方面的危害后,本法案特此声明,国会的政策是为了延续和保护美国及地方政府在空气污染控制层面的基本责任和权力。为了防控空气污染,本法案特此声明,联

① *Smog-Can LegiSlation Clear the Air* Westlaw International, http://international.Westlaw.com/find/default.w1?cite=1+Stan.Rev.452&rs=WLIN15.04&findjuris=00001&vr=2.0&rp=%2ffind%2fdeafault.wl&sp=bjass-1000&fn=_top&mt=314&sv=Split.

② Roman A., *Air Pollution Control Act of 1955, United States*, http://international.Westlaw.com/find/default.w1?cite=1+Stan.Rev.452&rs=WLIN15.04&findjuris=00001&vr=2.0&rp=%2ffind%2fdeafault.wl&sp=bjass-1000&fn=_top&mt=314&sv=Split.

邦政府将支持和援助与法案相关的研究设计和开发计划，并给各州和地方空气污染防控机构和其他贯彻执行空气污染研究计划项目的机构提供技术服务和财政援助。

SEC.1. ... it is hereby declared to be the policy of Congress to pre-serve and protect the primary responsibilities and rights of the States and local governments in controlling air pollution, to support and aid technical research to devise and develop methods of abating such pollution...

(2)本法案的第 2 条共有(a)条和(b)条，主要授权外科医生在空气污染控制层面的相关权利和职责；其中，(a)条主要授权外科医生在与各州地方政府空气污染防控机构、各公立私立机构和各行业相互合作的条件下，制定和建议消除或减轻空气污染的研究方案和方法。就本款而言，授权外科医生与任何此类机构进行联合调查。

(3)本法案的第 3 条指出，外科医生可以在任何州或地方政府的空气污染控制机构的要求下，开展关于国家或地方政府空气污染控制机构面临的任何空气污染的具体问题的调查研究，以期提出解决这类问题的办法。

(4)本法案的第 4 条对外科主任的相关研究调查做出规定，外科主任应定期编写和公布在该法令授权下进行的调查、研究和试验报告，并提出适当的建议，以控制空气污染。

(5)本法案的第 5 条主要涉及联邦政府给予的财政支持，条例规定：从 1955 年 6 月初到 1960 年 7 月末，联邦政府将给予卫生部、教育和福利部不超过 500 万美元的财政支持，以更好地发挥本法案的功能。

SEC.5. (a)There is hereby authorized to be appropriated to the Department of Health, Education, and Welfare for each of the five fiscal years during the period beginning July 1, 1955, and ending June 30, 1960, not to exceed $5,000,000 to enable it to carry out its functions under this Act and, in furtherance of the policy declared in the first section of this Act,...

二、重要性及影响

1955年《空气污染控制法》是美国第一部关于空气污染的联邦法律，本法案的初始目标是对于空气污染防控问题给予技术支持。本法案中明确提出："本法案规定连续5年每年资助公共卫生部和美国健康、教育和福利部500万美元，以进行空气污染问题的相关研究。"[①]这项法案开始向公众通报空气污染的危害和新排放标准规定，并确立了政府在研究空气污染影响和控制方面所起的作用。本法案也认识到了空气污染对公共卫生和福利、农业、牲畜和财产恶化的危害，并保留了国会对这一日益严重问题的防控权。

不幸的是，这一法案对防治空气污染方面并没有达到理想目标，其原因有两个：第一，联邦制的约束和技术的不成熟。由于在此之前，空气污染一直被认为是地方问题，法案指出，"国会保护各州和地方政府控制空气污染的

① Roman A. *Air Pollution Control Act of 1955*, United States, http://international.Westlaw.com/find/default.w1?cite=1+Stan.Rev.452&rs=WLIN15.04&findjuris=00001&vr=2.0&rp=%2ffind%2fdeafault.wl&sp=bjass-1000&fn=_top&mt=314&sv=Split.

主要责任和权力的政策”[①],因此本法案颁布后,“联邦政府在干预各州的空气污染的管控上受限,所以并未起到有效作用”,直到之后本法案不断修正后,联邦政府才对全国的空气污染防控起到更积极的作用。[②]第二,虽然本法案以国家提供研究和技术支持来改善美国空气污染环境,但是空气污染问题的解决需要十分复杂的科学研究,在制定排放标准等决策之前需要对空气污染的原因、影响因素、治理阻碍等因素进行大量的信息收集;而在当时的条件下,并“没有足够和有效的知识或科学研究”来充分了解空气污染对民众健康及福利的影响和后果。[③]自然,本法案并没有对美国的空气污染起到实质性的防控作用,该法案的“实施范围和影响力十分有限”[④]。所以在1955年后,美国的空气污染依旧没有得到有效改善。

在美国空气污染治理史上,1955年《空气污染控制法》通常被认为是一个古老而低效的空气污染防控法案。但是作为美国的第一部关于空气污染的联邦法律,1955年《空气污染控制法》代表“美国联邦政府对空气污染的管控迈出了重要的一步”[⑤]。此法案为后期美国联邦政府空气污染防控法案的制定提供了一个基础和框架,以推动美国对空气污染的研究和改善,并帮助美国人民更好地了解空气污染及其影响。此外,对执行此法案的“管控不严格”导致的低效性为日后联邦政府和各州空气污染治理起到了一定的“警示

① *Public Law 159 Chapter 360 July 14, 1955(S.928)*, United States Printing Office, 1955, p.322.

② See *History of the Clean Air Act*, US EPA, (accessed 2 January 2011)http://epa.gov/oar/caa/caa_history.html.

③ See Chelsea Kasten, *A Series of Un-Breathable Events: The Clean Air Act and the Transformation of Environmentalism in American Society*, Western Kentucky University, 2011, p.31.

④ Pollution Issue. *Air Pollution Control Act*, http://www.pollutionissues.com/A-Bo/Air-Pollution-Control-Act.html.

⑤ Ahlers C., *Origins of the Clean Air Act: A New Interpretation*, Social Science Electronic Publishing, 2015, p.45.

作用”，[①]由此促成了1970年《清洁空气法》的严格执行管制。

总之，1955年《空气污染控制法》代表着国会正在对美国空气污染进行初步的研究。它对各州没有强制义务，对联邦政府只有最低限度的义务要求，这是因为国会认识到各州和地方政府对空气污染负有首要责任，因此不愿意违反联邦制原则。但是1955年《空气污染控制法》是现代监管国家空气污染的一个重要开端，它也使得美国联邦政府“第一次让美国公民和政策制定者意识到空气污染是一个扩散性的问题”[②]。因此，该法案一直持续在空气污染防控的最前线。

第二节　20世纪60年代《空气污染控制法案》（*Air Pollution Control Act of 1960s*）

一、1963年《清洁空气法》（*Clean Air Act of 1963*）

二战后，美国的经济实力骤然增长，在世界经济中占有绝对的优势。繁荣的经济表象后，潜在危机终将爆发，空气污染就是其中的危机之一。虽然1955年美国已经颁布了《空气污染控制法》，但是此法案并未落到实处，严重的空气污染依旧蔓延在美国各地。面对经济发展和空气污染这两大问题，州政府和地方政府也陷入复杂的思考，他们担心颁布空气污染立法会

---

① Clayton D. Forswall and Kathryn E. Higgins, *Clean Air Act Implementation in Houston: An HistoricalPerspective 1970–2005*, Rice University: Environmental and Energy Systems Institute, 2005, p.7.

② Christopher J. Bailey, *Congress and Air Pollution: Environmental Politics in the USA*, Manchester University Press, 1998, p.103.

损害经济利益，因为空气污染立法的颁布意味着工厂的关闭、资金的耗费、经济来源的损失等。在一些官员的眼里，似乎经济和财富增长比公共卫生更重要。

由于越来越多的信息和研究表明，当时美国的空气污染十分严峻，美国精英和公众对空气污染的看法发生了重大的转变，迫使新领导集体对空气污染的关注也愈发加深。1961 年 1 月，约翰·肯尼迪成功当选为美国的第 35 届总统。肯尼迪的当选同时也给美国的环保事业带来了新的生机和希望。肯尼迪总统在向国会提交的关于自然资源的特别声明中说："我们现在需要一个有效的联邦空气污染控制计划。"[①]肯尼迪总统在他上任之后，通过一项强有力的空气污染控制法案——《空气污染控制法》(延长至 1962 年)，每年再授权 500 万美元，以继续鼓励解决空气污染问题。

战后，随着人们的生活富裕了起来，公众对空气污染的关注也愈加增加，特别是中产阶层的人士。蕾切尔·卡逊(Rachel Carson)于 1962 年出版了《寂静的春天》(*Silent Spring*)，此书主要记录了滥用农药对环境造成的有害影响。本书对美国人来说是对空气污染的"一次觉醒"，使他们认识到人类的活动对环境造成了无法弥补的损害，也影响了公共健康。[②]蕾切尔·卡逊用她的写作帮助改变了人类对空气污染的认识。

在新的政治领导集体和公众对空气污染问题的愈加关注下，一项新的空气法案——《清洁空气法》于 1963 年 12 月问世。本法案的开头阐明："为了提供、强化和加快空气污染防控与治理的项目，特此制定本法案"，而此目的简单而又直白地表明，美国联邦政府意识到美国空气污染治理的迫切需要。

---

① Christopher J. Bailey, *Congress and Air Pollution: Environmental Politics in the USA*, Manchester University Press, 1998, p.106.

② See Frank Graham Jr., *Rachel Carson*, EPA Journal, 1978(accessed 6 April 2011). http://www.epa.gov/history/topics/perspect/carson.htm.

["To improve, strengthen, and accelerate programs for the prevention and abatement of air pollution". (*Clean Air Act of 1963*)]

(一)主要内容

1963年《清洁空气法》主要内容如下:[①]

1. 本法案的第一条总结了空气污染的相关发现

法案具体内容指出:①国会发现美国人口众多的区域主要集中在迅速扩张的大都市和其他城市地区，这些区域一般超过当地的司法管辖区的边界线,而且经常延伸到两个或两个以上州;②城市化、工业发展和机动车使用量增加所带来的空气污染的数量和复杂性增加，对人体的健康和福利造成了极大的危害,包括对农牧业的损害、财产恶化的危险等;③预防和控制空气污染的源头是国家和地方政府的主要责任;④联邦财政援助和领导对于制定联邦、州、区域和地方的合作计划来防止和控制空气污染至关重要。

法案指出了本法案的整体目的:①保护国家的空气资源,促进人民群众的健康、福利和生产能力;②启动和加快国家大气污染防治研究开发计划;③为国家和地方政府制定和执行其空气污染防治计划提供技术和财政援助;④鼓励和协助制定和执行区域空气污染控制计划。

2.法案第二条指明了国会针对空气污染问题的相关政策

(1)鼓励各州及地方政府防止空气污染的合作活动;鼓励根据不同的条件和需要,在切实可行的情况下颁布和改进有关预防和控制空气污染的统一的国家和地方法律;鼓励各州之间订立协定和契约,以预防和控制空气污染。

(2)健康、教育和福利部应鼓励与空气污染防控的相关联邦政府机构和

① Uscg C M B. Clean Air Act of 1963, 2012.

部门相互合作，以确保联邦空气污染控制计划在联邦政府所有适当和可用的设施和资源中得到利用。

(3)在国会同意下,现提出两个或两个以上州进行谈判并达成协议或契约,不与任何法律或条约的美国发生冲突:①为防止和控制空气污染而进行的合作努力和相互协助,以及有关法律的执行,②设立这些机构,如联合或其他机构,它们认为可以有效订立此种协定或契约。除非国会批准,此种协议或契约对任何缔约国均不具有约束力或强制性。

SEC.2. (1)cooperative effort and mutual assistance for the prevention and control of air pollution and the enforcement of their respective laws relating thereto, and (2)the establishment of such agencies, joint or otherwise, as they may deem desirable for making effective such agreements or compacts...

3. 本法案的第三条指明,健康、教育和福利部建立空气污染的预防和控制一个国家的研究和发展项目,以及这些项目的如下要求

(1)①开展和促进与空气污染的起因、影响、范围、预防和控制有关的研究、调查、试验、培训、示范工作的协调和加速;②鼓励、合作和提供技术服务,并向空气污染控制机构和其他适当的公共或私人机构、组织和个人提供财政援助,开展此类活动;③为了提出这种问题的解决办法,与任何空气污染管制机构合作,进行调查研究,调查空气污染的任何具体问题;如果他被这样的机构要求,或者在他看来,这种问题可能会影响除污染源或污染源的所在州以外的任何社区;④发起并开展一项研究,以开发改进低成本的从燃料中提取硫黄的技术。

(2)在执行前面的规定时,卫生、教育和福利部有权进行以下活动:①通

过出版物和其他适当手段收集和提供关于这类研究和其他活动的结果及其他资料,包括他就此提出的适当建议;②与其他联邦部门和机构、空气污染控制机构、其他公共和私营机构、机构和组织,以及与所涉及的任何行业合作,筹备和开展这类研究和其他活动;③为本节第(1)①款所述的目的,向空气污染控制机构,其他公共或非营利私人机构、组织和个人发放赠款;④不考虑部分修订的法规的条件下,与公共或私人机构、组织和个人签订合同;⑤为空气污染控制机构人员和其他符合条件的人员提供培训和培训补助金;⑥在健康、教育和福利部及公共或非营利私立教育机构或研究机构建立和维持研究金;⑦与其他联邦部门和机构合作,并与其他公共或私人机构和组织进行关于空气质量的化学、物理和生物效应,以及与空气污染有关的其他信息及其防治的基本数据的收集和传播;⑧制定有效和实用的过程、方法和原型装置,以预防或控制空气污染。

(3)①在执行本款第(1)项规定时,健康、教育和福利部应对各种已知的空气污染剂(或代理人的组合)对人身健康或福利的有害影响进行研究和调查。②当发现存在于空气中的某空气污染剂(或联合其他药物)对人的健康或福利产生不良影响时,健康、教育和福利部须编制和发布相应标准,准确地运用最新科学知识说明该污染物的种类、影响、存在程度及在空气中的变化量。此类标准在必要时需进行修订和增加,以准确地反映科学知识的发展情况。③健康、教育和福利部可向空气污染控制机构和其他组织适当推荐这种空气质量标准,以保障公众健康和福利。

4. 法案的第六条正式承认机动车对空气污染的严重影响,并鼓励对固定污染源与机动车污染源制定相应的排放标准

(1)健康、教育和福利部应鼓励汽车和燃料工业继续努力发展新的设备和燃料,以防止污染物从汽车排放物中排出,为此目的应与汽车、废气控制装置和燃料制造商保持联系。将任命一个委员会,委员会应不时召开秘书长

的会议，评估此类设备和燃料的进展情况，并制定和建议研究方案，以便开发这种装置和燃料。

SEC.6. The Secretary shall encourage the continued efforts on the part of the automotive and fuel industries to develop devices and fuels to prevent pollutants from being discharged from the exhaust of automotive vehicles,...

(2)健康、教育和福利部部长应在本节颁布一年后提交报告，向大会报告为解决汽车尾气污染问题和改进燃料的努力而采取的措施，包括①汽车排放污染物造成的污染；②研究减少汽车排放污染的装置和燃料的研究进展；③汽车尾气排放污染物的程度标准；④努力改进燃料，以减少废气污染物的排放；⑤必要时增加立法，以管制汽车污染物的排放。

5. 本法案的第七至八条从联邦机构的联邦设施合作控制空气污染层面做出相关规定

为了控制可能危及任何人的健康或福利的空气污染，健康、教育和福利部部长可设立潜在污染源类别。联邦部门和机构对任何房屋建设和其他涉及空气污染的问题有监督权，在任何物质排放到美国的大气中之前，这些物质必须从健康、教育和福利部获得排放许可，并根据情况进行调整。在签发许可证时，应将其所认为的有关的计划、规格和其他资料提交健康、教育和福利部，并在其规定的条件下提交。秘书长的报告应于1月向大会报告此种许可的状况和遵守情况。

6. 本法案的第十三条规定

(1)截至1964年6月30日，为执行财政年度的本款第4款，兹授权款项不得超过500万美元。

SEC.13. (a)There is hereby authorized to be appropriated to carry out section 4 of this Act for the fiscal year ending June 30,1964,not to exceed $5,000,000.

(2)在 1965 年 6 月 30 日的财政年度内实施这项法案,不超过 2500 万美元,在截至 1966 年 6 月 30 日的财政年度内不超过 3000 万美元。

SEC.13. (b)There is hereby authorized to be appropriated to carry out this Act not to exceed $25,000,000 for the fiscal year ending June 30,1965, not to exceed $30,000,000 for the fiscal year ending June 30,1966

(二)重要性及影响

与 1955 年《空气污染控制法》相比,1963 年《清洁空气法》更加体现了联邦政府对空气污染的进一步重视。此法案也扩大和细化了联邦政府机构在空气污染防控层面的权力,比如联邦健康、教育和福利部与其部长在制定空气污染条例层面的权力。该法案也鼓励各州和地方机构的合作,以加强美国环境问题的解决。它还下令制定空气质量标准,以确定安全的污染物程度,并鼓励各国共同努力解决州际空气污染问题, 特别是与高硫煤和石油使用污染有关的问题。此外,该法承认机动车是一种移动污染源,鼓励制定相关的排放标准。1963 年《清洁空气法》也加大了空气污染的拨款数额,它对空气污染的防治有很大的影响。

在 1963 年《清洁空气法》的影响下,众多州参与到空气污染治理的大军中。得克萨斯于 1965 年签署了其州的第一部《清洁空气法》(*Texas Clean Air*

Act,*TCAA*)。该法案旨在“通过控制或减少空气污染,保护公众健康和福利,以及对国家现有工业和经济发展的影响,维护本州的空气资源”[①]。此外,在《清洁空气法》的基础上,本法案规定建立和控制空气质量,并通过强制令和/或罚款等来强化执行效果。虽然部分州县的治理还尚未有明显效果,但在空气污染的相关研究上具有重大的突破。根据洛杉矶的研究,“一辆1963年生产的无安装污染控制装备的汽车每行驶一万千米会排放‘520磅碳氢化合物,1700磅一氧化碳和90磅氮氧化物’”[②]。而此研究也进一步证实了本法案的发现:机动车是一种严重的移动污染源,对空气的破坏力十分强大。

1963年《清洁空气法》不仅进一步鼓励和催促各个州县加强空气污染防控,也进一步加强了社会和民众对空气污染危害的认识。29年来连续在福布斯排行榜上蝉联非上市公司第一的美国第一大私有资本公司——嘉吉(Cargill)公司便积极地响应国家政策的号召,参与到美国的空气污染防控实践中。嘉吉公司根据自身情况升级设备,并在公司安装除尘设备,从减少公司谷物粉尘排放做起,以确保遵守新的政府标准,为改善空气质量尽自己的一分力量。而且嘉吉公司将控制谷物粉尘排放的研究和开发成果与业内其他成员分享,以推动该行业在减少空气污染方面的总体进展。嘉吉公司延续环境友好风范,在2015年,嘉吉公司运用可再生能源生产,从而“避免了超过两百万吨的化石燃料温室气体的排放”[③]。

此外,本法案虽然在拨款数额上有较大提高,但是对于美国当时的空气污染情况而言,其资金仍然是微乎其微。该法案虽然对空气污染治理机构的

① *Texas Air Control Board*,The Handbook of Texas Online,(accessed 11.23.04),http://www.tsha.utexas.edu/handbook/online/articles/view/TT.mdtls.html.

② Atwood S.,Kelly B.,*The southland's war on smog:fifty years of progress toward clean air.*,South Coast Air Quality Management District,1997,p.1–32.

③ *Texas Air Control Board*,The Handbook of Texas Online.(accessed 11.23.04),http://www.tsha.utexas.edu/handbook/online/articles/view/TT.mdtls.html.

权力有了规定，但事实上真正有效的成果是甚少的。

总之，本法案体现了联邦政府对空气污染的进一步重视，它在美国公共卫生服务部建立了联邦计划，意味着联邦政府对空气污染治理的程度加深，但法案的真正效力未走向实效化阶段，仍然停留在理论化阶段。

二、1965年《机动车空气污染控制法》(*Motor Vehicle Air Pollution Act of 1965*)

1963 年《清洁空气法》正式承认机动车对空气污染的严重影响。在对机动车污染源进一步研究后，越来越多的证据表明：机动车不仅会造成重大交通事故，它也会喷出大量的毒物进入空气中。根据美国健康、教育和福利部的研究，“几乎每一个超过 50000 人的城市都存在车辆污染问题”[①]，所以机动车污染是造成美国空气污染问题的一个重要因素。而且面对此严重污染来源和各州的治理倾向，一些工业集团也开始担心如果没有一个全国性的排放标准，各州将会制定参差不齐的排放标准，于是他们开始说服美国联邦政府先发制人，预先制定一项联邦性的排放标准。在 1964 年，一项法律要求总务管理局(General Service Administration)制定联邦政府所购买机动车辆的排放标准。

1964 年，美国参议员马斯基(Muskie)主持了小组委员会的听证会，此听证会主要形成并发表了美国一半的污染空气归因于汽车发动机的报告。然而约翰逊总统并不认为治理汽车行业是解决空气污染问题的明智方法。在美国，汽车行业是最强大和最有利可图的行业之一，所以汽车行业也竭尽力气反驳小组委员会的报告。但是 1964 年，约翰逊的再次当选和民主党的崛

① *NOISE CONTROL–HEARINGS BEFORE THE SUBCOMMITTEE ON PUBLIC HEALTH AND ENVIRONMENT*, Office G P., 1971.

起鼓励国会对美国的空气污染采取进一步的行动。1964 年,健康、教育和福利部成立了一个政府工业联合委员会,以加速控制汽车污染的进程。

在 1963 年《清洁空气法》的背景下,此委员会开始了空气污染的相关报道。这个委员会最终推动国会通过另一项清洁空气立法的形成,即《机动车空气污染控制法》。此法案于 1965 年 10 月 20 日正式由约翰逊总统签署,以要求控制某些机动车排放污染物的标准,授权有关固体废物处理和其他用途的研究和发展计划。

To amend the Clean Air Act to require standards for controlling the emission of pollutants from certain motor vehicles, to authorize a research and development program with respect to solid-waste disposal, and for other purposes. (*Motor Vehicle Air Pollution Act of 1965*)

(一)主要内容

《机动车空气污染控制法》的主要内容如下:[①]

1. 本法案对机动车的排放标准做出规定

(1)联邦健康、教育和福利部根据规定,应在适当考虑技术可行性和经济成本的条件下,尽快规定适用于任何类别物质或车辆及新机动车引擎的排放标准,以防止或控制空气污染。

SEC.202a. The Secretary shall by regulation, giving appropriate consideration to technological feasibility and economic costs, prescribe as soon

① Kubiszewski I., *Motor Vehicle Air Pollution Control Act of 1965*, United States.

as practicable standards, applicable to the emission of any kind of substance, from any class or classes of new mot, or vehicles or new motor vehicle engines...

(2)为了防控空气污染，本法案对机动车相关的行为做出一系列规定，所涵盖的行为如下：①在本法案生效后，制造商所生产的任何用于销售、进出口等新机动车及其发动机必须符合本法案规定的相关条例。②任何人未能或拒绝允许查阅、复制纪录，或未能提供报告，或提供机动车的相关资料的，须根据第 207 条做出规定。③在销售和交付商品给最终购买者之前，禁止任何人将任何无效的设备或元件安装在汽车或引擎上。

(3)法案对豁免权也做出相关规定：出于国家安全或保障公众健康或福利的条款及条件，联邦健康、教育和福利部可豁免任何新的机动车辆或新机动引擎，以适用于研究、调查、示范或训练。

(4)本法案对进口的国外机动车或发动机也做出相关规定：若引入的国外机动车或发动机违反本法案的规定，不得被引入美国，但是财政部部长和联邦健康、教育和福利部部长有权延迟此规定，即相关的产品经过调整符合条件后方可引入美国。一旦相关产品经调整仍然不合格不得引入。

(5)本法案规定，对于出口的新机动车及其引擎将不受以上条例限制。

SEC.203b. A new motor vehicle or new motor vehicle engine intended solely for export, and so labeled or tagged on the outside of the container and on the vehicle or, engine itself, shall not be subject to the provisions of subsection...

(6)本法案规定：任何人违反第 203(a)款第(1)(2)或(3)款（见本法案的

第 2 项),将被罚款不超过 1000 元。

(7)在合格证书层面,本法案的第 206 条规定:①当制造商提出申请时,秘书应以他认为适当的方式测试或要求测试由该制造商提交的任何新的机动车或新的机动车发动机,以确定这种车辆或发动机符合规定。如果此种车辆或引擎符合上述规例,则联邦健康、教育和福利部应按上述条件发出一份符合条件的证明书,而该期限不少于一年。

SEC.206. Upon application of the manufac turer... If such vehicle or engine conforms to such regulations the Secretary shall issue a certificate of conformity, upon such terms, and for such period not less than one year, as he may prescribe.

②由制造商所销售的任何新型汽车或汽车发动机在所有的材料销售方面都基本符合测试车辆或发动机标准的条件下,根据①项签发证书。

SEC.206. Any new motor vehicle or any motor vehicle engine sold by such manufacturer which is in all material respects substantially the same construction as the test vehicle or engine for which a certificate has been issued under subsection(a)...

(8)针对国际性的污染问题本法案提出:当健康、教育和福利部部长收到任何正式设立的国际机构的报告、调查或研究报告后,就有理由相信危及外国人民健康或福利的污染正在发生;或对此国际污染问题,当国务卿提出要求时,健康、教育和福利部部长应正式通知对该市所在州的空气污染控制机构,以及州际空气污染控制机构召开会议,此类会议可邀请国外代表参加。

(9)针对涉及空气污染的相关研究、调查和培训,本法案也进行了一定的修正:加速进行由化油器和油箱的汽油蒸发造成的碳氢化合物排放量,以及汽油或柴油车氮氧化物排放的方法的相关研究;为开展此类研究,健康、教育和福利部应与根据本法第 106 条成立的技术委员会(The Technical Committee)进行协商,从柴油发动机行业选取相关代表加强对柴油动力汽车的研究,并加强低成本技术的研发,以减少氮氧化物的排放。

(10)在拨款方面本法案规定:在 1966 年 6 月 30 日前,国会拨款将不超过 47 万美元;在 1967 年 6 月 30 日前,国会拨款数额不得超过 84.5 万美元;在 1968 年 6 月 30 日之前,国会拨款不得超过 119.6 万美元;在 1969 年 6 月 30 日之前,拨款数额不得超过 147 万美元。

> SEC.209. There is hereby authorized to be appropriated to carry out this title Ⅱ,not to exceed $470,000 for the fiscal year ending June 30,1966, not to exceed $845,000 for the fiscal year ending June 30,1967,not to exceed $1,196,000 for the fiscal year'ending June 30,1968,and not to exceed $1,470,000 for the fiscal year ending June 30,1969.

(11)本法案对潜在的空气污染提出一定处理对策:如健康、教育和福利部部长判断,可能会因排放或排放到大气中而造成重大污染的空气污染问题,他可召开一次会议,讨论可能发生的空气污染问题。所有有利害关系的人应有机会参加,并应按照规定的程序亲自或由代表出席。根据会议所提出的问题,有关部门应提出相应对策,分派相应机构予以解决。

2. 在本法案中,除了特别对机动车的排放做了相关规定外,为了防控空气污染,启动和促进新的经济合理的垃圾处理方法和改进国家研究和发展计划,加强对自然资源的保护和修复,以减少废物量和回收利用固体废弃物中的潜在资源,本法案也特别对固体废弃物的处理(Solid Waste Disposal)做了规定

(1)因为国会愈加发现,①消费产品的生产、包装和销售技术的不断进步和改进,导致购买者购买的产品数量不断增加,而且产品的特性也发生了变化;②美国经济、人口的增长及人们生活水平的提高将需要增加工业生产来满足人们的需要,比如拆除旧建筑,建设新建筑及公路等运输途径;此类生产伴随着相关工业、商业、农业的经营将导致废弃物的增加;③随着美国大都市及其他城市地区人口的不断增加,这些地区工业、商业、家庭及其他活动所产生的固体废弃物存在严重的财政、管理及技术问题;④固体废弃物处理效率的低下造成景区的摧残、公众健康的严重损害、空气和水资源污染、事故危险、啮齿类动物和昆虫媒介传播疾病的增加、土地价值副作用及公害问题产生,甚至干扰社会的生活和发展;⑤无法再利用这些材料会造成我们自然资源的不必要的浪费和损耗; ⑥尽管固体废物的收集和处置依旧是各州、区域和地方机构的主要职责,但是废物处理已成为全国范围的关注与需求。联邦政府将通过资金和技术的发展,协助和领导示范,改进方法和流程,以减少浪费及修复材料的数量。

(2)为了使得固体废弃物处理有效实现,本法案的第204条明确指出:相关部门将会鼓励、配合并给进行固体废物处理方案的运作和融资的研究、调查、试验、培训和示范的(无论是联邦、州或地方)政府、相关机构、个体和项目提供金融和适当的公共援助。

(3)本法案也明确了州际之间对固体废弃物处理的职责。法案的第206条规定:健康、教育和福利部部长应鼓励各州与地方政府在固体废弃物处理项目的合作活动;在可行的情况下,鼓励各州、地区和区域规划和执行州际、跨区域固体废物处置项目; 鼓励改进制定可行统一的州际和地方的固体废

物处置法律。

(4)法案规定,特此授权健康、教育和福利部部长,在1966年6月30日之前,财政援助不超过700万美元;1967年6月30日之前,财政援助不超过1400万美元;1968年6月30日之前,财政援助不超过1920万美元;1969年6月30日之前,财政援助不超过2000万美元。

SEC.210. There is hereby authorized to be appropriated to the Secretary of Health, Education, and Welfare, to carry out this Act, not to exceed $7,000,000 for the fiscal year ending June 30, 1966...

(5)为执行本法,兹授权将此款交予内政部部长,在1966年6月30日之前,财政援助不超过300万美元;1967年6月30日之前,财政援助不超过600万美元;在1968年6月30日之前,财政援助不超过1080万美元;1969年6月30日之前,财政援助不超过1250万美元。

SEC.210. There is hereby authorized to be appropriated to the Secretary of the Interior, to carry out this Act, not to exceed $3,000,000 for the fiscal year ending June 30, 1966...

(二)重要性及影响

1965年《机动车空气污染控制法》建立了第一个联邦性质的轻型机动车排放标准,要求"碳氢化合物减少72%,一氧化碳减少56%,曲轴箱烃减少

100%”[①]。该法案规定,设立国家空气污染控制管理局,负责今后的污染控制工作。该法首次承认空气污染是国际层面的。如果一个地区的污染影响其他国家,健康、教育和福利部部长将要求召开一次国家和地方当局会议,并有权提起法律诉讼,以减轻空气污染。本法案还对进出口机动车及其发动机引擎程度与合格证做出规定,并加强污染研究与技术研发,以保护美国的空气质量。本法案也意味着联邦政府全面研究机动车尾气排放对美国空气质量影响的开始。

1965 年《机动车空气污染控制法》所规定的机动车排放标准,基本上是依据加利福尼亚州早先制定的标准所制定的,此类标准“只适用于碳氢化合物(HC)和一氧化碳(CO)”,并以浓度范围表示(HC 和 CO 的百分比);在1965年修正案中,还颁布了控制“曲轴箱排放量”的要求,这类标准是继 1960 年初利福尼亚州所制定标准的延续和新要求。[②]

为了达到加州机动车排放标准, 一些州开始根据本州的情况制定机动车排放标准,以早日符合本法案的要求。纽约州州长曾表示对该法案的积极支持,并于 1966 年 8 月签署了一项法案,授权纽约空气污染控制局制定机动车尾气排放标准。加州作为空气污染治理的“前沿”州,通过研究发现:在 1966 年,“美国的 1 亿 4600 万吨排放到空气中的污染物中大约有 8600 万是机动车交通造成的”[③]。而此类研究进一步强化了人们对机动车污染的认识,并促使国家进一步采取有效的措施进行防控和治理。

为了实现统一性,本法案主要强调了机动车污染排放治理的联邦标准,

---

① Chelsea Kasten, *A Series of Un-Breathable Events: The Clean Air Act and the Transformation of Environmentalism in American Society*, Western Kentucky University, 2011, p.48.

② See Arne E. Gubrud, *The Clean Air Act and Mobile-Source Pollution Control*, Ecology Law Quarterly, 1975, p.3.

③ Atwood S., Kelly B., *The southland's war on smog: fifty years of progress toward clean air*, South Coast Air Quality Management District, 1997, p.1-32.

而非各州标准。参议院公共工程委员会曾称:“国家标准更可取,因为如果各个州都设定自己的标准和要求,这可能会导致制造商、经销商和用户等产生混乱。”[①]此出发点是好的,但是事实上,这项规定有其局限性:各州空气污染级别有一定差异性,治理强度自然也千差万别。若各州也能在联邦标准的基础上制定合理有效的排放标准,空气污染治理效果也将有一定的改变。所以根据本法案的执行效果,各州法规制定在一定程度上“受到了联邦标准的限制”[②]。

三、1967年《空气质量法》(*Air Quality Act of 1967*)

美国的空气污染严重威胁着人类的健康和国家的福利,使得美国慢性呼吸道疾病多发,也造成了严重的经济损失。健康、教育和福利部于 1955 首次获授权实施空气污染治理计划。该计划要求国家和地方政府承担防治大气污染的基本责任,但是在 1955 年至 1963 年间,治理空气污染的努力很明显——效果不佳。这表明,要对这个问题有更有力的法律法规,因此在 1963 年 12 月国会通过了《清洁空气法》。该法重申了国家和地方对控制污染的责任细则,该法还授权健康、教育和福利部开展相配套的活动,以支持国家和地方在治理污染方面的努力。

自 1963 年《清洁空气法》颁布以来的四年中取得了实质性进展。联邦政府的大数额拨款使得州和地方控制的项目空前增多;为了努力给遭遇州际空气污染的数百万人带来清新的空气,联邦政府也已经开始采取相关措施;联邦政府扩大了空气污染研究工作,并证明了对新的空气污染控制技术研

① Fernande, Antigone, *Pennsylvania V. Nelson.* Spir, 2012.

② Currie D. P., *Motor Vehicle Air Pollution: State Authority and Federal Pre-Emption*, Michigan Law Review, 1970, p.1083-1102.

发的迫切需求与要求。1965 年《机动车污染控制法案》的颁布建立了第一个联邦性质的轻型机动车排放标准，也规定联邦政府加强对美国机动车污染的研究，而且此类研究进一步强化了人们对机动车污染的认识。但是尽管做出了这些努力，空气污染仍得不到有效控制，这也说明各级政府的控制在许多方面仍然有许多漏洞。

1966 年 11 月，纽约市发生了“逆温事件”[①]，造成了约 169 人死亡，此事件加大了民众对空气污染的恐惧和对环境保护的呼声。[②]此外，根据各州先后制定本州机动车污染排放标准的情况，联邦政府意识到不得不尽早制定一项全国统一的机动车排放标准法案，以避免国内出现混乱状态。

此外，面对严重的空气污染事件的再次发生，国会进行了相关研究并发现：“美国的人口主要聚居在不断扩张的大都市和其他城市地区，而这些地区通常越过了当地司法管辖区的边界线。”[③]随着美国工业化和城市化的发展，工期污染的频发性和复杂性越加严峻；机动车的大量使用所产生的污染气体排放也危害了公众的健康和福利。面对严峻的空气污染势头，国会认为预防和控制空气污染源头是国家和地方政府的主要责任。在此形势下，1967 年 1 月，约翰逊总统在给国会的一封信中敦促国会通过新的立法来加强美国空气污染的研究和控制，并于 1967 年 11 月 21 日签署了《空气质量法》。

---

① 在寒冷的冬天，当一股寒流袭击之后，风小天晴，气温缓升，这时人们会渐渐感到空气越来越污浊，如果地面层空气湿度较大，则浓雾遮天蔽日，空气污染更加严重，对人体健康构成威胁。所有这些多是由于大气结构出现逆温现象的结果。

② See Stuart H. Loory, *Conspiracy' of Nature's Forces Is Blamed for Smog*, New York Times, 1966.

③ Middleton, John T. *Summary of the Air Quality Act of 1967*. Ariz.l.rev, 1968.

(一)主要内容

在之前的法案背景下,1967 年《空气质量法》主要增加了以下内容:①

(1)本法案加大了空气污染相关燃料与机动车的研究与资金投入。方案提出:在 1968 年 6 月 30 日之前,投入 3500 万美元;在 1969 年 6 月 30 日之前,投入 9000 万美元。

> SEC.104c. For the purposes of this section there are authorized to be appropriated for the fiscal year ending June 30, 1968, $35,000,000, and for the fiscal year ending June 30, 1969, $90,000,000.

(2)本法案规定,为了推动空气质量标准的建立,健康、教育和福利部在与各州和地方政府协商后,将在本法案确立的 18 个月内建立空气质量控制区(Air Quality Control Regions, AQCRs),此地区的建立将综合考虑管辖区域、城市工业集中度等其他因素。健康、教育和福利部为了保护公众健康和福利,与适当的国家和地方当局协商后,可不时改变空气质量管制区的指定。

(3)为加快州际空气质量控制区空气质量标准的实现,健康、教育和福利部在两年内将授予相关机构空气质量规划项目资助费用,以加快空气质量标准与计划的实现。其资助费用将占空气质量规划方案总费用的四分之三。为了制定适用于空气质量控制区的相关条例和空气质量标准,健康、教育和福利部可委派和建立空气质量规划委员会(Air Quality Planning Commission)。

空气污染质量标准应不时地进行修订,此类标准应用最新的科学知识准确地反映当前空气污染物对人类健康和福利影响的类别和程度。此类标

---

① See Middleton J T., *Summary of the Air Quality Act of 1967*, 1968.

准的设定还需考虑大气条件、空气污染物质等因素，以对公众的健康和福利实现实质性的转变。

(4)本法案认可各州与跨州的空气污染防控治理行为。法案规定：一旦某州收到污染物或一类污染物的空气质量标准和控制技术数据，本州州长需起草一份意见书，以保证在180天内本州将制定和采用适用于任何指定空气质量控制区或部分的环境空气质量标准和计划。以上质量标准和计划需在区域基础上制定和应用，如果空气质量控制区包括两个或两个以上州的一部分，则每个州都应为该区域的部分制定标准。如健康、教育和福利部部长发现以上空气质量控制标准及实施空气质量管制区标准的计划符合《空气质量法》的规定，则这些标准和计划便会生效。如果某州没有建立相关标准，或者当健康、教育和福利部部长发现以上标准与本法案不一致，部长可以采取行动以确保该州制定适当的标准；而针对部长所采取的行动，该州也可要求举办听证会，此听证委员会的决定具有约束力，本州将承担应用空气质量标准的首要责任。但某州的空气污染防控努力不够充分时，健康、教育和福利部部长有权启动减排行动。

(5)本法案指出，健康、教育和福利部内建立一个空气质量顾问委员会(Air Quality Advisory Board，AQAB)，本委员会由总统任命的15名成员组成，将根据本法的有关活动和政策给予健康、教育和福利部部长相应的咨询，并为总统提供必要的信息支持。而其他成员应向本委员会提供必要的文件和技术支持。为了能及时获得本法案发展与执行的相关援助，健康、教育和福利部可实时建立譬如此类的咨询委员会。

(6)本法案加强了机动车污染排放设备检查和排放设备的资金支持，规定健康、教育和福利部有权向国家空气污染控制机构发放赠款，其费用为开发统一机动车排放设备检查和排放测试项目费用的2/3。

SEC.209. The Secretary is authorized to make grants to appropriate State air pollution control agencies in an amount up to two-thirds of the cost of developing meaningful uniform motor vehicle emission device inspection and emission testing programs.

（7）本法案规定，燃料添加剂需要进行登记，即①燃料制造商需要上报商业标识的名称和燃料添加剂、燃料添加剂的浓度范围及此燃料的用途；②此类添加剂的化学成分、规定浓度范围和使用范围及化学结构。任何违反以上规定的人，将处以 1000 美元的民事罚款。

（8）本法案规定，健康、教育和福利部将增加全国排放标准的相关研究事项。联邦政府将加大对空气污染问题的研发力度，此类研发包括污染源的信息、特定工厂污染排放的例子及其位置等详细信息、须遵守国家定制排放标准的相关行业与污染物的名单、国家排放标准与空气质量变化情况、执行此标准的成本分析、管制喷气式飞机与活塞式飞机发动机空气污染问题和排放标准的研究等。

（9）为了有效评估本法案中空气污染治理项目的基本需求和推动新政策的实施，本法案规定：健康、教育和福利部将协同州与地方空气污染控制机构对贯彻本法案相关条例所需成本进行详细的评估，并对进行此类项目实施所需人才培训进行完整的调查与研究。

（10）本法案指出，为了最大限度地贯彻执行本法案，国会在 1968 年 6 月 30 日前将给予拨款 7400 万美元，在 1969 年 6 月 30 日前拨款 9500 万美元，在 1970 年 6 月 30 日拨款达 1.343 亿美元。

SEC.309. These are largely authorized to be appropriated to carry out this Act, other than sections 103(d) and 104, $74,000,000 for the fiscal year ending June 30, 1968, $95,000,000 for the fiscal year ending June 30, 1969, and $134,300,000 for the fiscal year ending June 30, 1970.

(二)重要性及影响

相比以往法案,1967 年《空气质量法》不仅进一步扩大了联邦政府在空气污染防控治理层面的权限,也明确表明健康、教育和福利部部长们要负责执行好联邦环境保护的相关项目,明确划分了美国空气质量区域的防控范围。本法案还规定各州有责任在联邦政府设定的区域内建立空气质量控制区。通过执行空气污染控制标准,各州应在本州的指定区域内负责制定和执行污染控制标准和州实施计划(State Implementation Plans)的配套方案。本法案还首次进行了广泛的环境监测研究和固定污染源检查,并授权健康、教育和福利部加大对空气污染物排放清单、环境监测和控制技术的研究。在机动车排放标准的制定层面,联邦政府也终于得到了国会的授权,全国统一的机动车排放标准得以制定;跨州空气污染问题也得到了进一步的重视,本法案规定在出现州际空气污染的区域内实施强制执行程序。

但是随着时间的推移,联邦政府发现由各州自行防控解决空气污染问题并不是一个全面有效的办法,因为空气污染不仅仅发生在一个区域之内,而是正在“四处传播甚至影响整个美国”①。1967 年《空气质量法》规定各州制定和执行污染控制标准和州实施计划,此类标准的确是受到联邦政府的审查和批准,但是本修正案没有说明空气质量标准实施的最后期限。因此,许

① Kasten C. *A Series of Un-breathable Events: The Clean Air Act and the Transformation of Environmentalism in American Society*, International Journal of Urban & Regional Research, 2011, pp.130–146.

多地区和一些工作人员将“这些标准视为衡量空气质量改善进展的基准,而不是作为法律执行的限度”[①]。此外,据美国研究学者爱恩·埃·古布鲁(Arne E. Gubrud)的描述,截至1970年,本法案“所预计的100个空气质量控制区”并没有实现,“只有不到36个空气质量区被确立”,并且没有一个州制定了完整的空气污染控制计划。[②]

1967年《空气质量法》的制定虽然没有从真正意义上改善美国的空气污染状况,但是通过一项项空气污染法案的颁发,民众对空气污染的认识也进一步加深了。根据美国的一项民意调查,认为空气污染是一个严重问题的美国人比例几乎“从1965年的28%提高到1968年的55%”[③]。此外,1967年《空气质量法》的修订也可以说是美国空气污染治理法案的一个成功之举,因为本法案为之后法案的进一步修正提供了更有效和系统的立法框架。

第三节　20世纪70年代《空气污染控制法案》(*Air Pollution Control Act of 1970s*)

1970年,美国联邦政府对《清洁空气法》进行了两次重新修订。1970年《清洁空气法修正案》(*Clean Air Act Amendments of 1970*)的颁布,使联邦政府在空气污染控制中的作用发生了重大转变。1977年对《空气清洁法》再次进行了修正,于是形成了1977年《清洁空气修正案》(*Clean Air Act Amend-*

① Arne E. Gubrud. *The Clean Air Act and Mobile-Source Pollution Control*, Ecology Law Quarterly, 1975, p.4.

② See Paul G. Rogers, Looking Back; Looking Ahead the Clean Air Act of 1970, *EPA Journal*, 1990.

③ Forswall C D, Higgins K E. *Clean Air Act Implementation in Houston: An Historical Perspective 1970-2005*, Researchg ate, 2006, p.5.

ments of 1977)，正式批准建立国家环境空气质量标准，制定国家实现环境空气质量标准的实施计划的要求，制定国家有害空气污染物排放标准，并对机动车排放控制做出了具体规定。

一、1970年《清洁空气法修正案》(*Clean Air Act Amendments of 1970*)

19 世纪 60 年代的美国是一个充满革命性和活力的年代，此时不仅民权运动如火如荼，民众和一些组织对社会的众多问题也越加关注。在 1970 年初，环保问题已经成为“美国人关注的第二大问题”[①]。随着空气污染的愈演愈烈和 1967 年《空气质量法》的不足，越来越多的美国人意识到空气污染是个流动性和全国性的问题，各州之间的空气污染会互相影响。

美国的一名参议员对 19 世纪 70 年代美国空气污染法案的制定发挥了重要的作用，此人就是盖洛德·尼尔森(Gaylord Nelson)，他是一个强烈的环境保护主义者。面对美国空气污染依旧及联邦政府作为不足的态势，尼尔森就全美环境问题发表演讲，他认为这种方式可以增强公众对空气污染治理的意识和行动，并能够一定程度上提醒联邦政府对解决全美空气污染问题给予支持。在他的政治生涯中，最重要的贡献之一便是他在 1969 年的一次反越战示威中提出了“地球日”(Earth Day)的概念。[②]尼尔森的“地球日”概念激发了公众对空气污染的反思，尤其是学生群体，当时总共有“二千所学院和大学、一万所高中和小学，以及数千个社区，共有二千万名美国人参加了第一个地球日”[③]。尼尔森和民众的反环境污染运动进一步给美国联邦政府

---

① 金海:《20 世纪 70 年代尼克松政府的环保政策》,《世界历史》,2006 年第 6 期。

② See Gaylord Nelson, *Earth Day'70: What It Meant*, EPA Journal, 1980, http://www.epa.gov/history/topics/earthday/02.htm(accessed 26 April 2011).

③ Chelsea Kasten, *A Series of Un-Breathable Events: The Clean Air Act and the Transformation of Environmentalism in American Society*, Western Kentucky University, 2011, p.62.

施加了不小的压力。

此外，面对各州层次不一的空气质量标准，符合国情的全国统一的空气质量标准也是一个迫切需要解决的问题。尼克松总统在其就职演说中强调了环境保护的迫切性和重要性，他在上任后，签署了一项美国环保政策史上重要的联邦法案——《国家环境政策法》（*National Environmental Policy Act*）。1970 年 7 月，尼克松总统向国会提交了机构重组计划，并于 1970 年 12 月正式成立美国环境保护局（Environmental Protection Agency，EPA）。在 1970 年 12 月 31 日，尼克松签署了《清洁空气法修正案》。

（一）主要内容

1970 年《清洁空气法修正案》主要对以下内容进行了修正：①

（1）规定设立全国一级和二级空气质量标准（National Primary and Secondary Ambient Air Quality Standards），全国一级空气质量标准的确定应考虑基本的安全问题并能保障公众健康；全国二级空气质量标准应保护公众福利，综合考虑暴露在空气中的污染物对公众福利健康的副作用。每个州的空气质量控制区都需严格遵守此空气质量标准。为了有效建立此两级标准，环境保护局应在法案颁布的 30 天内制定每个空气污染物的相关信息，包括其对公众健康和福利的副作用、各种移动或固定污染源导致的空气污染物、污染物的空气质量标准等。为了确保此标准的贯彻执行，各州需提交给环境保护局相应的执行计划，此类计划需综合考虑以下内容才可能被通过：排放限制、治理日程安排、安全维护保障、相关设备方法体系运行、跨州合作与人员资金保障及检查测试等信息。

（2）对新固定污染源（New Stationary Sources）的排放做了明确的规定：在

① *See Clean Air Act amendments of 1970*, United States.

本法案颁布的90天内,美国环境保护局需依据污染源的级别、种类、范围等信息拟制一份新固定污染源的类别清单。在类别清单发布的120天内,环境保护局需对此类污染源制定对应的联邦排放标准，并不时地更新污染防控技术,以防控此污染源的扩散。各州需针对本州的新型污染源和联邦排放标准提交给环境保护局相应的执行计划。

(3)对危险污染物的排放进行了规范:在本法案颁布的90天内,美国环境保护局需识别危及公众生命安全或对民众造成不可逆转的严重疾病的危险污染物类别,并拟定清单。在此清单发布后的180天内,环境保护局需指定对应的排放标准条例,并及时给予技术支持。由于技术不成熟或国家安全因素而无法实现危险空气污染物排放标准，总统有权豁免此固定污染物排放,期限不得超过两年。

(4)针对移动污染源的排放,本法案也制定了相关的排放标准。1975年及其后所制造的轻型汽车及发动机一氧化碳和碳氢化合物的排放，应比1970年的排放量至少减少90%;1976年及其后所制造的轻型汽车及发动机氮氧化物的排放,应比1971年的排放量至少减少90%。

> SEC.202. applicable to emissions of carbon monoxide and hydrocar-bons from light duty vehicles and engines manufactured during or after model year 1975 shall contain standards which require a reduction of at least 90 per cent-um from e mis sions of carbon monoxide and hydrocarbons... 1970.

(5)成立低排放车辆认证委员会(Low-emission Vehicles Certification Board),为鼓励低排放车辆的技术研发和使用,此委员会将综合考虑汽车的安全性能、特征表现、燃料类别、噪音类别、维修成本等明确车辆的级别。针对污染物排放低于机动车排放标准的汽车,此委员会将实际研究后,给予相应的证书,并提高其保险费(零售价的200%)。

SEC.212. There is established a Low-emission Vehicles Certification Board...In making the determination under this subsection the Board shall consider the folowing criteria:(1)the safety of the vehicles...raise the premium to 200 per cent-um of the retail price of any class or model of motor vehicle for which a certified ow-emission vehicle is certified substitute...

(6)为防控空气污染问题,本法案对公民诉讼(citizen suits)做了相关规定。法案规定:公民有权对违反本法案的相关个人与政府机构等提起诉讼,也可对政府官员的失责行为提起诉讼。对于违反固定污染源排放标准的诉讼仅需在当地法院进行。

(7)本法案指出,为了极大限度地贯彻执行本法案,国会在1971年6月30日前将给予拨款12500万美元,在1972年6月30日前拨款22500万美元,在1973年6月30日前拨款达30000万美元。

SEC.316. These are largely authorized to be appropriated to carry out this Act,other than sections 103(f)(3)and(d)104,212,and 403,$125,000,000 for the fiscal year ending June 30,1971,$225,000,000 for the fiscal year ending June 30,1972,and $300,000,000 for the fiscal year ending June 30,1973.

（二）重要性及影响

在美国空气污染控制历史上，1970年《清洁空气法修正案》使美国联邦政府的角色转变起到了十分重要的作用。本法案扩大了污染物的防控范围，不仅赋予联邦政府和各州对移动污染源和固定污染源的排放限制，而且确立了四大项目来管控污染物的排放，包括全国空气质量标准（Ambient Quality Standards，AQS）、州执行计划（State Implementation Plans，SIPs）、新污染源表现标准（New Source Performance Standards，NSPS）和全国危险空气污染物排放标准（National Emission Standards for Hazardous Air Pollutants，NESHAPs）。

为了有效改善美国的空气污染和执行本空气污染法案，美国于此年还成立了环境保护局，该机构对美国空气污染物的排放起着重要的监督和管控作用。在本法案的确立下，美国环境保护局建立各种移动污染物和固定污染物的排放标准，并严格监督各州提交治理计划。针对国家和各州的空气污染问题，美国环境保护局给予相应的研究、调查及工程设计资金支持，以推进美国空气污染的治理进程。即使"许多州并未实现本法案所建立的空气质量标准"，但是美国环境保护局的确对美国日后环境保护的进程和成效起着至关重要的作用。①

1970年《清洁空气法修正案》内容看似很全面，但在颁布后的具体实施中还是出现了新问题。由于该修正案在某些规定未经实际研究考证、当时技术研究不成熟，以及某些污染标准治理期限过于严格，致使很多地区根本无法在指定的时间期限内达到国家标准。由于研究限制和技术不成熟，众多污染物的排放限制并未纳入本法案中，因此美国的空气污染问题依旧困扰着美国政府，依旧对美国民众的健康和福利产生着不利的影响。正因为如此，

---

① See Christopher J. Bailey, *Congress and Air Pollution: Environmental Politics in the USA*, Manchester University Press, 1998, p.136.

在调查、总结1970年修正案实施状况后，国会于1977年颁布了1977年《清洁空气法修正案》。

二、1977年《清洁空气法修正案》(*Clean Air Act Amendments of 1977*)

1970年《清洁空气法修正案》的大多数初级空气标准要求于1975年5月31日前达到。经过七年的执行，很快就清楚地表明，各州和各行各业在实现预期的空气质量要求时遇到重重困难，因而1970年《清洁空气法修正案》的既定空气质量目标不可能在原定期限内实现。与此同时，有关空气污染的报道接踵而至：1974年6月《自然》杂志上发表了关于氯氟烃排放和臭氧层破坏的一篇文章。也有学者对飞机排放的氮氧化物破坏臭氧层表示关切。此类报道和研究更加证明了新的空气污染仍在不断地威胁着民众的生产和生活。面对新发现的问题，在1975年到1976年之间，美国立法机构共颁布了八部关于如何应对氯氟烃的法案。所有这些法案都要求对氯氟烃的危害进行更多的研究，以便更好地让美国人认识此类污染的危害。

在美国政府对空气污染的严格管控下，美国钢铁、电力和汽车工业希望国会能够放宽1970年《清洁空气法修正案》对本行业的管制。但是在1973年5月，一起关于环保案件的诉讼在美国最高法院被审理和判决，那就是，塞拉俱乐部等诉拉克尔肖斯案(Sierra Club v. Ruckelshaus)。本案件主要是塞拉俱乐部和其他环保组织根据《清洁空气法案》的公民诉讼权，向环保局局长提起诉讼，他们质疑了环保局在1970年《清洁空气法修正案》中颁布的一些准则，理由是即便一个地区的空气质量高于国家标准，联邦环保局亦不能批准允许一些污染项目，从而使得该地区一定程度上的空气质量下降。地区法院驳回了塞拉俱乐部的主张，但是批准了被上诉人关于审查活动而引起的律师费请求，“最终判给塞拉俱乐部45000美元，判给环境保卫基金会46000

美元”[①]。最后，法院否定了联邦环保局的行政行为，并发布了禁令：禁止局长批准州的某些部分的空气污染控制计划。此法案更加体现了美国环保机构对空气质量的重视，对美国政府在空气治理层面施加了更大的压力。

此外，在20世纪70年代，美国与阿拉伯国家的关系日益紧张。由于美国对以色列的支持，中东一些产油国家切断对西方的石油出口，虽然并没有立即影响美国，但美国投资者和石油公司惊慌失措，立即提高了石油开采成本，致使汽油的价格飙升。此时，遭遇能源危机的美国人并无力也不愿支持环境环保主义者的想法。面对能源危机，美国出台了一些法案，以削弱1970年《清洁空气法修正案》对能源消耗和成本的不利影响。在1973的石油危机之后，十二项法案被引入，以延长、暂停或推迟1970年《清洁空气法修正案》所确立的标准和期限。

面对新的形势和问题，美国第39任总统吉米·卡特呼吁寻求新的能源技术，以不破坏已建立的环境目标，因为他认为空气污染对美国公众造成了极其严重的危害。他希望美国政府能够继续作为，以确保公众更健康。卡特总统意识到，1970年《清洁空气法修正案》的条例已不足以防治美国的空气污染问题，于是他于1977年8月7日签署了《清洁空气法修正案》。

（一）主要内容

1977年《清洁空气法修正案》的主要内容如下：[②]

（1）为了实施美国的交通控制计划（Transportation Control Planning），本法案对空气质量控制区域进行了新的修正。本法案增加了空气质量恶化区（Deterioration of Air Quality）和不达标地区（Non-attainment Area）的划分，规

---

① Thomas M. Disselhorst., *Sierra Club v. Ruckelshaus: On a Clear Day*, Ecology Law Quarterly, 1973.

② See Domenici., *Clean Air Act amendments of 1977*, United States.

定各州应在本法案颁发的 120 天内提交此类区域的清单，并经美国环保局认证协商后发布这些地区的质量达标期限。

(2)本法案对空气质量标准和技术提出了新的规定:在本法案颁发的 6 个月内,环保局人员应当修改和重新发行有关二氧化氮的浓度标准,这些标准应包括氮和氮酸、亚硝酸盐、硝酸盐、亚硝胺等致癌物及氮氧化物潜在的致癌衍生物。

> SEC.104. ...the Administrator shall revise and reissue criteria relating to concentrations of NO_2 over such period. Such criteria shall include a discussion of nitrous acids, nitrites, nitrates, nitrosamines, and other carcinogenic and potentially carcinogenic derivatives of oxides of nitrogen.

(3)本法案增添了对交通管制和规划。环保局局长应在与交通部部长和城市发展部部长等协商后，应在本法案颁发的 180 天内发布关于交通规划的基本指导方针,相关的信息包括但不限于①机动车排放检查和维修方案;②控制燃料转移的蒸气排放和使用溶剂的存储操作;③改善公共交通方案;④建立专属巴士和拼车车道及区域范围的拼车计划；⑤限行大都市区的某些路段的交通工具,鼓励拼车、步行、骑自行车和使用公共交通工具;⑥道路停车控制,建立新的停车设施;⑦错开工作时间。

(4)本法案对空气质量标准做出了新的修订:以五年为一个阶段,美国环保局局长可通过成立独立科学审查委员会（Independent Scientific Review Committee)等手段,对空气质量标准进行全面的审核,以修正旧标准或颁发新标准。

SEC.106. ...at five-year intervals thereafter, the Administrator shall complete a thorough review of the criteria ...and the national ambient air quality standards promulgate under this section and shall make such revisions in such criteria and standards and promulgate such new standards.

(5)本法案授权任何州州长在总统的同意下,在能源紧急情况下暂时和终止国家执行计划的要求,此期限为四个月。

Authorizes the Governor of any State, with the concurrence of the President, to temporarily suspend State implementation plan requirements where necessitated by energy emergencies. Limits such suspensions to four months.

(二)重要性及影响

与1970年《清洁空气法修正案》相比,1977年《清洁空气法修正案》的内容更为复杂全面,不仅增加了空气质量恶化区和不达标地区,而且对已达到国家环境空气质量标准的洁净区提出了更新的要求,并规定对未能达到国家环境空气质量标准的最后期限的州、区进行延期限制。该法还加强了其法律效度,规定以五年为一期,美国环保局对美国空气污染情况和各州执行情况进行审核修改。此外,本法案还有一些其他零碎的要求,比如环保局要根据本法案管制汽油中的铅含量,起草一份民事惩罚计划等。

如此复杂的一项法案在实施中必然会产生一些问题,专家学者也自然对该法持有不同的看法。但不可否认的是,1970年《清洁空气法修正案》在美国空气污染治理政策史上有着不可替代的地位，而1977年《清洁空气法修正案》被认为是国会安抚因空气污染受损的个人、环保组织和企业的“最终妥协”，以强化继续保持和发展一个清洁社会的势头和决心。①

此外，本法案对美国空气污染治理发挥了举足轻重的作用。在本法案的立法规定和美国政府的严厉审视和执行下，美国环保局评估了《清洁空气法》从1977年到1990年对美国公共卫生、经济和环境的影响，并向大会报告其评估结果。结果发现，美国的空气污染研究有重大突破，空气质量也有明显改善。评估结果表明，从1977年到1990年，在水电洗涤器的大力安装和低硫燃料的广泛使用下，“二氧化硫（SO_2）排放量下降了40%”。在加大公路车辆转化器的安装量后，“氮氧化物（NOx）排放量减少了30%、挥发性有机化合物（VOC）排放量减少了45%、一氧化碳（CO）排放量减少了50%”，这主要是由于对机动车的大力控制所致。②

分辨直接排放颗粒物的减少和大气中颗粒物浓度降低之间的区别是很重要的。颗粒物空气质量的变化取决于原颗粒排放量的变化（空气污染已经是固体颗粒的形式）和气态污染物的排放变化，如二氧化硫和氮氧化物，因为它们可以通过大气化学转化成颗粒物。在控制方案下，“原颗粒排放量比未控制时减少了75%”③。而这实质性的差异正是由于20世纪70年代大力减少工业烟囱的使用和污染排放的结果。

1977年后，为了控制空气污染，环保局要求大力减少含铅汽油的使用。1998年的研究报告显示：铅排放量“从1977年的未控制水平——237000吨

① See Chelsea Kasten, *A Series of Un-Breathable Events: The Clean Air Act and the Transformation of Environmentalism in American Society*, Western Kentucky University, 2011, p.48.

② See Kohout E. J., Miller D. J., Nieves L. A., et al., *Current emission trends for nitrogen oxides, sulfur dioxide, and volatile organic compounds by month and state: Methodology and results*, Coal Lignite & Peat, 1990.

③ U.S. EPA, *National Air Pollutant Emission Estimates, 1940-1990*, EPA-450/4-91-026, 1991.

减少到了1990年的3000吨左右”，大概减少了90%左右。[①]同时，相比1977年，1990年的臭氧浓度“下降了约15%”。但是“臭氧总量的减少明显小于氮氧化物和挥发性有机化合物的减少量”[②]。

此项研究还表明：会有很多种颗粒导致空气颗粒物浓度的增高，且此情况因地而异。就人类的健康而言，一些细小颗粒的危害性更大，包括①主要来源于二氧化硫的排放的硫酸盐；②主要来源于氮氧化物排放的硝酸盐；③有机气溶胶可直接排放或可由挥发性有机化合物排放而成。从1977年到1990年，《清洁空气法案》所规定的“二氧化硫、氮氧化物、挥发性有机化合物和直接排放的初级颗粒的减少，导致全国平均悬浮颗粒物的平均减少约为45%”；对于“微颗粒物（PM10和PM2.5），全国平均减少量也约为45%”。[③]

此外，酸雨是空气污染的主要表现之一，而酸雨主要是由二氧化硫和氮氧化物转化成的硫酸盐、硝酸等二次酸性化合物而成。在1977年《清洁空气法修正案》的严厉执行下，控制区的硫和氮的沉积量远低于美国东部31个州——非控制区。在大湖区和佛罗里达州东南大西洋沿岸地区，“硫沉积量减少了40%以上”；在控制方案下，“氮沉降量也显著减少，沿东海岸的百分比下降到25%以上。”[④]

在国家、各州和空气污染防控机构严厉控制下，“氧化硫、氮氧化物、颗粒物、一氧化碳、臭氧和铅的环境浓度的降低”对人类的健康、福利也产生了

---

① See Abt Associates Inc.(Abt). *The Impact of the Clean Air Act on Lead Pollution: Emissions Reductions, Health Effects, and Economic Benefits from 1970 to 1990*, Final Report, Bethesda, 1995.

② Avol, E. L., W.S. Linn, T. G. Venet, D.A. Shamoo, and J.D. Hackney, Comparative Respiratory Effects of Ozone and Ambient Oxidant Pollution Exposure During Heavy Exercise, *Journal of the Air Pollution Control Association*, 1984, pp.804–809.

③ U.S. Environmental Protection Agency, *The Benefits and Costs of the Clean Air Act*, 1970 to 1990.1997–08: ES–3.

④ U.S. Environmental Protection Agency, *The Benefits and Costs of the Clean Air Act*, 1970 to 1990.1997–08: ES–4.

极大的效益，比如人口死亡率大大降低，遭受肺部疾病案例减少、农业收成增加、可见度提高、外出活动率增加等。①

而以上的这些削减是在“人口增长22.3%和国民经济增长70%的时期实现的”②，这充分说明了1977年到1990年，美国联邦政府对空气污染问题做出了实质而有效的举措，这一时段是美国空气污染防控史上的一个重要的里程碑；同时，美国空气污染法案充分体现了它的重要性和价值。

第四节 1990年《清洁空气法修正案》（*Clean Air Act Amendments of 1990*）

虽然1977年《清洁空气法修正案》使得美国的空气质量有显著的改善，但是臭氧（Ozone）、一氧化碳（CO）和颗粒物（PM10）等城市空气污染依然蔓延在美国的空气中。据美国环境保护署的一项研究统计，超过1亿美国人生活在没有达到臭氧公共卫生标准的城市。③事实上，“美国当时最普遍和持久的城市污染之一是臭氧”④，臭氧会增加哮喘发作的频率，导致呼吸短促，加重肺部疾病，长期暴露会对肺部造成永久性损害。由于城市大气污染源的多样性和复杂性，因臭氧、一氧化碳和颗粒物导致的空气污染在美国十分的严

① See Dockery D. W., Rd P. C., Xu X., et al., An association between air pollution and mortality in six U.S. cities. *New England Journal of Medicine*, 1993, p.1753.

② U.S. Environmental Protection Agency, *The Benefits and Costs of the Clean Air Act, 1970 to1990*.1997.

③ See U.S. Environmental Protection Agency, *Office of Air and Radiation: The Benefits and Costs of the Clean Air Act from 1990 to 2020*, 2011.

④ Weinhold B. Pollution Portrait: *The Fourth National-Scale Air Toxics Assessment*, Environmen-talHealth Perspectives, 2011, p.255.

重。当时,美国的污染源有两个主要部分:“城市烟雾”——碳氢化合物——来自汽车尾气、石油精炼厂、化工厂、干洗店、加油站、住宅油漆和印刷店;“氮氧化物”——来自运输、公用事业和工业燃料的燃烧。①

此外,虽然机动车排放的污染物比20世纪60年代的排放量少(少60%至80%),但汽车和卡车排放量仍然占臭氧前体挥发性有机物和氮氧化物排放量的近一半,城市地区“一氧化碳排放量高达90%”②。造成这一问题的主要原因是道路上的车辆数量和总长度的快速增长。此外,“有毒空气污染物”是对人类健康或环境有害的污染物,但在《清洁空气法》中并未具体涉及,这些污染物是典型的致癌物质、诱变剂和生殖毒素。③ 1977年《清洁空气法修正案》未能大幅减少这些极具威胁性的物质的排放量。根据美国环境保护局的研究表明,暴露在空气中的“有毒物质”可能会导致“每年1000到3000人患癌症而死亡”。④

众所周知,当二氧化硫和氮氧化物在大气中转化,然后含在雨、雾或雪中返回时,就会发生酸雨。美国每年大约排放“2000万吨二氧化硫”,它们主要来自“电力公司燃烧化石燃料”。⑤酸雨不仅破坏湖泊,损害森林和建筑物,还导致能见度下降和损害健康。

---

① See U.S. Environmental Protection Agency, 1990 Clean Air Act Amendment Summary: Title Ⅵ, https://www.epa.gov/clean-air-act-overview/1990-clean-air-act-amendment-summary-title-ⅵ.

② Likens G. E., Butler T. J., Buso D. C., Long-and Short-Term Changes in Sulfate Deposition: Effects of the 1990 Clean Air Act Amendments[J], *Biogeochemistry*, 2001, pp.1-11.

③ See U.S. Environmental Protection Agency, 1990 Clean Air Act Amendment Summary: Title Ⅲ, https://www.epa.gov/clean-air-act-overview/1990-clean-air-act-amendment-summary-title-ⅲ.

④ U.S. Schennach S. M. The Economics of Pollution Permit Banking in the Context of Title Ⅳ of the 1990 Clean Air Act Amendments. *Journal of Environmental Economics & Management*, 2000, pp.189-210.

⑤ U.S. Environmental Protection Agency, 1990 Clean Air Act Amendment Summary: Title Ⅳ, https://www.epa.gov/clean-air-act-overview/1990-clean-air-act-amendment-summary-title-ⅳ.

面对美国严重的城市空气污染问题,1989 年 6 月,布什总统提议彻底修订《清洁空气法案》。根据 20 世纪 80 年代提的国会提案,总统提出了旨在遏制三个主要威胁国家环境和数百万美国人健康的立法:“酸雨、城市空气污染和有毒空气排放。”[①]在 1990 年 7 月到 10 月的联席会议委员会计算各院的投票后,总统于 1990 年 11 月 14 日收到国会的法案,并于 1990 年 11 月 15 日正式签署了 1990 年《清洁空气法修正案》。

一、主要内容

1990 年《清洁空气修正法案》创造了新主题、体现了法案的若干进步,特别体现在以下方面:[②]

(1)1990 年《清洁空气法修正案》为国家解决城市烟雾问题创造了一个新的、平衡的战略。总的来说,新法揭示了国会对各州和联邦政府的高度期望。虽然它使各国有更多的时间来满足洛杉矶臭氧的空气质量标准——长达 20 年之久,但它也要求各国在减少排放方面需要取得不断惊人的进展。法案要求联邦政府减少汽车、卡车和公共汽车的排放;管控小到从诸如窗户清洗剂之类的消费品,大到在石油产品装卸过程中船只和驳船的排放。联邦政府还必须指定国家需要控制固定来源的技术指导。

(2)1990 年《清洁空气法修正案》旨在解决因臭氧、一氧化碳和可吸入颗粒物产生的城市空气污染问题。为了保护公众健康,该法案允许美国环保局定义了“不达标”的区域界限:地理区域的空气质量不符合联邦空气质量标

---

① U.S. Environmental Protection Agency: *1990 Clean Air Act Amendment Summary: Introduction.* https://www.epa.gov/clean-air-act-overview/1990-clean-air-act-amendment-summary.

② See Hanneschlager R. E., Clean Air Act Amendments of 1990, *Journal of the South Carolina Medical Association*, 1990.

准。该法案还规定了联邦政府对不符合条件的地区实施制裁的时间和方法。对于污染区，根据该地区的空气污染的严重性，新法案建立了非达标区分类排名："边缘型、中度型、严重型和极端型"。环保局将每个非达标区定位于相应的类别，从而触发不同的地区立志符合臭氧标准的决心。根据他们的分类，未达标的地区将要实施不同的控制措施。例如，边缘地区最接近标准，他们将被要求对其引起臭氧排放的清单进行调查，并制定许可证计划。空气质量越差，污染控制区就越需要实施控制措施。新法案针对不符合联邦卫生标准的一氧化碳和颗粒物领域也制定了类似的计划。超过这些污染物标准的地区将分为"中度"和"严重"两类。根据其超过一氧化碳标准的程度，除其他措施外，这些区域还需要实施含氧燃料和/或增强排放检测计划的实施方案。根据其分类，面积超过颗粒物标准的污染区域要实行合理可用的控制措施（RACM）或最好的控制措施（BACM）。

（3）鉴于城市地区汽车排放的不可预见的增长，加上许多城市地区严重的空气污染，国会对 1977 年《清洁空气法修正案》中的机动车条款做了重大修改。1990 年《清洁空气法修正案》确立了汽车和卡车排放污染物的严格标准。这些标准对减少尾气排放的碳氢化合物、一氧化碳和氮氧化物，起到了重要作用。汽车制造商也将被要求减少汽车在加油过程中蒸发造成的废气排放。燃料质量也将得到控制。例如，需要减少汽油的挥发性和柴油的硫含量。9 个最严重的臭氧问题的城市将于 1995 开始实施新的要求、更清洁的计划。其他城市可以"选择"新的汽油计划。在冬季超过联邦标准一氧化碳的 41 个地区可以生产和销售 2.7%酒精的燃料。修正案还规定在加利福尼亚建立清洁燃料汽车试验计划，要求 1996 年的 150000 辆汽车和 1999 年的300000 辆汽车达到排放限值。此外，本法案规定在 1998 年初，最脏的 26 个区域将采取计划限制中央燃料汽车的温室气体排放。

（4）1990 年《清洁空气法修正案》为全面减少有害空气污染物排放而提

供了全面的计划。新法案规定了189个有毒空气污染物的排放量必须减少。环保局必须在新法案通过后1年内公布排放出一定污染物的源类别的清单。源类别清单必须包括:①排放10吨/年污染物的主要污染源和地区源,或25吨/年污染物的组合来源及地区来源(小来源,如干洗店)。根据规定的时间表,环保局必须为每个有毒空气污染物定制相应的标准。这些标准将基于管制行业内最好的演示控制技术或做法，环保局必须在新法规通过2年内发布40种源类别的标准,剩余的源类别将按时间表进行控制,确保在颁布10年内实现所有控制。若某公司自愿减少排放量,在一定的条件下,其期限可以延长6年。在最大可实现控制技术(MACT)实施8年后,环保局必须审查监管设施的风险水平，并确定是否需要额外的控制以减少不可接受的剩余风险。新法案还设立了化学品安全委员会,以调查化学品的意外泄漏。此外,新法案还要求环保局颁布规章,控制城市、医院和其他商业和工业焚化炉的空气排放。

(5)1990年《清洁空气法修正案》规定,将二氧化硫(SO_2)排放量从1980年的水平永久减少1000万吨。为了做到这一点,环保局将分两个阶段分配津贴,允许公用事业公司排放一吨二氧化硫。第一阶段,1995年1月1日生效,需要110个发电厂减少排放水平相当于2.5磅的SO_2。若使用某些控制技术以满足第一阶段要求的工厂,遵守期限可延长至1997年。新法案还允许连续5年向伊利诺斯、印第安纳和俄亥俄的发电厂特别分配200000美元的年度津贴。第二阶段生效于2000年1月1日,此阶段规定将其排放量降低到1.2磅/毫米的水平。这两个阶段需要在相应位置安装连续监测排放系统,以便跟踪进展。新法案允许公用事业公司在其系统内交易津贴和/或从其他受影响的来源购买或出售津贴。每个来源必须有足够的津贴来支付其年排放量,如果没有,污染源处将收到2000美元/吨的超额排放费。

(6)1990年《清洁空气法修正案》提出了一个经营许可证程序。操作许可证计划的目的是确保遵守清洁空气法的所有适用要求，并加强 EPA 执行该法案的能力。受制于该项目的空气污染源地必须获得经营许可证,且国家也必须制定和实施该计划,环境保护局必须颁布许可程序条例,以审查每个国家的拟订方案,并监督国家实施任何批准程序的努力。当一个州未能采纳和实施自己的计划时,环保局还必须制定和实施联邦许可证计划。

(7)1990 年《清洁空气法修正案》包含了广泛的权威,使法律更易于执行，从而使其与其他主要环境法规保持一致。美国环保局有权签发高达 200000 美元的行政处罚单,以及针对现场的较轻违法行为的达 5000 美元的处罚单。民事司法处罚得到加强。因为从轻罪到重罪行为升级的刑事处罚,并了解和过失危害新刑事机关将建立。违反规定的刑事处罚从轻罪升级为重罪。此外,公民诉讼条款也进行了修订,允许公民对违反者寻求惩罚,罚款将由美国财政部拨款用于环保局遵守和执行规定。

二、重要性及影响

1990 年《清洁空气法修正案》是为了实现和维护健康的国家环境空气质量标准。经过长达 45 年的推进,经验表明,保护生态和经济建设可以齐头并进。在更为完善的 1990 年《清洁空气法修正案》推行下,计划减少了六种常见污染物——“颗粒物、臭氧、铅、一氧化碳、二氧化氮和二氧化硫,以及许多有毒污染物;六种常见污染物的国家排放总量平均下降了 70%,而国内生产总值增长了 246%,这一进展反映了国家、地方和部落政府、环保局、私营部门公司、环境组织和其他机构的努力。1990 年至 2015 年间,“全国空气污染物浓度”得以降低:“铅 85%、一氧化碳 84%、二氧化硫 67%,二氧化氮 60%,

臭氧3%”[①];这些空气质量的改善使美国许多地区达到了国家空气质量标准,对美国公共卫生和环境产生了巨大作用。例如,“1991年41个一氧化碳含量不达标的地区现在都达到了以健康为基础的国家空气质量标准”[②]。

由于新法案的颁发和实行,美国人遭受的呼吸污染也减少了,面临过早死亡和其他严重健康影响的风险也更低。据2011年3月发表的一项同行评审的美国环保局研究表明,1990年《清洁空气法修正案》正在取得“巨大的健康效益”[③]。随着项目的全面实施,此类效益将随着时间的推移而进一步发展。这项调查发现:仅仅在1990年《清洁空气法修正案》的影响下,“美国防止了死亡人口约205000人,因铅暴露而致使儿童智障人数也减少了1040万”[④],所以空气污染的减少对广泛的公共健康利益起着至关重要的作用。例如,另一项研究发现,在美国城市,“从1980年至2000年间的细颗粒污染的减少使得新生儿的平均预期寿命增加了约为七个月”[⑤]。

在1990年《清洁空气法修正案》的影响下,空气污染造成的环境损害减少了。空气污染对环境的影响,包括对植物和森林资源的长期健康损害、土壤养分退化、在食物链中的有毒物质的积累、对生活在湖泊和河流的鱼类和其他水生生物的破坏,以及在沿海河口造成耗氧氮富集地危害。据2011年3月环保局的同行评议,“减少空气污染也能提高作物产量和木材产量”。就

---

① U.S. Environmental Protection Agency, Office of Air and Radiation, *The Benefits and Costs of the Clean Air Act from 1990 to 2020*, 2011.

② Bryan Lee. Highlights of the Clean Air Act Amendments off 1990, *Journal of the Air & Waste Management Association*, 2012, pp.16–19.

③ U.S. Environmental Protection Agency, Office of Air and Radiation, *The Benefits and Costs of the Clean Air Act from 1990 to 2020*, 2011.

④ Jorgenson, Goettle D. W., Richard J. *AN ECONOMIC ANALYSIS OF THE BENEFITS AND COSTS OF THE CLEAN AIR ACT 1970 TO 1990*, Revised Report of Results and Findings.

⑤ U.S. Environmental Protection Agency, *The Benefits and Costs of the Clean Air Act*, 1970 to1990, 1997.

2010 年的工业福利而言，空气污染的降低使得工业产生了“约为 55 亿美元的福利价值”；“选定的国家公园和大都市区改善空气质量后的估值为 340 亿美元”。[①]由于雾霾污染的减少，美国国家公园的风景更加清晰了。防酸雨计划、州际空气污染法规、机动车法规和柴油硫黄法规的严厉执行，也大大减少了二氧化硫和氮氧化物的排放及细微颗粒物的污染，这些成果大大地提高了美国许多地区的能见度。

在 1990 年《清洁空气法修正案》的影响下，清洁空气法案的健康益处远远超过了减少污染的成本。美国环保局 2011 年的同行评审的研究发现，“1990 年《清洁空气法修正案》建立的清洁空气计划预计将给美国人民带来直接好处，其效益大大超过消耗成本”[②]。经济福利和经济增长率得到改善，因为更清洁的空气意味着与空气污染有关疾病的减少，而这反过来意味着医疗费用的减少，美国工人缺勤率的降低。因此，这两项改进所带来的有益经济效果远远超过了控制污染所支出的费用。

在 1990 年《清洁空气法修正案》的影响下，新的汽车、卡车和非道路发动机逐渐可以使用最先进的排放控制技术。美国环保局要求大幅降低新汽车和非道路引擎的排放量，例如建筑、农业、工业、火车和海运船舶等。与 1970 年的车型相比，“新车、越野车和皮卡车”对普通污染物(碳氢化合物、一氧化碳、氮氧化物和微粒排放量)的清洁率约为 99%，新的重型卡车和公共汽车大约比 1970 年的更加清洁 99%左右；新的商船(非远洋船舶)的清洁颗粒排放比 1970 年的更加清洁 90%。[③]

①② U.S. Environmental Protection Agency, Office of Air and Radiation, *The Benefits and Costs of the Clean Air Act from 1990 to 2020*, 2011.

③ See U.S. Environmental Protection Agency Office of Air and Radiation, *The Benefits and Costs of the Clean Air Act from 1990 to 2020*, 2011-05.

在1990年《清洁空气法修正案》的影响下，新的发电厂和工厂逐渐使用现代污染控制技术，发电厂的减少使得酸雨的发生率降低，对公众健康的危害减少了。因为本法案规定和要求：在设计和建造新的工业设施时，"良好的污染控制必须是设计的一部分"[①]。一个全国性的市场污染管理制度和高水平防控技术大大减少了电厂二氧化硫的排放量，降低了酸雨的发生率，以及减少了会造成过早死亡的次级细颗粒污染物的形成。酸雨的减少大大减少了湖泊和溪流的水质破坏，也改善了生态系统。根据2011年美国政府的国家酸沉降评估计划的详细报告，这个计划的"好处远远超过成本"[②]。

在1990年《清洁空气法修正案》的影响下，州际空气污染也减少了。1990年《清洁空气法修正案》规定：新英格兰地区和大西洋中部各州和哥伦比亚特区的臭氧运输区需共同创造一个针对氮氧化物(NOx)排放的预算方案，并采取了其他有助于改善整个地区臭氧水平的控制措施。随后的清洁空气州际规则(Clean Air Interstate Regulations, CAIR)也使得发电厂每年排放的二氧化硫和碳氧化物减少了。

在1990年《清洁空气法修正案》的影响下，移动工业污染源释放的有毒空气污染也明显减少了，"固定污染源每年排放的有毒空气比1990年减少了150万吨"；由于使用更加清洁的燃料和发动机，从道路和非道路车辆及发动机排放的有毒空气污染也减少了：从1994年到2009年，汽油中的致癌物质"苯"在空气中的浓度下降了66%；"在1990年至2014年间，汞排放量下降了约80%"[③]。

① Hanneschlager R. E., Clean Air Act Amendments of 1990. *Journal of the South Carolina Medical Association*, 1990, p.75.

② Saltman T., Cook R., Fenn M., et al., *National Acid Precipitation Assessment Program Report to Congress: An Integrated Assessment*. Environmental Policy Collection, 2005, pp.346-347.

③ Rao V., Tooly L., Drukenbrod J., *2008 National Emissions Inventory: Review, Analysis and Highlights*. Ammonia, 2013.

第五节 结 语

随着工业化与城市化的迅速推进、经济的蓬勃发展,各种发展的“副产品”也随之而来。空气污染虽然是由人类活动与自然活动共同产生的,但是人类频繁的非环保活动致使空气污染变得更为严峻,如在工业革命背景下,能源的大量消耗。工业的发展推动了经济的繁荣,经济的繁荣又推动了城市化的进程,能源的消耗加剧了空气的污染,空气的污染又破坏了城市的环境。因而空气污染可以说是工业化的“副产品”,城市特有的“城市病”。

综观历史,18 世纪 50 年代,英国进行了第一次工业革命,而此次革命也引领英国成为世界上率先走向工业化与城市化进程的国家。但乐观的景象后总是伴随着令人悲观的问题。随着生产方式的变化、能源的大量消耗,英国一度从圣圣的英格兰变成了世界闻名的“雾都之国”。美国同样走在工业化与城市化的道路上,在很多层面上,不可避免地重演着英国类似的历史。1943 年洛杉矶的光化学烟雾事件、1948 年宾夕法尼亚的多诺拉事件、“浓厚的浅蓝色烟雾”“4000 人患病”“600 人治疗”“21 人死亡”,这些标签与数字无不使美国人震惊、无不使美国政府紧张,因为这仅仅是“空气污染”严峻的开端。美国的工业化和城市化同样是一段相对持久的历程;而伴随发展的“副产品”“城市病”——空气污染问题的解决也是一场持久的恶战。面对民众压力与现实问题,美国政府的确运用法律武器持续与此恶战进行了搏斗。经过六十余年的抗争,美国的空气污染治理颇有成效。

1955 年《空气污染控制法》是美国的第一部关于空气污染的联邦法律,本法案规定对美国的空气污染给予研究和技术支持,但是由于联邦制的约束和技术的不成熟,本法案并没有对美国的空气污染起到实质性的防控作用,该法案的实施范围和影响力十分有限。但是本法案意味着美国联邦政府对空气污染的初步介入。

1962年,蕾切尔·卡逊(Rachel Carson)出版的《寂静的春天》使得美国人再次意识到空气污染的重要性。肯尼迪的当选也给美国的环保事业带来了新的生机和希望。1963年12月,《清洁空气法》正式签署。1963年《清洁空气法》扩大和细化了联邦政府机构在空气污染防控层面的权力,也正式承认机动车是一种移动污染源。该法案虽然对空气污染治理机构的权力有了规定,但事实上真正有效的成果是甚少的。

1963年后,随着机动车污染研究的深入,机动车的污染之深越发被挖掘出来。为进一步防治机动车污染问题,1965年10月20日,约翰逊总统正式签署了《机动车空气污染控制法》。本法案建立了第一个联邦性质的轻型机动车排放标准,也加强了对机动车污染的研究,强化了人们对机动车污染的认识,并促使国家进一步采取有效的措施进行防控和治理。但是法案主要强调了机动车污染排放治理的联邦标准,而非各州标准,因此各州法规制定在一定程度上受到了联邦标准的限制。

自1963年《清洁空气法》颁布以来的四年中,取得了实质性进展。但是1966年11月纽约市发生了逆温事件,约有169人死亡,此事件加大了民众对空气污染的恐惧和环境保护的呼声。1967年11月21日,总统约翰逊签署了《空气质量法》。相比以往法案,1967年《空气质量法》进一步扩大了联邦政府在空气污染防控治理层面的活动范围:本法案规定各州有责任在联邦政府制定的区域内建立空气质量监控区,健康、教育和福利部应加大对空气污染物排放清单、环境监测和控制技术的研究,联邦政府可以制定全国统一的机动车排放标准。

通过20世纪60年代三部主要的空气污染防控法案的制定和执行,联邦政府对空气污染问题更为重视、法规制定更为全面、研究更为深入,所以

60年代意味着美国空气污染问题的真正初始联邦化。

到20世纪60年代末，随着美国民权和反战运动的高涨，越来越多的普通人也开始关注环境问题。1970年4月22日，2000万民众在全美各地举行了声势浩大的游行，呼吁保护环境。尼尔森和民众的反环境污染运动进一步给美国联邦政府施加了压力。1970年12月31日，尼克松签署了《清洁空气法修正案》，后来这一天被美国政府定为“地球日”（Earth Day）。1970年《清洁空气法修正案》对美国联邦政府的角色的转变起到了十分重要的作用，加强了联邦政府和各州对移动污染源和固定污染源的排放限制，确立了四大空气污染防控项目来管控污染物的排放。但是由于1970年修正案在某些规定未经实际研究考证、当时技术研究不成熟，以及某些污染标准治理期限过于严格，致使很多地区根本无法在指定的时间期限内达到国家标准。

面对新的形势和问题，卡特总统于1977年8月7日签署了《清洁空气法修正案》。1977年《清洁空气法修正案》的内容更为复杂全面，不仅增加了空气质量恶化区和不达标地区，而且对各类区的达标期限进行了严格规定，对美国空气污染治理发挥了举足轻重的作用。在本法案的立法规定和美国政府的严厉审视及执行下，美国的空气质量也有明显改善。一氧化硫、氮氧化物、颗粒物、一氧化碳、臭氧和铅的环境浓度均得以降低，对人类的健康、福利产生了极大的效益，比如人口死亡率大大降低，遭受肺部疾病案例减少、农业收成增加、可见度提高、外出活动率提高等。这些效益得益于联邦政府对空气污染的全面防控，所以20世纪70年代是见证了美国空气污染全面联邦化的一个重要时代。

虽然1977年《清洁空气法修正案》使得美国的空气质量显著改善，美国对空气污染问题的研究也更加深入，但酸雨、城市空气污染和有毒空气排放的严重性和危害性仍旧困扰着美国。为了更好地处理此类新型污染问题，布什总统于1990年11月15日正式签署了1990年《清洁空气修正法案》。从

1990 年至今,经过近三十余年的“抗争”,美国的空气污染得到了明显的改善:六种常见污染物的国家排放总量均已减少;美国人遭受的呼吸污染得以减少,过早死亡的概率也明显降低;空气污染造成的环境损害得以减少;机动车的清洁率明显提升;新型污染防控技术得以广泛应用;移动工业污染源释放的有毒空气污染也明显减少。总之,通过美国联邦政府对 1990 年《清洁空气法修正案》清洁空气计划的严格而深入的执行,美国人民的确享受到了空气污染防控所带来的直接好处。经过长达六十余年的搏斗,美国的空气污染问题终于拨云见日。

第六章　美国能源法案

第一节　概　述

一、美国能源

能源与人类生活有着直接且密切的联系，它伴随着人类文明的更迭与进步，是人类社会赖以生存和发展的基础资源，也是维护国家安全、稳定和发展的重要战略物资。随着人类不断地深入研究及探索，已经有越来越多的新能源及开采技术出现在人们视野中，在很大程度上缓解了能源问题，同时也促进了全球经济的发展。

自页岩气在美国发现以来，美国能源独立成为全球关注的焦点。综观美国能源发展史，其能源独立战略的提出由来已久，历经近五十年的发展和演变，终于在 21 世纪取得了突破性的进展。作为最大的能源进口、消费国，页岩天然气开采技术的成熟使美国成为第一大天然气生产国，并在2016年实现了天然气的净出口。作为清洁能源，天然气被认为最有可能取代煤炭，成为最主要的电力供应源。同时，特朗普的能源政策也是近年来美国能源自给率不断提高的体现。受益于页岩革命，近年来，美国的油气生产能力也在不断提升。根据《BP世界能源年鉴》公布的数据，2016年美国的煤炭产量足以满足本国消费需求，天然气的自给率超过了96%，但石油的自给率相对较低，为62%。但特朗普政府在不断放松对油气领域的监管，推动油气管网的建设并出台了旨在扩大近海油气产能的新政策。

美国作为能源技术的领导者和开拓者，在建立和维护全球能源安全体系中发挥着举足轻重的作用，因此分析和借鉴其能源独立战略，无疑对制定和调整我国能源战略、保障我国能源安全具有重大战略意义。

二、美国能源法

美国在能源领域既是资源大国，也是消费大国。其能源储备丰富、种类繁多，同时消费也十分巨大，占世界总能耗的1/4，是世界上最大的能源市场。因此，美国政府一直十分重视能源方面的立法工作，早在20世纪初就开始制定能源监管立法。

依据集中程度和立法主题，美国能源监管立法可分为电力管控、核能监管、能源安全、放松管制这四个发展时期。20世纪30年代中后期，是美国国会能源监管立法的"管控时期"，这一时期美国能源监管立法的主题是如何加强政府对电力工程、电力基础设施的协调和监管。其中，具有代表性的能源监管立法成果是《联邦电力法案》(*Federal Power Act, FPA*)、《公共事业控股公司法案》(*Public Utility Holding Company Act*)、《农村电气化法案》(*Rural Electrification Act*)和《天然气法案》(*Natural Gas Act*)等。

20世纪40年代至60年代是美国能源监管立法的"核能时期",其主题是核能的应用和管理,具体而言是如何将核能生产和管理向民用、非政府进行实体转移。这一时期具有代表性的能源监管立法成果是1946年《原子能法》(*Atomic Energy Law of 1946*)、1954年《原子能法》(*Atomic Energy Law of 1954*)和《普莱斯安德森核工业赔偿法案》(*Price-Anderson Nuclear Industries Indemnity;Price-Anderson Act*)。这一时期能源监管立法的争论点在于在核能领域是否应该"民进官退",即是否将核能的生产和管理从联邦政府更多地分散到民用、非政府实体。

20世纪70年代至80年代是美国能源监管立法的"能源安全时期",强调能源安全问题。这一时期的美国国会连续通过多项能源监管立法,具有代表性的是《阿拉斯加石油管道授权法案》(*Trans-Alaska Pipeline Authorization Act*)、1975年《能源政策与能源节约法案》(*Energy Policy and Conservation Act of 1975*)、1977年《能源部组织法》(*Department of Energy Organization Act of 1977*)、1978年《国家能源法案》(*National Energy Act of 1978*)和1980年《能源安全法案》(*Energy Security Act of 1980*)。在这一时期,石油消费成为世界能源消费的主体,美国对进口能源的依赖逐渐加大,加上1973年阿拉伯国家的石油禁运,使得美国联邦政府加强了对能源安全的重视。

20世纪90年代至今是美国能源监管立法的"放松管制时期",这样做的目的在于培育有序的市场竞争,以最终获得更为便宜而可靠的能源。这一时期的能源监管立法有1990年《清洁空气法修正案》(*Clean Air Act amendments*)、1992年《能源政策法》(*Energy Policy Act of 1992*)、2005年《能源政策法》(*Energy Policy Act of 2005*)及2007年《能源独立和安全法》(*Energy Independence and Security Act*)。其中,近年来美国颁布的两部能源法尤为重要:一部是2005年《能源政策法》,另一部是2007年《能源独立和安全法》,这两部法案都是美国政府适用能源的综合性法律。[①] 2005 年《能源政策法》是美国近四十年来范围最广泛、内容最丰富的能源政策，其立法目的是通过促使能源多样化，提升能源效率，扩大战备石油储存，保护环境和巩固能源安全。2007 年《能源独立和安全法案》旨在推动美国减少能源依赖性和实现供应安全。[②]现如今，美国能源法律体系的成熟度与完善度均居世界领先地位，无论是其能源管理的经验还是管理制度，对世界各国而言都具有深刻的借鉴意义。

美国能源法根据内容可分为单行法和综合法，其中大型综合法是美国能源立法一大特色。而根据管辖范围可分为联邦法和州法：在联邦层面，对能源进行监管的部门有美国能源部、联邦能源监管委员会、核能监管署、环境保护署、国会内政部等；在州层次，一般由州能源委员会、州公共事业委员会和州环保局负责州的能源监管。本章重点讨论的均为联邦层面的立法。

1920 年之前，美国政府在能源方面的职责主要是管理石油、天然气、煤的配置问题。例如，1906 年美国颁布的第一部能源法案——《赫伯恩法案》（*Hepburn Act*），即是为了规范石油管道的管理，减少自我交易（self-dealing）。在美国，与其他行业一样，石油行业起初完全是竞争性行业，随着行业集中度的提高，联邦政府开始进行干预。标准石油公司在 1880 年几乎垄断了美国整个石油业，并形成了美国第一个大托拉斯垄断组织，一度控制了美国最大产业——炼油业 90%的生产量，在一百多个国家设有分公司，年利润达几十亿美元。但之后随着政治环境的改变，针对标准石油公司的反对力量在汇聚。1911 年，在西奥多·罗斯福总统主政时期，美国政府起诉标准石油公司违反《谢尔曼法》（*Sherman Antitrust Act*），这就是美国联邦政府早期针对垄断托拉斯监管的最重要判例之一。[③]在某种意义上，《赫伯恩法案》也可以说是

①② 参见黄婧：《论美国能源监管立法与能源管理体制》，《环境与可持续发展》，2012 年第 2 期。

③ 参见张利宾：《产权界定、市场准入和反垄断法——美国能源法的几个判例对中国能源法的启示》，《能源政策研究》，2011 年第 3 期。

一部反垄断法，其主要目的是为了应对当时日益扩张的过度集中的标准石油公司。该法案至今依然有效，使石油管道成为目前石油行业中唯一直受经济管制的领域。

1920年，国会又通过了两部重要法律，一部是《联邦电力法》（*Federal Power Act, FPA*），由该法建立了当时的联邦电力委员会（Federal Power Commission, FPC），并授权其审批发放水电项目许可证的职权。另一部是《矿产租赁法》（*Mineral Leasing Act*），该法案规范了联邦油田和天然气田的租赁事宜。而自1920年起，国会开始关注能源安全与对环境影响方面的立法，通过了《天然气法》（*Natural Gas Act, 1938*）、《原子能法》（*Atomic Energy Act, 1954*），自此美国在能源领域的立法进入了一段休眠期，直至1973年石油危机使美国迎来了第一次能源领域的立法高潮。

自1973年到1980年7年间，美国通过了《紧急石油分配法案》（*Emergency Petroleum Allocation Act, EPAA*）、《联邦能源管理法案》（*Federal Energy Administration, ACT*）、《能源节约与生产法案》（*Energy Conservation and Production Act*）等二十九部能源方面的法案。除此之外，美国历史上长期作为第一大能源进口国，其对能源出口方面也实施了严格的限制，例如《能源政策和保护法案》（*Energy Policy and Conservation Act*）即对此做出了规定。

进入21世纪，气候问题受到广泛关注，能源与环境的博弈成为法律制定的重点内容，例如奥巴马自上任后一直致力推动的《清洁能源法案》。奥巴马矢志打造“环保主义总统”旗号，将气候变化议题提到战略高度，虽然《清洁能源法案》后来被参议院搁浅，但作为第一部温室气体减排法案对当今依然具有里程碑式的意义。

在美国纷乱繁杂的法律体系中，也正如约瑟夫所说，其能源立法缺乏一致性。[①]政治原因是主要影响因素，历任政府对如何维护国家能源安全的观

① 参见[美]约瑟夫·P.托梅因：《美国能源法》，万少廷译，法律出版社，2008年。

点不同，各利益集团也都力求维护自身利益，所以每一部法案的出台，都无疑是激烈博弈和妥协后的产物。特朗普总统自参加选举以来就强烈反对奥巴马政府的气候法案，他力求复兴传统化石能源与核能行业，通过开采大陆架能源，加速实现"能源独立"，扩大能源出口。此外，也降低了对新能源的支持力度，打破了有碍美国能源和经济发展的气候规制约束。这些与前任政府大相径庭的能源理念和管理模式，使美国能源法得以有效一致地执行的可能性受到了限制，并在很大程度上降低了法律的效率和力度。

尽管如此，作为有着百年能源立法经验的国家，其整体的能源法体系依然是值得世界各国学习和借鉴的。本章将主要列举其中最具有代表性或具有里程碑意义的法案以供参考。

三、美国能源监管部门

自 20 世纪 30 年代起，美国便开始制定能源监管方面的立法，历经近九十年的不断改革与探索，拥有了如今趋于成熟的能源监管体制。美国实行政监分离管理政策，分别设立能源主管部门和监管部门，除内阁级美国能源部，联邦政府内政部下属的矿产管理局、联邦环保署、劳工部、运输部等也承担了部分和部门有关的能源管理职责。

（一）美国能源部（U. S. Department of Energy）

能源部是美国历史上第 12 个内阁机关，于 1977 年 8 月 4 日卡特总统时期建立，由施莱辛格担任第一任部长，主要负责制定和实施能源战略和政策。在此之前，美国能源管理权分散在四十多个联邦机关，缺乏集中式的统筹管理，导致效率和力度低下，缺乏针对性。石油危机使政府意识到了能源对国家安全和利益的重要性，使《能源部组织法》在国会中以绝对性的优势通过，成立能源部对能源进行直接控制。①

根据《能源部组织法》规定，其主要职能包括：①鼓励能源研究、开发及有效利用；②承担环境保护的职责，研究开发安全环保和具有竞争力的能源产品；③促进能源节约；④参与、建立国际项目及政策；⑤承担与核武器研究、开发和管理相关职责，以及核废物管理；⑥管理和调节各州及地区政府间的能源政策关系；⑦电力市场的监管；⑧能源产业中的竞争与保护②。

能源部统筹全国上下实施统一的能源政策，以及实现统一能源战略目标，其使命在于运用最新的科技应对在能源、环境和核辐射的挑战以保证美国的安全和繁荣。

美国能源部职能分配详细、具体：下设财务管理办公室、预算办公室、项目联络与财务分析办公室、项目分析与评估办公室、国会与政府间事务办公室、经济影响和多元化办公室、健康与安全办公室、情报办公室等。还下设国家实验室和研究所 24 个，有超过 30000 名科学家在此从事科学研究，在诸多领域代表着如今世界领先水平。此外，能源部还设立了众多项目、机构，来促进国家能源战略目标的实现，例如化石能源管理办公室、电力提供和能源可靠性办公室、能源效率和可再生能源办公室、民用核废物管理办公室及科学办公室等。③

（二）美国能源信息署（Energy Information Administration，ELA）

美国能源信息署是隶属于美国能源部的信息机构，也是如今世界上规模最大、技术最先进、服务领域最广的政府能源信息统计机构。其信息发布

① 参见石冬明：《美国能源管理体制改革及其启示——基于 1973 年石油危机后的视角》，《改革与战略》，2017 年第 1 期。

② 参见美国能源部官方网站，https://www.energy.gov/，2011 年 9 月 8 日。

③ 参见朱跃中：《美国能源管理体系及能源与环境领域发展趋势》，《宏观经济管理》，2010 年 3 月。

独立，不受政府影响，除发布周度、月度、年度报告外，还会对国内、世界能源分析、预测及环境影响进行专题报道，这些都为美国能源领域提供了有力的数据支持，是美国能源趋势的合理预测者、政策科学制定的保障者。[①]

（三）美国能源监管委员会（Federal Energy Regulatory Commission，FEPC）

美国能源监管委员会是下设于美国能源部的主要独立监管机构，负责对联邦政府实施能源方面的职权进行监管，并监督能源法律政策的实施，确保能源机制有效运行。[②]虽然行政上隶属于能源部，但其有独立的监管职能，所有决定可直接由联邦法院审议，而不受总统和国会管制，其在各自的权限内行使着法律赋予的权力。其资金来源也同样独立于政府和国会，实行自筹自支制，通过收取所监管企业每年上缴的年费来支付其运营成本。但委员会主席依旧由总统提名，国会批准，任期五年，执法依据为美国现已趋于成熟的能源监管法律体系，例如《天然气法》《菲利普斯决议》（*The Philips Decision*）、《天然气政策法》（*Natural Gas Policy Act*）、《谢尔曼反托拉斯法》等。

美国能源监管委员会的前身为1920年的联邦电力委员会（FPC），在当时主要职责为协调水电开发；1935年成为独立的监管机构，负责监管水电和跨州电力；此后赋予的权力不断扩大，1977年，依据《能源部组织法》，将各类与能源相关的机构并入了能源部，同时将FPC更名为FEPC，保留了其独立监管的地位，将跨州石油管道监管职责从州际商业委员会转给了FERC，但使其失去了管辖天然气和电力进出口的权力。如今FERC不仅负责石油和天然气领域的监管，还具有就监管事务进行听证和争议处理、协调、战略和

① 参见美国能源信息署官网，https://www.eia.gov/。

② 参见约瑟夫·凯利赫（Joseph，Kelliher）、俞燕山：《美国的电力监管政策》，《能源技术经济》，2010年2月。

组织管理研究，以及协调议会、政府、企业和公众之间的关系等职责。其经常和联邦政府及州政府进行合作，有效避免管理漏洞及权力交叉的问题，确保监管公正，最大限度地维护国家和人民利益。

第二节 1978年《国家能源法案》（*National Energy Act of 1978*）

1978年《国家能源法案》是美国第一部综合性且具有高度前瞻性的能源大法，它充分体现了能源安全及能源效率的重要性，使美国从此走上了能源独立的道路。因此，虽然时隔久远，但考虑到其深刻的历史意义及内容的丰富性、全面性，笔者认为其在今天依然有重要的借鉴意义。

一、背 景

20世纪70年代对美国来说无疑是充满考验的年代，国内的越南战争和水门事件使政府的公信力和号召力急剧下降。国际上，美国主导的布雷顿森林体系瓦解，经济霸主地位在当时似乎已成为明日黄花，美苏冷战的态势也从20世纪60年代末开始由美攻苏守逐渐演变成苏攻美守的局势——苏联利用美国对外进行适度战略收缩的难得机会向美国包括中东海湾在内的外围地区发起全面的威胁进攻和强劲挑战。卡特政府上台前及任内，此种全球性冷战的战略大势没有出现根本性逆转。而更严重的问题出现于1973年和1979年的两次能源危机，使美国国内乃至世界石油市场出现了严重混乱，也使世界第一次意识到"石油武器"的巨大威力。正如20世纪初的石油商人所说："石油，这些被禁锢在岩层下数百万年的黑色精灵，一朝喷出地表，就注定要改变整个世界。"①

美国是世界上最大的石油消费国，其二战后的经济发展很大程度上依赖廉价获取的石油。② 1970 年伊始，美国一度成为石油净进口国，且石油和天然气消耗占据国内总能耗的 75%左右。1973 年，美国人口占世界人口 6%，但石油消耗量占世界石油消耗总量的 30%，每天将需进口 600 万桶石油，而日需石油量高达 1680 万桶，全年 81470 万吨。据官方估计，到 1980 年美国进口石油已占其消费总量的 50%以上，占当前能源消耗总量 32%。③美国以此建立起了强大的工业体系，对石油，尤其是进口石油的依赖也越来越严重。

而上述原因在于，和其他能源相比廉价获取的石油更具有成本优势。20 世纪 70 年代以前，石油一直是廉价能源的代名词，在中东勘测出大量石油储备之后，中东石油价格一直固定在每桶一美元左右。美国人相信，廉价的石油是取之不尽、用之不竭的，他们经常形容沙特的石油像水一样便宜。同时美苏争霸导致的军备竞赛使石油的内需不断扩大。此外，当时美国资本主义大力提倡"高度消费社会"，使石油、天然气、电力等遭到严重的浪费。70 年代初，美国交通部门的年汽油消耗量占全国石油总消费量的 53%，其中一些大型轿车的汽油消耗中有 87%白白从排气管跑掉，且单单家用煤气器具上的指示灯就浪费了煤气消费的 1/3。④随着美国国内石油消费急剧增加，其石

---

① 朱靖江、奥格·尼基辛(OLEGNIKISHIN)、刘蓉晖：《石油相思血色迷狂》，《中国国家地理》，2003 年第 5 期。

② 参见李小地：《70 年代石油危机后美国的石油消费政策及其实施效果》，《国际石油经济》，2016 年第 11 期。

③ See CIA Files，U.S. Department of Energy：*Strategic. Petroleum Reserve：Analysis of Size Options*，DOE/IE –0016，February 1990，Top Secret，CIA Freedom of Information Act Elect ronic Reading Room.

④ 参见郭洁松：《美国的能源问题及其对内外政策的影响》，《世界经济》，1978 年第 1 期。

油产量却呈下降趋势。不同于日本本身的资源匮乏,美国国内石油巨头等垄断资本间的竞争、对石油的掠夺性开采,导致其回采率和出油率大大降低。另一方面,自1970年,美国国内石油产量达到最高峰后开始下降,由于勘探和开发新油田耗资巨大,其石油生产成本是中东地区的20倍,微薄的利润使垄断资本不愿开采新的油田。正如卡特总统在能源计划中所说,近两年来美国对石油的需求每年增加5%以上,但国内的石油生产却以超过6%的速度在下降。由此导致其进口石油越来越多,1970年美国石油日产量1130万桶,进口石油320万桶,1950—1970年美国石油消耗约占全球石油总消耗的30%,1973年进口石油占美国石油消费总量的36%,到1979高达45%。[①]

随着美国石油对外依赖不断加强,1973年的石油危机(Oil Crisis)无疑给美国政治、经济、军事和对外关系都造成了严重冲击。中东海湾从20世纪60年代末就充当着西方大国的"加油站",以1972年为例,欧共体9国所需石油的63%及日本所需石油的72%都必须从中东海湾进口。1973年中东石油产量约占世界的37%,出产石油占世界石油总量的55%。因此,当1973年10月石油输出国组织(Organization of Petroleum Exporting Countries,OPEC)宣布禁运时,一时间世界石油市场陷入混乱,其针对的目标就是第四次中东战争中以美国为首的支持以色列并为其提供军事装备和资金支持的国家[要求拨款22亿美元对以色列进行紧急援助彻底激怒了石油输出国组织成员国,使他们将美国视为头号敌对国家(principal hostile country)]。虽然1973年美国从阿拉伯国家进口的石油仅占15%,但禁运期间,国际油价疯狂上涨,沉积原油价格从每桶3美元疯狂涨到了近12美元,而美国国内石油价格甚至更高。油价的疯狂上涨使全国都陷入缺油困境,学校、办公楼等场所

① 参见郭洁松:《美国的能源问题及其对内外政策的影响》,《世界经济》,1978年第1期。

大量关闭,每日取消的航班高达 300 架次,约 13%的石油供应中断,[①] 2 万个加油站关闭,仅存的加油站门口排起了长龙,能加上油便是莫大的幸运。石油短缺引起的高油价导致了严重的通货膨胀,大量工人失业,最终导致了经济全面衰退,[②] 国内生产总值从 1973 年的 5.8%下降到 1974 年的 0.5%。[③] 1973 年 11 月 7 日,尼克松总统签署了《紧急石油分配法案》(*Emergency Petroleum Allocation Act*),为减少石油消费,1974 年实施了《紧急高速公路能源储存法》(*Emergency Highway Energy Conversation Act*)。正是在此背景下促使美国在当年成为全世界最大的石油生产国。

因此,自 1970 年,由于对石油的严重依赖,使美国的能源立法与石油的消耗产生了密不可分的联系。石油危机带来的多方面沉重打击使美国深刻意识到了能源独立的重要性,甚至到 1977 年,美国进口石油依然占石油总消费的 50%,对进口石油的过度依赖给美国经济带来了巨大的不确定性,因此能源安全是美国能源政策亟待解决的主要问题,也被视为维护国家安全的重要前提。正如卡特总统所说:能源危机目前还未将我们击倒,但如果我们不马上采取行动,这一天早晚会到来……我们关于能源的最终决议将验证美国人的品格,以及总统和国会治理国家的能力。在精神层面,所需付出的努力如同战争……(The energy crisis has not yet overwhelmed us, but it will if we do not act quickly... Our decision about energy will test the character of the American people and the ability of the President and the Congress to govern this nation. This difficult effort will be the moral equivalent of war... April

---

① 根据当时美国油料能源办公室(Office of Fueland Energy)的统计,1973 年底产油国的禁运导致美国原油供应每天短缺 17%,到 1974 年后情况略有好转,但缺口仍在 10%~11%以上。See George M.Bennsky, Department Testifies on Arab Oil Embargo, in *Statement before the Subcommittee on the Near East and South Asia of theHouse Committeeon Foreign Affairs*, Washington D. C. December, 24, 1973。

② 参见第三世界石油斗争编写组:《第三世界石油斗争》,上海三联书店出版社,1981 年,第 306页。

③ See OPEC Oil Embargo 1973–1974, U.S. Department of State, *Office of the Historian*, 2012.

18,1977)

因此,1977年,卡特总统一上台就将石油问题放在首位,向国会提出长达283页的“能源计划”(National Energy Plan),并下令成立内阁级能源部,加强政府对能源问题的监管,任命前国防部部长施莱辛格担任能源部部长[①],统筹全国石油日常使用的分配控制和战略石油储备,并且大力推动可再生能源的研究和煤炭的生产,使能源监管权力更集中且更权威。卡特多次表示,能源法案是1978年的第一个优先任务,他严厉指出美国人现在已成为最大的能源浪费群体,并对能效拥护者大卫·弗里曼和艾默利洛文斯(S. David Freeman and Amory Lovins)等人的观点进行了深刻反思——他们倡导开发节能设备,从而用更少的能源完成相同的工作。卡特指出,“节约”的确是最快、最廉价且最实用的“能源来源”,这也成为其新能源政策的基础。[②]

二、法案概述

卡特总统的能源计划中包含113项具体的立法和行政提议。其中,国会对能源节约、循环利用技术领域的提议没有争议,对石油天然气价格的接近和能源税收领域的提议存在争议。最终,经过激烈讨论,国会通过了五条法案:

(1)《天然气政策法案》(*Natural Gas Policy Act,NGPA*)(Pub.L. 95-621)。

(2)《公共事业管制法》(*Public Utility Regulatory Policies Act,PURPA*)(Pub.L. 95-617)。

(3)《能源税收法》(*Energy Tax Act*)(Pub.L. 95-618)。

---

① 参见郭洁松:《美国的能源问题及其对内外政策的影响》,《世界经济》,1978年第1期。

② See Richardson J.,Nordhaus R.,The National Energy Act of 1978,*Natural Resources & Environment*,No.1,1995,pp.62-88.

(4)《发电厂和工业燃料使用法》(*Power Plant and Industrial Fuel Use Act*)(Pub.L. 95–620)。

(5)《国家能源储备政策法》(*National Energy Conservation Policy Act*)(Pub.L. 95–619)。

它们统称为“1978 年《国家能源法》”(*National Energy Act of 1978,NEA*)。其中《天然气政策法案》是最受争议的一项。[①]

该项法案的通过,具体为在 1985 年以前实现:①使能源消费年增长率降低到 2%以下;②使汽油消耗减少 10%,低于当前水平;③石油日进口量不得超过 600 万桶,并约占总能耗 1/8;④建立 10 万桶的战略石油储备(可供十个月用);⑤使煤产量提高 2/3,每年大于 10 万吨;⑥为 90%的美国住宅和所有新建筑物安装绝热设备;⑦让 250 万户住宅开始使用太阳能。

从上述具体目标来看,其宏观目标是为了使美国重获能源控制权。从短期看,减少对国外能源的依赖,限制能源中断问题,解决当前能源安全困境的燃眉之急;中期内,为世界能源供给的最终减少做准备;其长远目标则是为经济的可持续发展开发和提供新的、可靠的且用之不尽的能源来源,确保国家安全以及民众生活稳定。因此,这一法案具有临时性和长远性的双重特质。

而为使这些目标得以实现,该法案从“开源”“节流”两个侧重面入手,前者主要通过增加资金上的扶持以鼓励开发太阳能、原子能等其他替代能源,实现能源消费结构多元化的目标;后者则主要通过税收手段和能源价格杠杆来调控能源消费,实现节能目标,具体如下:

建立各能源领域的节约项目来降低年需求增长率;引导以石油和天然气为主要燃料的行业及公共设施逐渐向使用煤炭和其他存量充裕的燃料转

① 参见美国国会官方网站,https://www.congress.gov/。

变;同时积极开展科研和开发项目,寻找可再生能源和其他能源以满足国内能源需求,并通过经济激励(economic incentive)与经济抑制(eeonomicdisincentive)相结合的手段及其他调控措施作为该法案实施的重要手段。具体来讲,对于石油和天然气,该法案通过价格调控来促进其主要消费者节约能源并鼓励新能源的开发,同时建立更合理的分配方案并防止暴利,对于国内老油井实施税收优惠政策,鼓励国内石油生产;另外,法案计划将战略能源储备扩大到 10 万桶,提倡石油进口渠道多元化,并加速建立海外石油供给中断的应急预案(contingency plans);对于交通运输领域,该法案鼓励降低对石油等燃料的需求;在能效方面,提倡减少现存建筑物的能源浪费现象,加速建立和发展新建建筑物的强制性能效标准,并为家用电器、公共设施等制定强制性的最低能效标准,加大对未达标汽车的处罚力度;在电力行业,法案鼓励移除热电联产(co-generation)制度障碍,并通过给予税收减免鼓励对电热联产设备的投资;为促进工业能源节约和燃料效率的提升,法案也对节能产业(包括太阳能设备)的投资和建筑物的节能翻新给予了税收优惠;最后,该法案还包括一些税收改进项目。

实际上,早在 1978 年《国家能源法》之前,美国已有大量立法来应对石油短缺和油价飙升。但不同于这些法案的是,1978 年《国家能源法》是一部全面、综合的能源法案,几乎涉及了当时所有的能源领域,通过能源的舞台影响着各行各业。

三、法案内容

(一)《天然气政策法案》(*Natural Gas Policy Act*,*NGPA*)(Pub.L. 95-621)

1954 年,美国发生了一起著名的天然气官司诉讼,菲利普斯石油公司和威斯康星政府因为天然气价格的问题打了一场官司，直接结果是美国政府出台新法令,开始全面管制跨州的天然气销售价格。这种管制很自然地要照顾消费者的利益,因为他们代表着大部分民意,而政府管制下的价格对供应商而言是入不敷出。州内天然气的市场价高于联邦能源委员会(Federal Power Commission)所设定的州际天然气销售价格,因此生产商通常将大部分新开采的天然气用于州内销售,导致州际市场发生周期性供应短缺。1976 年至 1977 年,州际天然气供应短缺因寒冬进一步加剧,尤其是那些主要依靠管道进行天然气运输的地区，由此引发了一系列对卡特总统的天然气提议的争议。与石油禁运不同的是,天然气危机被视为至少部分被视为管理上的问题，其责任应归咎于联邦能源委员会制定的过低的州际天然气销售价格。而还有一种说法认为是由对其使用不当所致,比如,将这种清洁、珍贵的资源用于燃油锅炉。对此,“能源计划”(NEP)做出了如下解释:

在 1973 年至 1974 年短短一年间,石油价格翻至四倍,民众环境意识的不断提高,导致天然气需求一时间激增,这是天然气法案在先前没有预料到的。在原法案的规定下,天然气价格远远低于实际价值,存在过度需求,而现存供给也大都浪费在一些不必要的工业和设施上。因此,在天然气只属于石油副产品时代制定的和实施的价格政策显然已不再适用于当下，以牺牲州际消费者为代价，让有限的新能源气体不断流向缺乏管制的州内市场同样也已不再科学。

> The Natural Gas Act never contemplated the dramatic increase in demand for natural gas which has resulted from the sudden quadrupling of the world price of oil in 1973–74 and from growing environmental concern in recent years. As a result of regulation under the Act, natural gas is now substantially underpriced, and there is excess demand. Existing supplies are being wasted on nonessential industrial and utility uses. A pricing policy which evolved at a time when gas was a surplus by-product of oil production is no longer sensible in a world where gas is a premium fuel in short supply... But for precisely the same reason, the intrastate-interstate distinction has also become unworkable, indeed intolerable, as the limited amount of new gas increasingly flows to the unregulated intrastate market at the expense of interstate consumers.①

然而天然气消费州希望价格管控政策能延伸到州内、州际所有气体燃料;而天然气产出州则要求解除州际和州内价格管制。在国会进行了长达18个月的激烈讨论后,终于通过了这项新的天然气政策法。无疑,《天然气政策法案》是卡特能源计划中最具争议的一部。经过激烈的争论和双方的妥协,法案最终得以保留卡特总统的大部分提议,尤其是对州内市场的价格管控,使国内生产的所有气体燃料都受到价格控制。法案也包括了参议院主要强调的一点,即分阶段取消对新开采天然气井口价格(wellhead price)的管制。此外,还包括增量定价机制(incremental pricing)。

---

① Richardson J., Nordhaus R., The National Energy Act of 1978, Natural Resources & Environment, No.1, 1995, pp.62–88.

法案具体内容如下：①

1. 井口定价（Wellhead pricing）

天然气井口定价制度旨在通过固定公式对其进行定价，鼓励新天然气的勘探和生产，其价格会高于现有气井的天然气。联邦能源监管委员会（FERC）前身为联邦电力委员会（FPC），被授权监管、协调各州内和州际市场的天然气井口销售。换句话说，就是监管除管道销售或分销商销售（非其自己生产）以外的全部有偿销售或转让的天然气。根据井口价格所确定的法定程序中天然气种类的不同，其首次销售的价格也有所不同。多数情况下，由各州有关机构（非联邦政府）对气井进行分类，以确定适当的价格类别。

在《天然气政策法案》出现之前，产出州（除新墨西哥州以外）并没有对天然气销售实行价格管制，而联邦政府对生产者的价格管制也只限于州际的批发销售。如上文所述，在联邦监管方案下，联邦能源委员会所制定的天然气在州际市场销售的价格远低于州内市场价格，导致州际运输管道公司在市场中处于劣势，无法获得足够的天然气用于再次销售。

对此，《天然气政策法案》进行了修订：对新投入州内和州际市场的天然气实行相同最高限价（ceiling price），而对于已存在于市场中的天然气则依然遵循《天燃料气政策法案》之前的价格规定。

2. 增量定价（Incremental pricing）

能源计划中的增量定价条款旨在保护优先级用户免受其所允许的较高的天然气价格的压力，而低优先级用户要支付更高的价格使用天然气，要求州际管道公司建立一种特殊的价格递增体系，每家管道公司都要对工业和公共电力公司的天然气消费者收取一定的额外费用。因此，如果要使用天然气作为工业锅炉燃料，则必须支付更高的价格，但同时也设定了上限。

① 法案内容参照美国国会官方网站，https://www.congress.gov/。

到了 80 年代初，增量定价政策的假设逐渐被市场环境淘汰。《天然气政策法案》所认可的高价刺激了新天然气的勘探和生产，管道公司甚至开始鼓励工业天然气消费以抵消供给过剩。因此，在 1987 年 5 月，国会取消了天然增量定价的规定，同时也废除了《发电厂和工业燃料使用法案》。

3. 紧缩政策（Curtailment）

在《天然气政策法案》中，国会首次在非紧急情况下直接建立能源紧缩优先体系来对州际管道公司的天然气供应进行分配。尽管该优先权的数量有限，但其和联邦电力委员会所提出的紧缩计划完全不同。

《天然气政策法案》在第五章中规定了天然气使用的三项最高优先原则（按降序）：①住宅/居民使用优先，包括学校、医院及小型商业机构（“high priority”residential uses，including schools，hospitals，and small commercial establishments）；②必要的农业消耗优先（“essential agricultural uses”）；③必要的工业加工和原料消耗优先（“essential industrial process and feed stock uses”）。

这些优先原则主要应用于州际管道体系，当地经销（配气）公司无须将其应用于终端消费者（增量定价机制亦是如此）。因此，经销商和州监察机构在将天然气分配给终端消费者时无须遵守优先原则。

4. 紧急授权与交通运输（Emergency Authority and Transportation）

《天然气政策法案》中的第三章对能源危机时总统职权的授予做出了规定，其可以看作对《紧急天然气法案》的重新颁布。而值得关注的是，《天然气政策法案》对交通管理局的规定同先前法案大相径庭。《天然气政策法案》中第 311 条规定使“联邦能源监管委员会”有权授权州际管道公司代替州内管道公司或当地分销机构运输天然气，州内公司也有同样的权力代替州际公司，这一规定有助于促进国内天然气运输网络的发展。同时，该条款规定，州内和州际管道公司的运输费用必须公平且合理。

在法案颁布的最初几年，天然气井口价格开始上涨，刺激了天然气的勘探与开发，可需求的不断减少使市场逐渐饱和，最后变为供大于求。而其原因主要在于两方面：第一，两次石油危机无疑对世界经济造成了重大冲击，能效不断提高和替代能源的影响，使原油价格急转直下；第二，法案禁止新建工业锅炉和发电厂使用天然气为燃料，又进一步迫使大量工业用户改用煤炭等其他能源。天然气供应过剩，而需求又被抑制，为天然气供应市场带来了消极影响。

此外，《天然气政策法案》颁布后，长期面临天然气短缺的管道公司立即着手与上游企业签订了许多长期合同，由此出现了"照付不议"协议。"照付不议合同是指即使卖方未提供产品或者服务，买方也必须支付一定款项的协议。"[①]也就是说，根据协议，管道公司不管是否输送协议规定的天然气量，都要按协议规定支付生产者固定数量的天然气购买费用，管道公司必须以捆绑价格购买天然气。因此，当天然气供大于求时，管道公司的用户们发现，直接从生产者手中购买天然气再通过管道公司输送的价格比从管道公司直接购买更划算，给签订"照付不议"的管道公司带来巨大经济压力。

对于第 311 条的支持者来说，他们无法预料到这一政策对未来的影响，而事实上，在 20 世纪 80 年代，它被视为向重建天然气管道工业迈出的关键一步，使管道公司的运输服务解除捆绑（例如：天然气运输可与商品销售分离），尽管先前法律（如《联邦电力法》）也曾授权对运输服务取消捆绑，但不同之处在于，本条款的授权建立在一定的"自我执行"的基础之上，即对特定的运输服务不再需要预先审批。

到了 90 年代，第 311 条款的重要性开始逐渐褪色，联邦能源监管委员会对州际天然气运输保留了"实用主义"的管理模式，同时，为市场提供了一

① 黄振中、张晓粉：《浅论国际能源贸易中"照付不议"合同的特点与新趋势》，《中外能源》，2011 年第 3 期。

定的竞争空间，联邦能源委员会开启了重构天然气产业的新时代，但允许用户选择生产者由管道公司提供运输服务的模式依旧被保留了下来。由此，分阶段解除价格管制，州际州内市场的融合，“自我执行”的交通运输共同构成了90年代竞争性天然气市场的关键因素。[①]

最后需要说明的是，虽然卡特政府力排众议将联邦管制权扩大至州内天然气的价格，一定程度上削弱了州级管制权，然而20世纪70年代后期，联邦管制机构在管制州际电力和天然气费率方面试图强制执行的标准却遭到了州级政府的成功狙击。作为补救，联邦政府只好要求各州管制机构考虑在其认为适当的情况下选择12项具体的标准执行。

（二）《联邦公共事业管制政策法案》（*The Public Utility Regulatory Policies Act*）

该法案是在发电行业严重泡沫化的背景下提出的。1970年到1980年期间，由于对石油危机影响的错误预测，使美国联邦电力委员会对1980年的电力需求高估了35%，对1990年的电力需求则高估了91%，而大型电站的整个规划与兴建时间往往长达五到十年，甚至更长。为了满足每年7%的用电需求增长，电力公司必须开始大规模兴建电厂，造成了严重的产能过剩，大规模资金的投入和过剩的产能也使电力公司的财务负担越来越重，不得不转嫁到其成本中去。而公共事业委员会认为，这是由于电力公司错误规划所致，不允许电价上涨，导致多家电力公司面临财务危机，甚至必须进行破产重组，这使美国电力产业和体制不得不进行改革。《联邦公共事业管制政策法案》的颁布无疑是这一期间影响最深远的改革措施，它使整个产业发生了结构性的转变，而这一效果是当时无论产业界、学术界还是政府部门都没

① See Richardson J., Nordhaus R., The National Energy Act of 1978, *Natural Resources & Environment*, No.1, 1995, pp.62-88.

有预料到的。

这一法案于 1978 年 11 月 9 日颁布,旨在鼓励能源节约,提高电力公司设备和能源使用效率,为电力用户提供公平的零售价格,倡导对国内能源和替代能源开发,以及加强对能源供求的管理,即通过增加本国能源供应促进人们更多地使用国内能源和可再生能源。

为鼓励节约,卡特总统采取软硬兼施的举措:通过税收优惠,激励个人和企业减少能源消耗,并游说议员最终通过了对石油和高耗油车型征税议案;此外,卡特总统强调新能源的开发,寻求更大规模的煤炭和石油生产,加强对核电厂的利用,但他也希望扩大的能源生产不会影响环境,同时他希望其他可供选择的能源设备产业,例如太阳能电池、地热能和风力涡轮机可以获得联邦在资金和其他方面的支持,从而减少对变幻无常的海外能源供应的依赖。解决能源问题是许多总统致力于实现的目标之一,但卡特是第一位能清楚意识到能源危机包含两方面因素(能源供应和能源需求)的总统。在那一时期,更多人只注意到是前者,而美国是一个长期以来习惯了获取廉价能源的国家,在那一时期的美国人看来,石油是取之不尽、用之不竭的,他们青睐方便和娱乐而忽视了能源效率,因为不论油价还是电费都十分低廉,导致能源需求呈指数增长。卡特意识到,如果能源需求的增长能够放缓,甚至减少,那么能源危机也能够相应缓解,因此他将节约能源作为其新能源政策的基石,以及从长远来看实现能源独立的基础。

事实上,卡特总统这项提议中最具野心且同时也是其核心的部分是要求各州都实行国家制定电费体系政策,但最后,国会只通过了其中的一小部分,包括:为非公共发电厂商创造市场,利用电热联产(废热发电)提高能源效率,取缔促销式阶梯收费体系(promotional rate structures),鼓励开发水电并节约电能和天然气。[①]

1. 零售价格政策(Retail Rate Policies)

该政策纳入了总统和众议院都认可的大部分零售标准。国家监管机构和非管制的电力公司不必根据联邦法律执行该标准，唯一的义务是考虑并决定是否在该法案颁布的三年内实施该标准。对此,各州委员会和非管制公司在法定期限结束以前开始进行研究和思考，三分之二的公司已完成最后一步,另外三分之一仍然相对落后。

1982 年美国能源部和经济监管局向国会提交的年度报告中显示，该法案取得的成效相当显著。州委员会和非管制的公用事业公司都在法定时限内对该法案提出的价格制定标准进行了考量，绝大多数公司和机构接受了其中的一些标准。截至 1990 年底,各州采取了不同类型的成本计算方法,大多数州都考虑到了季节性成本差异，但各州因高峰季节不同也存在一定差异。此外,几乎各州都为工业客户提供了可中断服务,而少数州为商业客户提供了这种服务。

2. 取缔"促进式"阶梯收费体系(End of Promotional Rate Structure)

在"能源计划"中,卡特总统提议改变电力公司的收费方式。在当时,电力公司采用的是一种鼓励用电、增加用电量的收费体系。第一档电量(例如前 50 千瓦)的价格往往高于其后的用电增量,即耗电量越多,电费越低廉。例如,1973 年,纽约州一家公司的电费计价方式为:将前 0 至 50 千瓦时的用电量设定为第一档电量,按 4.4 美分/千瓦时收取电费;50 至 110 千瓦时为第二档电量,按 3.9 美分/千瓦时收取电费;第三档电量为 110 至 230 千瓦时，定价为 3.4 美分/千瓦时；而超过 240 千瓦时的部分单位电价可低至 2.8 美

① See Abel A.,Electricity Restructuring Background,The Public Utility Regulatory Policies Act of 1978 and the Energy Policy Act of 1992,*Congressional Research Service Reports*,1998.

分。在电力产业的黄金年代，这种阶梯式价格体系并无不合理之处，一方面电力成本自身在不断下降，另一方面持续增加的用电需求也在进一步地促使其成本下降。但随着相关技术取得的进步有限，能源成本快速攀升，电力公司无法再实现更低的成本，节约能源慢慢成为全国上下的口号，鼓励用电的"促销式"阶梯收费体系明显已不再适用当前形势。此时，《联邦公共事业管制法》强调取消阶梯收费体系，这在当时无疑是大势所趋，是历史发展的必然。同时，法案还要求各州委员会指导电力公司制定新的收费体系。而对于这些条款，大多数电力公司经理都积极配合并遵守，他们更担心的是卡特"能源计划"中的其他条款，例如：提倡从使用石油向煤炭过渡，禁止使用天然气等。

3. 热电联产和小功率生产（Cogeneration and Small-Power Production）

法案中有一项条款在当时并未引起关注，但影响却最为深远，即第 210 项条款（Section 210）。其重点在于开放上游发电业的竞争，要求公共事业电力公司必须向使用废热发电和可再生能源技术发电的合格电厂（qualified facility）购电，且价格要体现该公共事业电力公司使用自有电厂提供电力时的可避免成本（avoided cost）。而在此之前，只有各地的公共事业电力公司可以合法经营发电业务。因此，一般的产业即使拥有大量可以用来廉价生产电力的废热与废蒸汽，也只能因为体制的限制而必须白白浪费掉这些资源。

许多工业品在制作过程中都需要使用大量热能或蒸汽，因此在产品制造过程中会有许多废热和废蒸汽产生。使用这些废热与废蒸汽来进行发电可使原燃料中的能源有效利用率达到 45%，比最好的公共发电厂还要高几个百分点。尽管缺少规模经济，但大部分情况下由于"一材多用"的缘故，废热发电比传统方式发电的成本更加低廉，它将产生的蒸汽用于工业用途（例如造纸厂、冶炼厂）、商业建筑或居民住宅，电力用于内部使用或向公共输电网络销售，比单独生产两种能源的效率更高。但不幸的是，通过这种方式产生的电力，内部消耗只占很小的一部分，由于政策规定等原因，其剩余部分很难找到市场，如果花钱建设发电设施，而发出来的电却没办法卖出去，只会徒增财务负担。[①]

卡特总统及其幕僚们意识到这一情况极大地浪费了提高能源发电率的机会。因此，《联邦公共事业管制法》明确要求当地公共事业电力公司向非公用事业发电业者（non-utility power generator）以公平合理的价格购电，来减少工业中的能源浪费，从而有效提高整个经济体的能源利用效率。此外，电热联产生产者可免受州和联邦在公共事业方面的管制。一系列的鼓励性措施使各行各业都开始积极投资利用热电联产，使其得到了蓬勃发展。在 1985 年，美国只有大约 2.5%的电力生产来自法案中所提到"合格电厂"，到 1995 年，这一比率上升到 9%，每年新增的电力装机容量中有大约 1/3 都是热电联产的机组。

第 210 项条款后来将小功率电力生产也包含在内。小功率发电设备主要靠可再生能源（风能、水能或太阳能）、生物量、废气或地热能发电。加州、纽约、新英格兰地区各州等地的州政府更进一步将环境因素纳入电力供应成本的计算之中，而促使小型的可再生能源发电业者可以在电力产业中逐渐占有一席之地。法案授权美国能源监管委员会负责加强该电热联产项目和小型发电项目。

当然这其中也存在过争论，但联邦能源监管委员会诉密西西比州支持了这一法案的合理性。

4. 燃气涡轮技术（Gas Turbine Technology）

在当时，燃气涡轮技术的发展使废热发电产生的电力更受欢迎。燃气涡

① See Abel A., Electricity Restructuring Background, The Public Utility Regulatory Policies Act of 1978 and the Energy Policy Act of 1992, *Congressional Research Service Reports*, 1998.

轮是一种安装在发电机上、靠天然气发动的飞机引擎。许多电力都是直接由发电机产生，但在电热联产项目方案中，由引擎废气产生的废热被用于工业用途或给水加热，并通过一个较为传统的蒸汽涡轮发电机输送蒸汽，使原燃料再一次用于两种用途，由此提高整体的热效率。在里根总统进行军备建设期间，喷气式飞机引擎的制造商可以获得政府资助的科研和发展基金来提高该技术的效率和可靠性，这使制造商们看到了另一个市场，于是纷纷改进引擎在发电方面的用途，到90年代初期，燃气涡轮进行电热联产的设备部件已经可以实现快速安装并达到50%的热效率——高于中央发电厂在当时的热效率。

5. 替代能源（Alternative Energy）

《联邦公共事业管制法案》也为靠太阳能电池、燃气涡轮和其他可再生能源（非化石燃料）发电的创业公司制定了同样有利的政策。在一些像加利福尼亚州一样的大州，监管委员会为新能源生产者提供的有利项目，使替代能源产业十分繁荣，例如数十家使用不同类型的风力涡轮机公司都设立工厂且技术不断创新，发展迅速。

与80年代相比，90年代的风力发电价格下降了80%，使其成为公共发电厂，尤其成为价格相对较高的核电厂的有力竞争对手。尽管仍然无法和公共发电的成本相比，但这一时期太阳能发电的成本也有所下降，为市场提供了更多的可能性。

加利福尼亚州不断地鼓励依靠替代能源发电，以此降低成本，到90年代，加利福尼亚已经成为世界上85%的风力发电和95%的太阳能发电产地。

总体来说，《联邦公共事业管制法案》为电力生产的众多非传统技术及其创新提供了巨大动力，这是所有人都未曾预料到的。从燃气涡轮机到风力涡轮机，从太阳能电池到地热发电机，这项法案使小型创业公司和大型成熟公司都开始进军电力产业。当然，尽管效果出人意料，但也的确是卡特总统和他的幕僚们所预期的目标——他们希望，通过给予适当的奖励来促进国内能源的开发,减少对国外石油和其他能源的需求。

6. 电力公司作为垂直一体化公司

1978 年,美国颁布《公用事业管制政策法案》,将电力输配、并网连接的管辖权划归联邦能源管制委员会,并开始调整这些行业的费率。

同样没有人预料到,这项法案会改变对电力系统的管制及其整体结构。1907 年,美国全国民用事业联合会的一些著名人士,包括英素尔和银行家摩根等人提交了一份电力行业研究报告，提议建立一个由国家公用事业委员会管制的电力垄断体制。这可以说是美国政府管制电力行业生产和输配体制的理论先声。而之后美国政府对该行业的管制确实提供了一个稳定而具有法律和经济特征的架构，保证了垂直一体化的电力行业在独占性的服务领域中取得了快速的发展。其实,在电力公司被指定为自然垄断企业之前,他们就已经将自己确立为垂直一体化企业。换句话说,他们承担了向终端消费者发电、输电、配电的全部功能。那一时期的主流思想也普遍认为,一家公司生产电力往往更有效、更节约,这一假设成为当时受管制垄断企业的保护伞。由于公共电力公司在规定时间内完成了垂直整合,此后他们依然保持着这种结构,很少有人对此产生怀疑或提出另一种安排,那些寻求控制更多业务的电力公司经理也当然乐意接受当时的状况。

但无意中，这项法案引起了美国人民对这一结构体系的质疑——它改变了公共电力公司之前自然垄断的性质，使任何非管制的电热联产生产者或可再生能源生产者都可以向电网系统供电。

或许在某种意义上,《联邦公共事业管制法》仍然无法创造一个具有完全竞争性的电力供应市场，但这些新成员代表着一种公共电力公司无法控制的新的电力来源,他们可以随时向电网系统销售他们多余的电力,这无疑对公共电力公司造成了一定的困扰——他们一方面要限制自己的电力生产，另一方面也要保持充足的电力以便在需要时随时增加电力供应，确保其不会中断。

而在另一种意义上，尽管竞争性市场没有完全生成，但由于这些新的电力生产者的销售价格仅等于公共电力公司的发电成本，价格更加低廉，因此也对公共电力公司构成了一定威胁。而在40年代或50年代，非传统发电技术的这种价格优势是完全不存在的，那一时期的公共电力公司积极利用规模经济，着重提高热效率，但由于技术上遇到了瓶颈，其成本效益优势逐渐暗淡，最终成就了非传统发电技术的价格优势。同理，随着天然气的价格从20世纪80年代中期的峰值逐渐回落，以及相关技术越来越高效，靠天然气涡轮机产生的电力也变得越来越具吸引力。

综上所述，不难理解，在20世纪初普遍接受的理论中，电力生产和分配构成的自然垄断，是因为常规的发电设备和相关设施需要大量的投资，因此只靠一家公司供电相对于多家公司竞争更经济，同一市场上的许多公司无法享受到拥有不同客户的大市场，这使他们不得不使用更小且效率更低的设备，但科技进步的瓶颈加上20世纪70年代和80年代的经济困境推翻了这一理论。在《联邦公共事业管制法》及小规模技术创新的刺激下，非公共发电企业获得了成本优势，因此许多人提议电力行业的基本要素需要重新评估。1983年，弗吉尼亚电力公司主席威廉·贝瑞（William Berry）比其他电力行业的同僚更早地意识到这一行业的危机，说道：

> [a]s in so many other regulated monopolies, technological developments have overtaken and destroyed the rationale for regulation. Electricity generation is no longer a natural monopoly.①

① Abel A. Electricity Restructuring Background, The Public Utility Regulatory Policies Act of 1978 and the Energy Policy Act of 1992, *Congressional Research Service Reports*, 1998.

其大意为：在许多其他受管制的垄断企业中，技术进步的悄然来袭摧毁了其管控的合理性，电力生产不再是一个自然垄断行业。20 世纪 80 年代，一些国会议员和联邦能源监管委员会成员也有同样的感受。简言之，这一法案成功地摧毁了公共电力公司垄断整个行业的合理立场，由此成为对其管制的理由。

而从政治层面来说，1978 年《公共事业管制政策法》也造成了独立发电者（independent power generator）的兴起，并逐渐形成了一个可以与垄断性公共事业相抗衡的政治利益集团。这个新的政治利益团体的崛起，使得垄断性公共事业不能够再挟持电力体制的改革进程，为美国在 20 世纪 90 年代继续推动电力市场化改革奠定了政治基础。[①]

（三）1978年《能源税法》（*Energy Tax Act of 1978*）

在美国能源立法的历史进程中，税收一直是调节能源的价格和供求的一项重要手段，它随着美国国内能源供应和需求形势的变化而变化。为适应不同阶段的宏观调控要求，政府不断出台新的税收政策和法案。1977 年和 1978 年《能源税法》是美国最早的两部具有代表性的能源税法，它们产生于共同的背景下，即 1973 年石油危机。阿拉伯国家的石油禁运措施使世界石油市场一片混乱，世界原油价格疯涨至原来的四倍，作为阿拉伯国家的首要针对对象且严重依赖进口石油的美国来说，其受到的影响首当其冲。[②]因此，1977 年和 1978 年《能源税法》的主要目的就是为了缩减国内能源消费，鼓励石油和天然气的消费者转向使用其他盛产的燃料和能源。[③]“这一时期能源税法的立法特点在于：在能源消费转化可行性大的领域，利用投资优惠等措

① See Carl, S., Envoi, The National Energy Act of 1978, Resources & Energy, No.1, 1991, pp.1–21.

② 参见蒋亚娟：《美国能源税收激励法律制度介评》，《西南政法大学学报》，2016 年第 5 期。

③ 参见杨小强、吴玉梅、谭立：《美国能源税法的演变及其评析》，《税务研究》，2007 年第 11 期。

施鼓励替代能源的生产和使用；在消费转化可能性不大的领域，通过税收优惠激励节能装置的使用，并通过消费税增加能源使用的成本以抑制能源消费，另外还提供投资税收优惠鼓励新能源的探测和开发。”

1978年《能源税法》主要依靠税收激励和抑制的手段来拉动新能源的生产，并提高受到价格管制的石油和天然气的使用效率。不难预料，在立法过程中，税收减免相比税收重课进行得更加顺利，国会采纳了大部分税收激励政策，但几乎没有税收抑制政策被最终保留。

1. 税收激励

《能源税法》中，其税收激励的措施包括住宅能源税收抵免和商业能源税收抵免，旨在鼓励个人和企业投资节能和太阳能设备，以及推动锅炉燃料逐渐向煤过渡。

法案对使用太阳能、风能或地热能源的居民提供所得税抵免，对于2000美元以下的设备，抵税额相当于设备费用的30%，超过2000美元的设备抵税额相当其价格的20%，最多可达10000美元；对出售可再生能源设备的企业也提供税收减免，最多可达设备成本的25%，以鼓励节能投资，以及可再生能源、替代能源和天然气的生产。

从1977年4月20日到1986年1月1日之间，政府实际给予的住宅能源税收减免高达2000美元，其中对太阳能供暖和水暖系统给予的税收优惠占40%，为节约燃料而安装防寒设备、绝缘装置及类似的节能行为只占15%。法案暗示对住宅节能的税收减免将截至1987年12月31日。然而80年代中期，由市场调节能源节约的理念盛行于里根时期，因此政府的税收优惠有所消减。此外，1980年通过的《原油暴力税法》(*Crude Oil Windfall Profits Tax Act of 1980*)又进一步增加了税收减免金额。

而该项法案是否成功地促进了这些更为环保的技术向市场渗透，由埃德温·卡彭特(Edwin Carpenter)和S.西奥多·切斯特在1984年对春季美国西部房主进行的随机调查可以回答这一问题。通过对返回的8369份邮件(64%响应)进行初步分析研究,他们认为联邦税收减免政策可能并不会有效地诱导居民节约能源,而进一步研究发现,税收抵免的力度在引导上起到了至关重要的作用。如上所述,该法案对太阳能的优惠力度高于其他,可推断,大部分房主都是因此安装了太阳能供暖系统,调查结果也表明这个猜想是正确的,95%的人表示如果没有税收减免,他们很可能会进行其他的投资。所以这一措施必然在当时起到一定的促进作用,但很难说它比其他政策更有效地实现了这一目的。

2. 税收重课/惩罚

"能源计划"中还包括一系列条款,通过加重赋税或增收附加税来减少对石油、天然气的消耗,鼓励转向其他燃料。首先是备用汽油税,如果没有达到减少汽油消耗这一全国性的目标,则征收每加仑50美分的备用汽油税;其次,卡特总统还提出原油平衡税(Crude Oil Equalization Tax),其金额等于受价格管控的原油封顶价格和提供给冶炼厂原油的平均成本之间的差价。此外,法案还提出对用于工业和公共事业用途的石油和天然气产品征收消费税、石油税(除石油平衡税外)将分阶段收取,上限为每0.5美元/百万英热,在分阶段引入完毕之后,天然气税旨在抵消受价格管控的天然气和蒸馏燃料油之间的价格差异;最后一项是燃油税(gas-guzzler tax),主要针对低燃油效率的车辆提出。

但最终除了燃油税外,其他均被国会否决。备用汽油税在公众中很不受欢迎,在众议院中就被否决,工业税和消费税同样没有通过。原油平衡税在参议院被搁置,在石油产业界也同样受到强烈反对,因为政府提议既保留对行业的价格管制又要提高税收。尽管以失败告终,但其经验依然是有益的。两年后,政府又重新制定征收暴利税,旨在解除石油价格管制后对生产者增加的收益征税,这就是1980年颁布的《原油暴力税法》。

唯一通过的燃油税使美国人民重新注重燃油的经济性。法案明确规定，汽车企业生产的车型需要达到每加仑约29千米的水平，相当于现在的13升/百千米左右，也就是现在的8.5升左右。1980年，燃油效率为每千米14至15加仑的车辆其燃油税为200美元，1985年增至1800美元，1980年，小于每千米13加仑的车辆燃油税为550美元，1986年每千米低于12.5加仑的车辆燃油税为3850美元。燃油税主要针对的是轿车，而卡车、运动型实用汽车（SUV）和小型货车并没有包括在内，因为在1978年，这些车型几乎只用于商业用途。

这项法案给美国汽车业的打击无疑是空前的，其三大汽车巨头——通用、福特、克莱斯勒都以生产后驱、大排量车型为主。面对外部形势的变化，美国汽车产业不得不进行重大变革。而这一法案却给日本和欧洲带来了积极的效益：起初，由于国内油价问题，欧洲和日本一直致力于研发、生产小排量发动机、轻量化车型，而这种车型在地广人稀、石油价格只有其他地区四分之一的美国是吃不开的。燃油税的出现无疑为坚持小型和经济型汽车研发的欧洲和日本带来了契机，尤其是日本。在当时，日本为美国消费者提供了大量高品质、可靠性强的汽车。另一方面，媒体对美国汽车的趋势贬低使美国汽车和美国人民的隔阂又进一步加深，直到后来有了关税保护，以及在SUV和皮卡领域积累的优势，美国汽车业才有所起色。可随后出现的21世纪初新一轮油价上涨和气候变化等问题，使整体形势始终对他们不利，导致大量品牌不得不出售或停止运营。

（四）《发电站和工业燃料使用法案》（*The Powerplant and Industrial Fuel Use Act*）

《发电站和工业燃料使用法案》旨在鼓励国家发电厂和主要工业设施能更多地使用煤或其他替代能源，从而减少对石油和汽油产品的依赖。除非其符合法案的豁免要求，例如地理位置限制、替代能源供应限制等导致无法使用煤或其他替代能源，并得到能源部的批准，否则禁止上述设备使用石油或天然气作为主要能源。在条件允许的情况下，法案力求使天然气和石油作为主要燃料的使用率达到最小化，以保障现代和后代人的利益。换句话说，对于国家当前努力解决的国内石油和天然气短缺问题，卡特政府所找到的答案便是使这些耗能大户转向使用其他能源。

该法案规定：对于 1977 年就已存在的使用天然气作为主要燃料的发电厂，可以继续使用天然气到 1990 年，但使用比例不可以超过 1974 年到 1976 年间的平均用量。自 1990 年 1 月 1 日后，禁止所有发电厂使用天然气作为主要能源设备，且新建发电厂使用的燃料必须是煤炭；而对于以煤炭为燃料的发电厂，未经能源部批准不得停止使用煤炭，或更换为其他燃料。当时，美国能源部估计，截至 1985 年，单单使石油向煤炭的转换每天就可以减少 300000 桶进口石油的需求。在此之前，国家曾在 1974 年推行过《能源供给和环境合作法案》(*Energy Supply and Environmental Coordination Act of 1974*)。这是国会成立的一项紧急项目，鼓励发电厂和其他主要的燃料消耗设施更多地使用煤。在这一法案下，美国联邦能源署(Federal Energy Administration，能源部的前身）被授权禁止发电设施和主要的燃料消耗设施使用天然气和石油产品作为主要能源，但其执行流程烦琐、冗长且低效，它要求确保提到的所有设施都向用煤转化，而且在禁止发电厂使用石油、天然气之前必须先确保三件事：①每家发电厂转为燃煤是否可操作且符合《能源供给和环境合作法案》的根本目的，②是否具备必要设施，③公共事业公司服务的可靠性是否会被削减。

所以这些禁令在卡特时代都被取消。对于卡特政府来说，比起《能源供给和环境合作法案》,《国家能源法》创造了一个更有效、更迅速的能源结构转换项目。而对于该法案的批评者来说，它是具有误导性的，法案错误地认为石油和天然气短缺会一直持续,相关产品价格也会一直升高。在法案通过时,很多人也认为这是一项大胆的实验。而最终,正如其反对者的预测,石油和天然气的严重短缺在后来得以缓解,问题的初步解决也使国内对法案的反对声开始越来越强烈。它人为地抑制天然气在工业上或其他方面的大规模消费导致天然气需求量大大减少,阻止了天然气产业扩大其消费者基础,以及阻碍了相关燃气设备的建设。此外,尽管《发电站和工业燃料使用法案》包括豁免的条款,但能源部必须花费 5 到 12 个月的时间才能完成全部程序给予豁免。因此,法案在 1987 年被废除,对此几乎没有遇到任何异议。

尽管我们在追溯的过程中认为该项法案似乎在管理天然气和石油消耗方面具有误导性,但不可否认的是,它也有其积极的影响。能源部又得以记录并分析一种从未出现过的能源消费模式。大量事实和数据的汇总使能源制定者不仅能够评估化石燃料的消费模式,还可以预测使用替代能源对环境的影响,以及评估对电力公司、大型工业能源消费者燃料选择进行经济和管制上的限制对环境造成的影响。

(五)《国家能源节约政策法》(*The National Energy Conservation Policy Act*)

在《国家能源法》中,节约这一主题贯穿始终,正如卡特总统在"能源计划"中讲道:

> The cornerstone of our policy is to reduce demand through conservation. Our emphasis on conservation is a lear difference between this plan and others which merely encouraged crash production efforts. Conservation is the quickest, cheapest, most practical source of energy.

其大意为：通过节约来降低需求是其政策的基石，也是区别这一政策与其他政策的关键所在。其他能源政策往往只重视能源开发，而忽视了节约其实是最快、最廉价且最有效的能量来源。

有关节约的条款在整个计划的五个部分中均有所涉及。除了燃油税，还包括提高机动车能效标准，承诺严格执行每小时 88 千米的限速，以及命运多舛的备用汽油税（设定了降低汽油消耗的目标）。然而国会中大部分成员对这些提议几乎没什么热情，于是卡特为这一问题装上道德的框架，将能源描述为“我们国家有史以来所面临的最重大的国内挑战，全国的目标都应是节约能源，这是一种爱国主义和责任感的体现”①。虽然，往届政府和国会也尝试过采取能源节约措施，例如《1975 年能源政策和节约法案》为机动车设定了能效标准并授权联邦能源署（FEA）来执行。但不同之处在于，“能源计划”为居民消费者、企业消费者和投资者提供了具体的节能动力，比如税收优惠、财政拨款等，以及对新建筑物设定强制性能效标准。但在实际立法过程中大部分遭到国会的否决，许多具有争议性的提议没有通过，例如备汽油税。

《国家能源节约政策法》加强了政府在能源节约方面的三个功能：①设定能效标准来降低能源消耗，尤其针对能源密集型产品；②宣传有关能源节约的信息；③提高联邦建筑物的能源效率（由此减少政府自身的能源消耗）。

该法案被保留的部分包括：①帮扶低收入居民进行房屋节能改造的居民项目，②为学校、医院提供补助和贷款保证的公共项目，③为新建筑物设定能效标准的强制性项目。在这些领域的措施至今仍在实施。

而在其他领域，《国家能源节约政策法》被证明存在更多的问题。例如，它加强了 1975 年《能源政策与节约法》建立的设施能效标准项目，将其标准项

---

① Abel A, Electricity Restructuring Background: The Public Utility Regulatory Policies Act of 1978 and the Energy Policy Act of 1992, *Congressional Research Service Reports*, 1998.

目由自愿变为强制实施,授权美国能源部拟定新的“最低能耗标准”(MEMPS)以代替1975年《能源政策与节约法》中的相关内容,并制定有关民用能源节约计划的申请、批准、实施和监控程序。新法案为十三种类型的电器设定能效标准,并假设这些标准在经济上是合理、可操作的。但1982能源部得出结论,这些其他领域的能效标准在经济上实际是不合理的。1987年,国会通过《国家电器节能法案》(*National Appliance Energy Conservation Act*),对许多主要的家庭和商业电器的能效标准进行了阶段性更新,又在1988年和1992年进行了修订。

《国家能源节约政策法》还调整了对违反燃油经济标准行为的处罚规定,要求特定车辆标明燃油信息,由美国国家环境保护局对新产汽车制定燃油标准。

当今,美国对主要的消费品都有能效标准规定,该法案被视为减少绿色气体排放的主要政策工具之一。

四、效果和影响

20世纪70年代,将石油比作美国“流动的血液”丝毫不为过。前所未有的能源危机使美国深感“石油武器”的切肤之痛,卡特总统无疑想重夺美国对国家能源命运的主导权，国会也同样认可了掌控国家能源未来的迫切需要,尽管国会并未接受卡特总统的所有提议,其中包括许多更具野心的提议。

所以对于《国家能源法》的目标其实不难理解,但对于这项法案是否达成了起草者的目标这很难定义。除了节约方面的立法,大部分管制上的提议和措施都被证明是无效或随着时间的推移变得不再重要而终止。例如,《天然气政策法》中将设定价格上限这一举措拓展到州内天然气市场,在缓解其供应短缺时期的确是一项有效机制,但后来当国会发现州内、州际市场的价格管控变得不再必要时,便逐步取消了这项法案。另一方面,法案中大部分以市场为基础的措施得以保留。《天然气政策法》为天然气的取消管制奠定了基础,《天然气井口管控解除法案》(*Natural Gas Wellhead Decontrol Act*)的颁布使这项任务得以最终完成。在《天然气政策法》的管理下,州内、州际市场分歧的消除及新天然气运输权力的授予,创造了统一的天然气全国性市场,缓解了供给问题,并帮助解决了市场秩序混乱的问题。它的终极成果之一便是创造了一个更有效的天然气资源分配机制,逐步取消了井口价格管制,这也许是《天然气政策法》最大的贡献。此外,《天然气政策法》最深远的影响是价格管制解除导致的重大经济变革。如今,天然气变成了一个独立的、具有区别性的经济型商品。通过取缔对天然气生产者销售的价格和非价格上的管制,《天然气政策法》为天然气商品化的转变铺平了道路,使其不再受到运输上的限制,各类市场参与者都可以参与进来,且无须获得监管部门的许可。

《公共事业管制政策法》产生的深远影响是为市场带来了竞争性,同时创造了市场参与者和机会,其效果远超法案起草者的预料。

《国家能源法》中有关税收措施所留下的经验和教训在今天也依然适用。《国家能源政策法》中的税收政策存在着不协调的因素;国会并没有将税收优惠或抵减应用到消费税中。1993 年,在克林顿总统提出的英制热量单位税(Btu tax)中可看到对这一问题的抗议。

此外,许多 20 世纪 70 年代的节能措施如今依然保留,例如,对汽车和电器设定的燃料效率标准。《能源政策法》依然继续实施商业、住宅和工业能源消费者的能源节约项目。然而对于减少石油依赖、促进能源结构多样化等目标实际上并未达到。

最后,对于为实现法案提出的石油战略储备目标。美国在 20 世纪 80 年代初开启了以战略储备为目标的大规模原油采购,其在 1978 年、1979 年和1980

三年的美国政府战略石油储备都是原封不动地维持在1亿桶；而1981年，由于第二次石油危机的爆发，猛升到2亿桶，当年每天购进的战略石油储备高达33.6万桶；1982年战略石油储备上升到3亿桶，1984年上升到4亿桶。[①]

综合来看，法案在当时的确对缓解国内能源短缺起到了一定的应急作用，也在提高能源效率、促进能源结构多元化等方面功不可没。由于当时水门事件等因素导致政府公信度降低，使美国国内许多民众认为，“能源危机”实际上并不存在，而是几大石油商和政府操纵的阴谋而从中获利，这无疑也为法案的实施增加了阻力。而就内部而言，美国政府和国会僵持不下，每一个政策的制定都要受到各利益集团的影响和控制，这也为立法增加了难度。但不可否认，这一政策在美国20世纪能源法的演变进程中有着特殊的地位：它起着承上启下的作用，是对过去经验的总结，也为后来的能源立法起到了重要的借鉴作用，它是引领美国走上能源独立道路的新开篇。

第三节　1992年《能源政策法案》（*Energy Policy Act of 1992*）

一、背　景

截至20世纪末，美国依然没有摆脱能源困境。交通领域的石油消费占国内石油总消费的67%、国内能源总消耗的25%，车辆每日的汽油消耗量约为1000万桶，据美国能源信息署预计：在2010年以前这一数字将上升到1500

① 参见傅政骥：《美国的战略石油储备》，《国际石油经济》，1992年第4期。

万桶,而且这些能源消耗依然部分依赖石油进口。正如前文所述,自从两次石油危机后,美国已经有大量立法致力于改变当时的这一现状,可其对进口石油的依赖程度依旧没有丝毫缓解。国际油价的不稳定使这个本就缺乏安全感的国家始终无法摆脱对其未来能源的担忧。1990 年 8 月,由美国领导的海湾战争爆发,又一次激起了国内对于国际油价的巨大恐慌。[①]总统布什在 9 月 26 日命令能源部出售 500 万桶国家战略石油储备以压制因海湾危机造成的新一轮油价上涨,这是美国历史上第一次动用战略石油储备。[②]随后,战争进入中期,为缓解国内能源形势,布什政府发表了"国家能源战略",称该计划是创造"一个更清洁、更有效且更安全的能源未来的综合性基础"。战略中,布什总统建议通过放松政策上的管制来提高能源生产和分配的效能,这一提议一经提出随即得到了石油、电力、核能和煤炭工业的支持,但同时,诸多争议性的提议也引起了党内外大量的批评和质疑声。[③]

二、法案概述

1991 年,总统布什在第 102 届国会举行的第一次大会上首次正式发布了其综合性的"国家能源战略",之后国会举行了十几次听证会,经过了长达 18 个月的激烈的讨论和协商后,最终,1992 年《能源政策法案》于 1992 年 10 月通过,24 日由总统布什签署,成为美国第一部大型及第三部综合性能源法案。除对 1978 年《能源政策法案》进行大量修订外,该法案和 15 年前的《能源法案相比》更具有综合性,重申了制定一套全面性国家能源政策的重要意义,

① See *Chronology*, crisis in the Gulf: international response, *U.S. Department of State Dispatch*, 1990-11.

② 参见傅政骥:《美国的战略石油储备》,《国际石油经济》,1992 年第 4 期。

③ 参见李铭俊:《辩论中的美国能源战略》,《全球科技经济瞭望》,1992 年第 1 期。

再一次为美国确定了能源领域的发展方向,以期结合最新趋势"渐进和持续地以低成本、高效益和对有益环境保护的方式提高美国的能源安全"。

法案全文共计30章,内容全面,规定具体,从石油管道改革到替代能源车辆均有涉及。①其中影响最深远的部分当属放松电力市场管制,设定建筑规范和开发新的节能产品,其目标依旧是促进能源节约,提高能源效率,为清洁能源和可再生能源的开发提供动力,从而减少对进口能源的依赖。此外,也对先前的部分法律进行了大量修订,例如《能源政策节约法》等。法案各章内容如表6-1所示:

表6-1　1992年《能源政策法案》各章内容

Title Ⅰ(Section1—173)	能源效率(Energy Efficiency)
Title Ⅱ(Section 201—202)	天然气(Natural Gas)
Title Ⅲ—Ⅴ(Section301—311,401—414,501—514)	替代能源(Alternative Fuels)
Title Ⅵ(Section 601—626)	电动车(Electric Motor Vehicles)
Title Ⅶ(Section 711—731)	电力(Electricity)
Title Ⅷ(Section 801-803)	高放射性废弃物(High-Level Radioactive Waste)
Title Ⅸ—Ⅺ(Section 901—904,1001—1004,1011—1018,1013,1101—1103,)	美国浓缩公司(United States Enrichment Corporation)
Title Ⅻ(Section 1201—1212)	可再生能源(Renewable Energy)
Title ⅩⅢ(Section 1301—1313,1321,1331—1341)	煤(Coal)
TITLE ⅨⅣ (Section 1401—1406)	战略石油储备(Strategic Petroleum Reserve)
TITLE ⅩⅤ(Section 1501—1503)	辛烷值显示和披露(Octane Displayand Disclosure)
TITLE ⅩⅥ(Section 1601—1609)	全球气候变暖(Global Climate Change)
TITLE ⅩⅦ(Section 1701)	附加联邦电力法条款(Additional Federal PowerAct Provisions)

① See Stuntz, Linda G., The Energy Policy Act of 1992: Changing the Electricity Industry, *Natural Resources & Environment* No.1, 1995, pp.69-87.

续表

TITLE XVIII(Section 1801—1804)	石油管道管制改革(Oil Pipeline Regulatory Reform)
TITLE XX(Section 2001,2011—2015,2021—2025,2026—2028)	概括性条款,降低石油脆弱性(General Provision,Reductionof Oil Vulnerable)
TITLE XXI(Section 2101—2108,2111—2119,2121—2126)	能源和环境(Energy And Environment)
TITLE XXII(Section 2201—2206)	能源和经济增长(Energy And Economic Growth)
TITLE XXIII(Section 2301—2307)	政策和管理条例(Policy and Adminstrative Provisons)
TITLE XXIV(Section 2401—2409)	非联邦电力法水电条例(Non-Federal Power Act Hydropower Provisions)
TITLE XXV(Section 2501—2515)	煤、石油和天然气(Coal,Oil,and Gas)
TITLE XXVI(Section 2601—2606)	印第安能源(IndianN Energy Resources)
TITLE XXVII(Section2701— 2704)	海岛地区能源安全(Insular Areas Energy Security)
TITLE XXVIII(Section 2801—2807)	核电厂许可(Nuclear Plant Licensing)
TITLE XXX(Section3001—3002,3011—3021)	其他(Miscellaneous)

三、法案内容①

1. 能源效率

从1992年《能源政策法案》以能源效率(Enexgy Efficiency)作为开篇和其在整部法案中所占的大量篇幅足以见得布什政府在当时对其的关注程度。法案建立了全面的能源效率计划,对不同领域做出了详细规定:

(1)建筑物:1975年《能源政策和节约法》首次将能源立法目光转向建筑节能,并于同年颁布了建筑节能标准——ASHARE90-75《新建建筑物节能》,自此建筑物节能成为美国能源立法中的一项重要内容。

1992年《能源政策法》对《能源节约和生产法》进行了修订,要求各州在

① 法案原文参见美国国会官方网站,https://www.congress.gov/。

规定时间内制定商业建筑能源规范,以及在现有自律守则(voluntary code)的基础上制定住宅能源规范。对此,法案要求能源部部长给予政策和资金上的扶持和激励,并明确规定在2000年前实现以1985年数据为基数降低建筑能耗20%的目标。此外法案也对《克兰斯顿冈萨雷斯国家经济适用住房法案》(*Cranston-Gonzalez National Affordable Housing Ac*)进行了修订,要求住房城市发展部部长及农业部部长共同为居民住房制定能效标准。

(2)公共事业公司:法案对1978《公共事业管制政策法》进行了修订,要求电力公司制定综合资源规划及各州对其制定相应的标准,确保国家监管当局不会造成公共事业公司对小型企业不公正的竞争优势;允许公共电力公司的电力价格至少和其他电力供应选择有一样的利润空间;促进供给系统提升能源效率,并对有关项目拨款。

(3)设备能效标准:法案对《能源政策节约法》进行了修订,详细说明了特定商业和工业设备(包括灯具和管道产品)的节能和标签要求;设定供暖及空调设备、电视机、高强度放电灯和配电变压器的标准;并对具有较大节能潜力的设备给予资金及技术上的支持;向国会汇报能效高于联邦和州法律要求的电气设备的开发,与商业化潜力和早期设备替换方案所带来的能源节约和环境效益状况。

(4)工业:对行业协会能效改进方案给予补助,建立年度表彰计划,对取得重大能效提升的工业实体给予奖励;向国会汇报联邦政府制定的能效要求和能源密集型工业的改进目标,并建立全国性组织提供工业能效评估。

(5)其他:法案还提出了一系列对州和地方的援助计划,以及针对低收入者的住房能源效率改进项目,并废除了《国家能源推广服务法》(*National Energy Extension Servic Act*)。其对联邦机构也进行了相应规定,例如在规定期限内安装节能、节水设施,并要求总统在年度预算申请中,对各机构为实施能源节约措施所申请的拨款数额进行说明。此外,法案还制定了各种奖励及基金计划，以及成立审查小组。

2. 石油和天然气

在石油方面，当美国石油消耗在 1989 年达到每天 1700 万桶的顶点时，国内石油生产基本稳定在 1000 万桶，因此布什总统提议通过增加国内石油生产来减轻对进口石油的依赖，因此法案规定强化石油、天然气供应计划，旨在加强页岩油提取与转化的研究与开发，并扩大可采天然气资源基地，同时指示能源部部长开展一项五年期的成本效益技术研究和展示项目，通过提高能源效率和使用替代燃料减少运输部门对石油的需求。下文中关于针对替代能源的措施实际上也是以此为最终目的。此外，同 1978 年法案一样，该法案同样也对战略石油储备做出规定，指示总统应尽快采取行动将战略石油储备（SPR）尽快扩大到 10 亿桶。

在天然气方面，法案主要在第二章对天然气进行了规定，修订了《天然气法》，禁止联邦能源监管委员会对从签订自由贸易协定的国家进口的天然气给予歧视性或优惠待遇；同时，法案也体现了国会在当时的主张，即推动形成竞争性的天然气井口市场。

3. 替代能源

法案的这一部分主要规定，由联邦当局承担起领导角色，实现当局 75% 的轻型汽车及部分重型汽车更换为替代能源汽车，在 2000 年之前，实现全国范围内能源代替 10%石油能源，并在 2010 年至少达到 30%，由能源部负责监测目标及相关计划完成进度；授权交通部部长与具有某种规模的城市地区当局签订合作协议，或成立联合企业来证明将替代燃料用于交通运输（包括校车）的商业可行性；此外，设立技师培训项目，将传统燃料型汽车改为专门或双燃料汽车，并通过研究来确定对于非道路车辆和发动机使用替代能源是否在较大程度上有助于减少对进口能源的依赖；建立低息贷款项目，来刺激小企业使用替代燃料；推广私家车使用替代能源的轻型汽车。表

6-2 下是法案认可的替代能源：

表 6-2　法案认可的替代燃料汽车采购授权统计表

年	被授权购买车辆的团体在所有收购中所占的百分比(单位%)		
	联邦机构	州政府	替代燃料供应商
1996	25	不适用	不适用
1997	33	10	30
1998	50	15	50
1999	75	25	70
2000	75	50	90
2001	75	75	90

注：该法案要求联邦政府在 1993 年必须购买 5000 辆替代燃料汽车，1994 年购买 7500 辆替代燃料汽车，1995 年生产 10000 辆替代燃料汽车。

此外，1996 年各州和燃料供应商的采购任务被推迟了一年。

4. 高放射性废物

规定环保署署长对于储存或放置在尤卡山储存库内的放射性材料的放射物制定公共卫生和健康标准，同时与美国国家科学院签订合同，按照规定的准则进行研究，为制定合理的公共卫生和安全标准提供调查结果和建议，核管理委员会也应修改制定的技术要求和标准，使之与环保署制定的标准相一致；此外，法案对 1982 年《核废料政策法案》进行了修订；同时，修改了 1974 年《能源重组法》，将投诉举报时间由 30 天延长为 180 天，并要求核管理委员会和能源部对重大安全隐患的指控及时查处。

5. 美国浓缩铀公司

通过修订 1954 年《原子能法》，将全资国营公司——美国浓缩铀公司设定为在特定活动中的营利企业，作为政府的独家代理就有关铀浓缩相关业务签订合同，禁止能源部进行与之相关的营销活动，同时，在财政部成立美国浓缩铀公司基金会，并设立营运资本账户；另外，除符合规定条件，否则禁止核管理委员会为可用于核研究或/和测试核反应堆的高浓缩铀颁发许可证；法案还提出建立国家战略铀储备；对于国家不再需要剩余原材料或低浓缩铀法案授权能源部部长出售给浓缩铀公司；鼓励国内产铀及其出口。最后，法案强调浓缩铀可能会造成的健康、安全及环境问题，规定制定相关标准，建立防止有害气体扩散的设施。

6. 可再生能源

可再生能源也是本法案的一项重点内容，为了促进可再生能源的开发和利用，该法对风能等不同种类的可再生能源采取不同的优惠扶持政策，例如生产抵税、生产补助、开放电网等。其具体规定包括：对于 1994 年到 1999 年之间投入发电的风能涡轮机和生物能源发电厂给予为期 10 年的税收减免，这是国会首次对这两种可再生能源实行税收减免，而尽管太阳能部分在正文内只占几行，但其提出将永久延长太阳能和地热投资的 10%税收减免。除了资金上的支持，法案也为风能项目提供了技术上的支持，要求能源部部长通过竞标的方式来选择可再生能源技术，并设立能效技术的商业化项目。同时，法案还为采用太阳能、风能、生物能和地热能等可再生能源的设备提供补贴，这些措施都极大地促进了可再生能源的发展。此外，法案还提出设立各种奖项，可再生能源进步奖由能源部和国家科学院商讨建立一项奖励计划，以便在可再生能源及技术发展和利用中评选成就卓著者并给予奖励。同时，法案也十分重视可再生能源及相关技术的出口，要求联邦机构组织联合其他国家研究促进本国可再生能源和高效能源技术出口的补助、鼓励办法和政策，还为来自发展中国家的个体建立可再生能源出口培训项目、高效能源和可再生能源技术综合数据库及信息传播系统，可再生能源技术转让计划可帮助美国可再生能源技术向发展中国家转移。向外发展计划指示商业部部长指定在可再生能源和高效能源技术方面有经验的美国官员或在外国或在商业机构中服务的雇员，在太平洋沿岸和加勒比海沿岸机构中服务。

7. 电动车

法案将电动车单独设为一章，可见早在20世纪美国便已经开始关注对电动车的立法，如今，电动车已成为汽车行业发展的必然趋势之一，不论是国内还是国外都享有许多政策上的优惠。但在当时，该法主要关注的其基础设施和支持系统的建设，指示能源部部长和分联邦人员共同实施电动车基础设施和支持系统的开发计划，设定项目参数，并授权拨款。

8. 电力产业

法案鼓励新投资者进入电力市场，以及监管机构进行跨州资源整合和规划，并为使用可再生能源发电的公共动力设施提供每千瓦时1.5美分的补助。

9. 煤

在当时，美国国内约有超过半数的电力来自燃煤发电，按当时的增长率，到2030年燃煤发电量可达到全国发电量的75%。结合煤炭的重要地位，法案强调深化对净煤技术的研究，以及推动该技术的出口，并在2010年以前实现这一技术的商业化用途。此外，该法还对煤层气所有权等问题做出规定，即政府拥有地产权和地下矿产资源，即使美国政府把地产权转让了，但仍保留地下矿产资源的所有权，其煤气层资源归美国内政部所有，这一条款只在受影响州的土地上适用。如产生温室气体扩散则有义务向上级汇报。同时还规定当开采煤炭时，如大量回收和利用煤层气，减少煤层气向大气排放量，就可获得政府的优惠贷款。

对于煤炭工人的医疗保障问题，国会于1992年通过了《煤炭工业退休人员健康福利法案》(*Coal Industry Retiree Health Benefit Act of 1992*)，修订了国内税收法规，对煤炭行业工人的健康福利参数做出了规定。

10. 全球气候变化

1992年《能源法案》中涉及的温室气体减排的政策（Section 1605. national inventory and voluntary reporting of greenhouse，GASES）是奥巴马时期

最主要的减排法案依据之一，它要求能源部部长向国会报告全球气候变化政策的具体影响，包括温室气体和二氧化碳的产生；要求总统提交各州的能源政策计划，包括能源部部长的最低成本战略。此外，在能源部内增设气候保护主任，代表能源部部长参与全球气候变化的跨部门和多边政策讨论，以及监测国内和国际政策对温室气体排放的影响；建立数据库记录全球、各国总排放数据、评估报告、温室气体源等信息；修订《能源安全法》(*Energy Security Act*)，取消总统提交的两年期能源目标。最后，要求财政部部长设立一项全球气候变化应对基金，作为美国对为全球气候变化做出贡献的人的奖励并授权拨款。

11. 能源与环境

无论是全球变暖还是能源与环境，足以见得这部法案与 1978 年能源法的不同之处，即更重视能源对环境的影响。法案重视从技术上提高能源效率，以减少对环境的污染，并建立 5 年期的研究与开发项目。

12. 印第安能源资源

法案移除帮助印第安人部落实现能源自给，并推动其保留一个垂直一体化的能源产业发展，授权内务部部长每年向印第安部落提供能源资源执行和加强计划。同时，成立印第安能源委员会以解决特定的能源问题，并授权能源部部长向印第安部落政府或私营部门人员提供财政援助，来提高能源效率和评估可再生能源项目。

三、影响和效果

综上所述，作为一部极具美国特色的大型综合法，显然，1992 年《能源政策法》比以往法律更加面面俱到，但同时缺少一定条理性和顺序性也是许多学者对其的评价之一。

从法案具体内容来看，1992年《能源政策法》所期待的目标依然是提高能源效率、促进能源结构多样化、鼓励对替代能源的开发与利用，以及减少对进口能源的依赖，但同时，布什总统更加重视技术上的研究和对气候环境的影响，为后来立法提供了宝贵经验。

法案中列举的诸多措施大部分在当时收到了一定效果，但也在诸多方面成效有限。

放松对电力行业管制的规定无疑是本法案成效最显著的部分，也是影响最深远的部分，可以说它赋予了本法案里程碑式的意义。其中诸多政策体现了对竞争性发电市场的支持，并给予电力批发客户进入这一市场的途径，法案将新晋参与者引入发电市场，并向第三方开放传输业务，产生了诸多让立法者们意想不到的效果，如缓解了联邦和州之间管辖权竞争，拓展了现存公共事业资产。但也由此创造了相当大的风险，例如公共事业公司无法利用价格收回成本。而这些预期的和非预期的后果永久性地改变了电力行业。

事实上，早在1978年颁布的《公共事业管制法》就已经为美国传统电力市场带来了一定竞争性，独立电力行业在当时成为一种不容忽视的力量。然而他们并不满足于只做一个小型发电者，希望有更多机会参与到市场，并突破《公共事业管制法》和《公共事业控股公诉法案》对他们设定的条条框框，例如合格发电者必须满足规模和燃料上的要求，或者找到蒸汽供应者，此外因为担心证券交易委员会的管制，许多公共事业公司或者发电公司不敢大规模竞争设厂来批发电力。布什政府和参议院认为，更具竞争性的电力市场将更符合大众利益，因此废除了《公共事业管制法》中部分对“合格发电者”的限制，为市场带来更激烈的竞争。1994年，独立发电者占美国新增电量61%。自此，形成了美国电力市场的一道永久性的分水岭。

通过鼓励国内使用替代能源车辆，有效减少了国内交通石油燃料的消耗，能源部估计，到1999年道路上将会出现大约100万辆使用替代能源的车辆，占总车辆的 0.4%；到 1998 年，由于替代能源车辆的增加将会减少 33 亿加仑的石油消耗，占当年总能耗的 0.3%。此外，在 1998 年，大约 39 亿加仑替代能源与汽油混合物用于传统车辆中。因此，到 2000 年，将共约有 42.3 亿加仑汽油被替代能源替代，占道路汽油总消耗量的 3.6%，比法案中所设定的目标低了 10%。因此，在 1999 年能源提交国会的报告中提到，关于替代汽油燃料的目标，在现阶段条件下将无法实现。究其原因在于以下三点：

（1）价格。和传统燃油车辆相比，替代能源车辆处于经济弱势，例如汽油价格相对较低、替代燃料供给站之不足、更换车辆的额外花销等。

（2）法案中并没有实现这一目标的直接性措施，例如法案制定目标要求一定比例的联邦和州政府，以及替代能源供应者更换使用替代能源的车辆，但并没有直接为替代能源的直接使用设定目标，因此即使更换了车辆，他们依然可以使用汽油作为燃料，对实现根本性目标而言毫无意义。

（3）法案将重点局限于轻型车辆且并无其他方式降低汽油消耗，例如鼓励重型汽车使用替代能源等或提高燃油效率等。因此，法案中这一方面的措施始终打着“擦边球”，没有落实到核心问题。而如果采取一些激进性的措施，例如石油价格翻倍，或通过税收杠杆调节，最终经济负担又会重新落到纳税人头上，不可能被接受。

而对于可再生能源部分，其在实施过程中也存在着以下问题：第一，该法规定的税收减免期限最初仅限于 1994 年至 1999 年之间，到期后国会不得不几次延展其适用期限，最近一次的延展由 2005 年《国家能源政策法》规定。第二，这种税收减免期限的不确定导致可再生能源行业发展产生了同样不稳定的涨落期，税收减免期限被延展，行业发展势头高涨，但当期限届满，行业发展劲头又会大落。第三，由于这种税收减免政策最初仅仅限于风能和生物能源，结果对发展可再生能源多样形成障碍，直到立法将这一政策适用范围扩展，这一局面才得以改善。第四，它规定生物质生产者每生产 1 千瓦时电可得到约 1.5 美分的减免税，可是法案对生物质的定义是非常狭窄的，它只是指利用为能源生产培植的生物质。

而其他方面措施大部分效果平平，此处便不再赘述。可以看到，随着 20 世纪接近尾声，美国的能源安全之路依然任重而道远，等待未来的立法者给予完善。

第四节 2005 年《能源政策法案》（*Energy Policy Act of 2005*）

一、背 景

2005 年《能源政策法案》是美国国会于 2005 年 7 月 29 日通过的法案。该法案从 2001 年开始筹划，并于 2005 年 8 月 8 日由布什总统在新墨西哥州的阿尔伯克基签署。法案倡导者布什希望通过改变美国能源政策来消除日益增长的能源问题。该法案的出台也标志着美国终于迈向了第三次能源立法高峰。该法案之所以提出主要源于：

（1）国际高油价和美国对进口能源的高依赖性。2005 年，美国原油净进口量约占其原油供应总量的 58%。“据 2004 年底美国能源部公布的能源长期前景展望报告，截至 2010 年美国石油进口量占全部石油消费的比重将维持在当前水平，但到 2020 年将上升至 65%，2025 年上升至 68%。”[①]

（2）国际局势依旧存在不稳定因素，导致能源供应中断的风险始终不容忽视。2005 年，伊朗核问题继续为国际社会所关注。伊朗自同年 8 月起多次

① 宋玉春：《2005 年美国能源政策法案分析》，《现代化工》，2006 年第 3 期。

宣布重启铀转化活动，因而与欧美国家陷入持续对立状态，国际原子能机构多次讨论伊核问题，但始终没有结果。与此同时，2005 年伊始，全球石油价格一路飙升，突破每桶 70 美元大关。油价上涨反映了国际能源市场供求关系的紧张程度，也使世界经济增长面临风险，更引发了国际社会纷纷展开能源外交新的博弈。

(3)美国国内的能源基础设施也因发展早、存量高，在当时面临老化严重等问题。石油、天然气管道事故齐发；纽约、加州周期性大停电等。

以上因素导致美国政府急需一个完整、全面且有针对性的法案来帮助解决这些问题。因此，经过一系列激烈的争论与妥协，法案终于在 2005 年 7 月通过，并于 8 月由总统布什签署。

二、概　述

2005 年 8 月，美国通过了《能源政策法》。该法详尽地规定了有关可再生能源、能源效率、能源政策税收激励、能源部的管理、印第安能源、汽车与燃料、醇类与车用燃料、石油天然气、煤炭、核能、氢能、电力、气候变化、研究与开发、人才与培训、技术更新激励措施、调查研究等各个方面的内容。该法案以提高能源效率，节约能源，大力开发替代能源及国内能源以减少对进口依赖为重点，通过经济激励，即将税收减免作为手段提高群众的能源意识，增加群众积极性和主动性，以及通过加强能源基础设施的改造来提升能源效率。

这些内容大多涉及能源安全，其中对核能安全和化石燃料安全的规定尤其集中和详细。与 1992 年《能源政策法》相比，该法的改进之处体现在很多方面：

首先，是与时俱进。气候变暖作为一个 21 世纪的全球性问题，已经引起了广泛的关注。2005 年的《能源政策法》为美国发展气候变化技术确定了技术规范，明确了未来几年内美国将为气候变化将要做出的努力。

其次，是非常重视能源效率的提升和新能源的利用。具体体现为将增加国家战略石油储备这一举措合法化，提倡提高能源使用效率，重视使用清洁能源和可再生能源，要求制定税收的相关便利政策等方面。

最后，是可操作性强。去除了一些空话套话，更多地明确了实施措施及惩罚措施，在时效、程序、主体、法律后果等方面都做出明确的规定，特别规定联邦能源监管委员（FERC）有权制定强制性的实施计划。

三、法案的主要内容

法案主要包含两部分：联邦计划、能源援助和州计划。其中联邦计划主要包括以下方面：①国会建筑节能和节水措施，②能源管理要求，③能源使用的衡量和问责，④采购节能产品，⑤节能绩效合同，⑥自愿承诺减少工业能源强度，⑦先进的建筑效率试验台，⑧联邦政府更多地使用回收矿物成分（涉及采购水泥或混凝土的资助项目），⑨联邦建筑业绩标准，⑩夏令时，⑪提高联邦土地管理的能源效率。

能源援助和州计划包括：

①低收入家庭能源援助方案，②防风雨援助，③国家能源方案，④节能家电回扣计划，⑤节能公共建筑，⑥低收入社区能效试点方案，⑦国家技术进步合作，⑧国家建筑节能条例奖励。

（一）建筑耗能

建筑耗能在美国能源消耗中占较大比重，因此该法案有大量文字是与建筑节能相关的要求。法案规定，重点提升系统和设备的能效，逐步扩大建筑物中可再生能源的利用规模。法案为节能商业建筑提供税收减免，这是一项专门的财政激励措施，旨在通过“国内税收法典”（IRC）加速扣税来降低投资节能建筑系统的初始成本。对于“节能商业建筑物”的投资减税，旨在显著降低新建或现有商业用途建筑物的供暖、制冷、供热和室内照明成本，其包括对节能商业建筑投资实施全部和部分减税，旨在提高能源效率。为实现法案要求，企业、税务部门和专门从事该税收减免方案的公司和能源部门需要合作。他们必须使用指定的授权软件，且由独立的第三方证明其资格。对于市政建筑物，鼓励优先通过初级设计师或建筑师创新市政设计。

（二）能源效率

法案对为家庭节能改善做出贡献的人员提供税收减免，要求所有公用电力公司向客户提供净计量。发案制定了联邦能效计划、州能效计划，同时大力推广交通、电力等方面的能效产品。

（三）可再生能源

研究和报告现有的自然能源，包括风能、太阳能、海浪和潮汐。法案对风能和其他替代能源生产商和使用者提供税收减免。它首次将海洋能源，包括波浪和潮汐能源作为单独确定的可再生能源技术。根据2009年《美国复苏与再投资法案》（*American Recovery and Reinvestment Act*）第406条的修正案规定，2005年《能源政策法》将为降低温室气体排放的创新技术提供贷款担保，这些技术包括先进的核反应堆设计，如卵石床模块反应堆（PBMR）、碳捕获和储存和可再生能源。

（四）油气资源

法案要求在大湖区内或下方不得进行气体或石油钻井，它鼓励公司在墨西哥湾钻油。

(五)核 能

法案批准29.5亿美元用于研发，并在爱达荷国家实验室建造先进的氢热电联产反应堆。法案禁止向任何发生恐怖活动的国家和发起人出售、出口或转让核材料和“敏感核技术”。

(六)车辆和燃料

法案旨在增加煤炭使用量,同时降低空气污染,通过每年为清洁煤炭举措授权2亿美元,废除目前160亿英亩的煤炭租赁上限。法案要求能够使用替代燃料的联邦舰队车辆全部使用替代燃料。此外,法案规定截至2006年,美国销售的汽油中,必须混合的生物燃料(通常为乙醇)需增加到40亿美元/加仑(1500万立方米),到2009年增加到61亿美元/加仑(2300万立方米),2022年,目标将扩大到360亿美元/加仑(1.4亿立方米)。

(七)其 他

新能源政策法还计划将夏时制改为从每年三月份的第二个星期天开始持续到十一月,合计增加近一个月,以节约更多能源。据统计,新的政策法实施后,全美每天可减少约1%的用电量。能源(尤其是化石能源)的开发利用通常会对生态环境造成影响,如前文所述,早在20世纪80年代,美国能源法就已开始对此给予关注。例如,1982年《核废料政策法》规定:“解决处置高能核废料问题直接涉及公众健康、安全、环境和后代子孙的利益。”1997年《露天开采治理与复垦法》也规定:“露天煤矿开采后要恢复原来的地貌,如地形、表土层、水源、动植物生态环境等。”①

① 王晓冬:《〈美国2005年能源政策法案〉之能效条款探析》,《中国高新技术企业》,2008年第20期。

四、影响与意义

首先，本法案以能源效率作为开篇并使其成为本法案贯彻始终的重要目标,可以看出美国对提升能源效率的关注程度之高。能源利用效率是用一个体系来表明有效利用的能量与实际消耗能量的比率。它是能源有效利用程度的综合指标,可以直接反映能源消耗水平和利用效果。能源效率是与环保力度息息相关的指标,提高能源利用率,能有效缓解能源压力,减少环境污染,为环保做出贡献。本法案对建筑耗能、可再生能源、油气能源,以及各类家庭的能源效率都提出了具有针对性的新要求。上述举措可以在短期和长期都起到节约能源、提升人民环保意识的作用。

能源安全问题早在工业革命时便已出现，如今许多国家都制定了以能源供应安全为核心的能源政策。美国的经济政策是全球发展的重要组成部分,其能源安全对于未来美国在世界中的地位起着至关重要的作用。由于美国本土石油储量有限，必须继续从国外大量进口石油来满足国内的能源需求,所以本能源法案对美国能源安全问题起到了积极的作用,产生了深远的意义。此外,美国国内能源领域的开采、研发和善后,影响了世界能源结构和能源使用方式,从而可以直接对环境保护产生重大的影响。在本法案中,可再生能源的研发和运用得到了财政和税收的政策倾斜。同时清洁能源的鼓励运用、开采方式的改进与开采后的恢复、核废料的处置等各种环保意识的渗透,也成为本法案中的闪光之处,对美国环保进程的推进起到了积极的作用。

但是长期看来,美国人口在不断增加,经济还在不断扩张,对于国外能源的依赖程度只会不断加深,所以 2005 年《能源政策法》无论从当前,还是从更长远的未来来看，并不能直接解决能源安全问题。①

第五节　2007年《能源独立与安全法案》（*Energy Independence and Security Act of 2007*）

一、背　景

2007年的美国可谓是危机重重，内忧外患。从国内形势来看，对伊拉克的战争虽然表面化解了危机，但没有从根本上改变美国资金流失、双赤字暴增、经济下滑的命运。显然，很大程度上伊拉克战争使贸易赤字、财政赤字和美国国债问题不断放大。自20世纪70年代以来，美国能源分析家普遍认为，美国的石油依赖使其经济受到干扰，国家安全面临更大的风险。鉴于此，美国能源分析家的传统观点认为，实际上实现石油独立是一个非常棘手的问题。要么不可能，要么不可取。《华尔街日报》报道也曾说，能源独立“可能是最不现实的”。此外，美国经历了两次“石油危机”以来最严重的能源短缺，供给短缺造成能源成本大幅上涨，电力供给频繁中断。从2002年到2007年，国际原油需求强劲增长，国际价格居高不下，高油价导致的成本上升给石油消费国保持供应带来了巨大压力。在此背景下，如何扩大供应、提高石油使用效率，以及寻求替代能源成为各国面临的新问题。

油价上涨导致交通成本骤增，普通家庭能源平均支出同比增长了两到三倍。能源系统供给和需求的失衡，促使美国政府不得不积极寻求制订新的

① 参见吕江：《试析美国新能源法案对能源安全的影响》，全国博士生学术论坛，2008年。

全面而平衡的能源政策。毫无疑问，美国所面临的形势十分严峻。

国际形势也依然严峻。首先，受次贷危机影响，全球经济增长率大幅放缓，石油价格出现了大幅震荡。其次，能源需求增长加快，中东局势恶化，石油价格波动频发，全球变暖问题日益突出，发展新能源和可再生能源再次成为各国能源发展和环境保护考量的重点。面对保持经济增长，同时应对气候变化等挑战，美国政府重新思考其环境保护和能源发展战略。其中，发展新能源成为政府促进经济复苏和增加能源供给的重要举措。2007 年《能源独立与安全法》明确阐述了其立法的目标，即“通过创造大量新的就业机会来推动美国的经济复苏，减少对国外石油的依赖性来实现美国的能源独立，通过减少温室气体排放来减缓全球变暖，最后过渡到清洁的能源经济”。

二、概述和主要内容

2007 年《能源独立与安全法案》(2007 年《公共能源法》最初名为“清洁能源法”)是关于美国能源政策的国会法案。作为第 110 届国会民主党“100 小时计划”的一部分，由西弗吉尼亚州代表尼克·拉霍尔(Nick Rahall)和 198 位共同发起人在美国众议院提出。此版本于 2007 年 6 月 21 日经参议院投票通过。众议院已经于 18 日以 314 票赞成、100 票反对的结果通过了该法案。经过众议院和参议院的进一步修改和谈判之后，2007 年 12 月 18 日，两院通过了修改后的法案，而共和党总统布什于 2007 年 12 月 19 日签署了该法案，以回应他的“在 10 年内将汽油消耗量减少 20%”的挑战。乔治·W.布什总统签署的 2007 年《能源独立和安全法案》旨在更好地利用美国的资源，并帮助美国成为能源独立的超级大国。该法案旨在为工业、消费者，更为国家提供重要的生产环境，提高大众环境保护的意识，并为整个国家带来巨大的收益。

该法案的目的是“促使美国提高能源独立性和安全性，增加清洁可再生燃料的产量，保护消费者，提高产品、建筑物和车辆的效率，促进对温室气体排放的减少，并改善联邦政府的能源表现等等”。众议院议长佩洛西（Nancy Pelosi）推动该法案的实施，并推崇其作为降低消费者能源成本的一种方式。该法案是在2005年的《能源政策法案》之后的另一项主要能源立法。

节能减排是整个法案的核心内容之一，这一点从新出台的燃油标准和可再生燃料推广均可以得到体现。美国是世界上汽车保有量最多的国家，汽车节能是实现节能目标的关键环节。新法案出台的汽车能耗标准规定，到2020年，美国汽车工业必须使汽车油耗比目前降低40%，这也是1975年以来美国国会首次通过立法提高汽车油耗标准。[①]新法案的另一个核心内容是推广可再生能源，减少对石油进口的依赖。法案提出了非常激进的可再生能源产业发展目标“20in10”，既通过发展生物乙醇，用10年的时间将美国汽油消费降低20%。法案确定了可再生燃料标准（RFS），要求美国可再生燃料生产将从2008年的90亿加仑/年增加到2022年的360亿加仑/年。按照可再生燃料标准要求，先进生物燃料的投资在4年内必须达到110亿美元，在10年内增加到460亿美元，在15年内增加到1050亿美元。预计到2012年，先进生物燃料将达到所生产的全部可再生燃料的13.2%，到2017年增加到37.5%，2022年达58.3%。[②]

作为一部综合性法律，它所涉及的内容十分广泛，涵盖轿车和轻型卡车的燃料经济型标准，可再生燃料和电力资源、提高汽车燃料经济型标准，并要求将生物燃料产量提高到现在的4倍。这对于美国来说，尚属30多年来首次提出的要求。同时也包括“绿领”劳动力的培训计划等诸多内容；该法案

① 参见樊瑛、樊慧：《美国2007新能源法案的政治经济学分析》，《亚太经济》，2008年第3期。

② 参见钱伯章、朱建芳：《我国清洁汽油发展趋势及生产技术进展》，《天然气与石油》，2008年第6期。

还为电器及照明产品制定了第一个强制性联邦能效标准。《能源独立和安全法案》的目的是从根本上改变美国使用能源的方式。根据这项法案，美国政府计划在2022年前将可再生能源产量提高到360亿加仑/年，并为轿车和轻型卡车设置更高的燃料经济型标准。根据该法案所规定的新标准，到2020年，轿车和轻型卡车平均油耗应为约56英里/加仑，较目前的水平提高40%。这一新标准可能意味着汽车生产商将必须花费数十亿美元的巨资以开发新的节能技术，并需对工厂进行翻修，以生产新型号的汽车。尽管这一举措为诸多生产商带来了麻烦，但是环保意义却十分深远。

此外，该法案还为联邦政府和商业大厦的电气用具制定了能源效率标准，要求将电灯泡的能效提高70%，并加速研究二氧化碳的管理及贮存问题。以上法案的具体要求是美国参众两院各项相关提案的综合，这些提案的目的均为降低美国对外国原油供应的依赖性及缩减温室气体的排放。

美国希望新能源法案有效提高国内能源效率并实现节能目标，并通过节能提效，以及可再生能源推广来保持美国能源独立性，确保国家能源安全。[①]在环境保护方面，新法案把减少温室气体排放置于更加突出的位置，提出了加快"碳捕捉"和"碳封存"技术研发及推广清洁环保新能源，有利于实现"向社会提供安全、可靠、清洁能源"的战略目标。部分法律规定了灯泡的能效标准，第一阶段于2012年1月生效。文件解决了关于法律的常见问题和一些常见的误解。根据新的法律，螺丝灯泡输出功率可能会更低。该标准是技术中立的，这意味着只要符合效率要求，任何类型的灯泡都可以进行销售。传统上使用40瓦至100瓦的普通家用灯泡到2014年将减少使用至少27%的能源。该法案正在消除市场上不必要的浪费产品。但是依然有40亿个灯泡在美国使用，其中的30多亿仍在使用标准的白炽灯技术。科学事实表

① 参见樊瑛、樊慧：《美国2007新能源法案的政治经济学分析》，《亚太经济》，2008年第3期。

明,一个标准的白炽灯只有10%的效率,而其他90%的电力都作为热损失而浪费,所以一个小小的白炽灯对于环保的意义却是举足轻重的。

另外,使用更高效的灯泡的另一个好处包括减少燃煤电力的有害排放,包括汞、砷、铬、镍、酸性气体和温室气体等。此举无疑有利于公民的身体健康和环境保护。

当然,高效的产品意味着节约成本。新标准意味着美国家庭可以共同拯救国家的能源与环境。该法案最初试图削减对石油工业的补贴,以促进石油独立性和不同形式的替代能源。这些税收变化最终在参议院的反对之后被弃用,法案最后主要集中在汽车燃料经济、生物燃料发展,以及公共建筑和照明方面的能源效率上。

三、影响与意义

首先,本法案颁布之后,美国形成了较为完善的能源法律体系,并推动了国家能源政策合理高效的实施。单行法固然重要,但是该法形成的整体性和系统性的法律条文对于国家的长远发展更为有利。各个法律之间互不相关,管理体制较为混乱,相应的监管关系不能互相依存,那么政策实施效果和预定目标就会出现较大偏离。稳健的政策为能源战略指明了方向。进入21世纪以来,全球能源消费继续保持较快增长,供求关系持续紧张。在新的经济和政治背景下,美国政府陆续颁布了《国家能源政策》《能源政策法》《能源独立和安全法》和《美国清洁能源与安全法》。通过对几部法案的分析不难发现,美国能源政策在一贯稳定的基础上,随国内外经济环境、政治环境的变化而不断地调整变化。总体来看,政策的核心目标是实施能源供给和使用多元化战略,保障能源供给充分,逐渐减少对外依存度;推动能源技术进步,发展可再生能源,开发节能及能源安全技术,逐步减少能源使用对经济、社会、环境的负面效应，最终过渡到清洁能源和绿色经济，逐步实现能源、经济、社会的协调可持续发展。

其次，本法案为全世界国家的能源转型做出了表率。过去的数年间，在复杂多变的国际环境下，美国通过能源立法顺利实现了能源战略转型，通过以上分析不难看出，其能源政策和能源战略的重心经历了重要转变：前期的能源政策着力于石油进口渠道的多样化和确保运输通道的顺畅，后期则把重心放在了开发可再生能源和替代能源方面，从根本上降低了对石化能源的过度依赖，环境污染、生态失衡对经济发展的制约作用愈加显著。能源政策前期重视提高传统能源的能效，而后期主要通过推动技术进步实现全社会节能，同时也更加关注环境问题。在对待气候变化问题上，从布什政府的消极应对，到奥巴马政府积极承诺减排义务、大力发展清洁能源，后者作为应对气候变化的倡导者，美国态度发生了显著变化。

最后，环保意识的宣传与实践，极大地影响了世界的能源利用。美国是世界第一大能源消费国，在能源大宗商品特别是石油价格飞速增长的市场环境下，美国本着“开源节流”的思想，确立了改变传统能源使用方式、大力发展新能源产业的新能源发展战略，总体来说十分符合近年来的环保潮流。近年来，美国能源对外依存度依然不低，但是能源结构得到了显著改善。2011 年能耗总量中石油、煤炭、天然气和可再生能源的比重分别为 35.3%、19.9%、24.9%和 9.1%。作为其主导能源的石油资源，供给渠道日趋多样化，21.7%来源于稳定的盟友加拿大，非洲的占比为 19%，中东地区占比为14.9%，有效规避了地缘政治因素对能源供给的影响。由此可见，多元化战略，逐步降低煤炭消费比重，进一步增加天然气消费比重，加快发展太阳能、风能和水能等可再生能源，才是环保与发展的平衡之道。本法案的颁布针对环境保护从国家层面上再次加大了力度，正确处理好了经济发展、能源利用与环境保护三者之间的关系，同时为子孙后代留下了更多的碧水蓝天、鸟语花香。

第六节　2009 年《美国清洁能源与安全法案》（American Clean Energy and Security Act of 2009）

一、背　景

随着全球变暖越来越受到世界各国的重视，一系列有关气候问题的国际会议开始更频繁地召开，各国都期待能在共同协商与讨论中找到有效方法来解决这一世界性难题。

而美国，作为世界上温室气体排放量最大的国家，[①]在 1998 年签订了《京都协定书》后，又于 2001 年 3 月率先退出。布什政府以"减少温室气体排放将会影响美国经济发展"和"发展中国家也应该承担减排和限排温室气体的义务"为借口拒绝批准该协议，[②]使美国成为唯一没有签订该协议的发达国家，在气候问题方面也变得难有发言权。因此，奥巴马政府意识到，要想以一个负责任的大国和领导人姿态出现在国际舞台上，美国势必要在降低温室气体排放方面有所作为。作为《联合国气候变化框架公约》缔约国之一，在 2009 年 12 月于哥本哈根举办的第十五次缔约方大会上，美国若想在其领导下促使大会达成一致协议，就必须在管理其自身温室气体排放方面起到表率作用。美国政府参与国际制度构建，谈判基础必须基于国内相关政策和立

① 参见全球变化与经济发展项目课题组：《美国温室气体减排新方案及其影响》，《世界经济与政治》，2002 年第 8 期。

② 参见李明勋：《解析京都议定书的作用与局限性》，中国政法大学 2009 年博士研究生毕业论文。

法支撑，[①]否则难免再次出现上述布什政府时期的情形。因此，在全球金融危机余音未了、哥本哈根大会即将举办的背景下，美国出台了第一部温室气体减排法案——《美国清洁能源安全法案》。这是2008年利伯曼·瓦纳（Lieberman-Wanner）法案被参议院否决后，美国最重要的气候法案。[②]

该法案于2009年5月15日由众议院民主党提名人亨利·维克斯曼（Henry Waxman）与爱德华·马基（Edward Markey）共同提出的，但提出后争议也随之而来。部分环保组织认为，法案所提及的减排力度远远不够，与国际社会预期的差距较大，认为美国在温室气体排放问题上应该也可以做出更大努力；另一阵营则持完全相反的观点，认为该法案会影响企业竞争力和美国国家利益。美国前国家经济委员会主任、乔治·布什的首席经济顾问亨尼西（Keith Hennessey）认为，随着法案的实施，发展中国家将获得部分产业竞争优势，反对美国脱离发展中大国实施限额贸易制度。[③]美国两大党派之间，甚至民主党党内也产生了巨大分歧。民主党认为，这一法案将为美国创造更多"绿色"就业岗位，减少美国对进口石油的依赖，并促进美国经济转型；而共和党则认为，法案将迫使电力和能源企业提高成本，无异于大规模加征能源税，这会损害美国经济，甚至可能减少美国相关部门的就业。众议院少数党领袖博纳提出，法案要求美国将温室气体排放量减少到1910年水平，这是绝对不切实际的。

但在多方努力下，5月21日晚，法案以33比25票的结果在美国众议院能源和商务小组委员会通过；6月26日，经过激烈辩论，以及奥巴马总统亲自担任说客，打电话呼吁民主党众议员支持这一议案，在投票前几分钟，众议院院长、民主党洛佩西还在对民主党议员做总动员，最终使法案以219比

① 参见李小晴：《美国气候立法进程解析》，湖南科技大学2012年博士研究生毕业论文。

②③ 参见王谋、潘家华、陈迎：《〈美国清洁能源与安全法案〉的影响及意义》，《气候变化研究进展》，2010年第4期。

212的微弱优势在众议院通过，成为美国历史上第一个应对气候变化的法案。但其中依然有44名民主党坚持投了反对票,3人没有投票。可以看出,不论党内还是党外，分歧最大同时也是妥协最大的部分与温室气体排放权有关。法案最初希望通过出售温室气体排放权在10年内筹集6000亿美元,以推行减税计划,但一番讨价还价后,法案最终版本规定,将85%拟出售的排放权直接分配给相关企业,不再出售,并且原减排计划要求到2020年温室气体排放量在2005年的基础上减少20%,但法案通过时改为了17%。

二、内　容

2009年6月26日,美国第111界国会通过了《美国清洁能源与安全法案》。法案共计923页,包含了清洁能源、能源效率、减少温室气体排放、向清洁能源经济转型、农业和林业相关减排抵消五个部分。法案对多方面进行了规划和设定,包括发展可再生能源、低碳交通燃料、碳捕获和封存技术(CCS)、清洁电动车、智能电网,并提高包括建筑、电器、交通运输和工业等所有经济部门的能效,设定温室气体减排路径和相关市场机制,保护国内企业竞争力并逐渐向低碳能源经济转型,以及农业和林业减排抵消计划等,涉及领域极其广泛,几乎涵盖了有关碳排放的所有行业,甚至还包括对快餐业的保温柜和服务业的可移动设施的使用规制。①

从标题即可以看出，除了实现能源独立这一美国近代能源法永恒不变的宗旨之外,这部能源法将大量焦点都聚集在了“清洁”二字上,建立了类似于欧盟排放交易计划的美国总量控制与排放交易的温室气体排放权交易机制。在这一机制下,美国发电、炼油、炼钢等工业部门的温室气体排放配额将

① 参见王谋、潘家华、陈迎:《〈美国清洁能源与安全法案〉的影响及意义》,《气候变化研究进展》,2010年第4期。

逐步减少，超额排放需要购买排放权，但同时，法案允许各企业通过植树和保护森林等手段抵消自己温室气体的排放量。

法案主要内容有：

(1)限制企业二氧化碳等温室气体的排放，使2020年温室气体排放量在2005年的基础上减少17%，至2050年减少83%。

(2)提倡逐步提高风能、太阳能等清洁能源的电力供应，减少化石能源的使用，要求到2020年，电力部门至少有12%的发电量来自风能、太阳能等可再生能源。这一点与欧盟相比仍有差距，欧盟要求至2020年，电力部门至少有20%的发电量来自可再生能源。

(3)批准每年投资10亿元，供新建燃煤发电站进行碳捕捉，要求2012年后新建筑能效提高30%，2016年后则要提高50%，并制定排放指标及分配额度，引入排放配额交易制度。

(4)法案提出对新的清洁能源和能效技术给予补贴，在2025年前为清洁能源提供新补贴900亿美元，碳捕获和封存600亿美元，电器和其他先进技术车辆200亿美元，以及基础科学研究和发展200亿美元。

(5)保护消费者免受能源价格上涨的影响。据环保局估计，法案所要求的减少碳污染的程度相当于每天花费美国家庭不到一枚邮票的价钱——每月大约13.2美元，每年160.6美元，避免之前法案中类似措施使消费者承受过大经济压力的情况。

(6)创造与清洁能源相关的工作。

(7)此外，法案要求在建筑、家用电器和发电业等方面的能源效率能有显著提高。

三、影响和效果

尽管这部法案没有在参议院获得最终通过，但为美国在哥本哈根国际气候变化会议上达成一致协议起到了重要推动作用。《纽约时报》报道:“德国总理在周五会见了奥巴马总统并表示，尽管温室气体减排没有达到欧盟的目标,但依然强烈支持美国通过这部法案。”

该法案是美国在气候问题上迈出的一大步。作为世界上温室气体排放量最大的国家，美国应对气候变化问题的立场和举措都会对国际社会产生重要影响。美国前任总统布什在任期内,退出了旨在控制全球温室气体排放的《京都协议书》,令国际社会倍感失望。奥巴马执政以来采取了与布什政府迥异的立场,面对全球金融危机,奥巴马选择以发展新能源作为化“危”为机、振兴美国经济的主要手段。该法案不仅表明了美国积极参与国际合作应对气候变化的坚定立场和行动力,还建立了相应法律和管理机制,为其他国家的能源政策提供了积极的示范作用。但与国际社会对美国参与应对气候变化所做贡献的预期相比,其制定的目标还远远不够。

至今,关于这部法案的争论仍然不绝于耳,有批评认为,除非中国和印度采取类似的排放标准,不然对全球气候的影响将是脆弱的。这主要是基于两国在二氧化碳排放中所占的主导作用,其排放量在2030年可能达到全球总量的34%。在对待发展中国家减排义务方面,奥巴马政府与布什政府的立场基本一脉相承,那就是意欲淡化、回避1997年《京都议定书》所规定的公平性原则,以及具有广泛国际共识的“共同但有区别的责任”原则,并希望包括中国在内的发展中国家承担较高的、明确的、可验证的减排任务。虽然奥巴马曾在联合国气候大会上建议富国向最贫穷和最易受气候变化影响的发展中国家提供财力和技术支持,但并无具体承诺。这表明美国的能源与气候政策本质是为了提升其自身国际竞争力,不是解决世界环境问题。

作为一个三权分立的资本主义国家，任何法案的推出与通过都是各利益集团相互博弈与妥协的结果,虽然一定程度上体现了民主思想,但为了照顾各方利益,也在一定程度上使法律的效率和力度大打折扣。此外,金融危机也对法案造成诸多限制。例如,从法律和经济的角度出发,通过税收抑制碳排放往往是最佳手段，也是美国常用的法律措施，但在金融危机的背景下,美国出台的任何法律条文都避免带有税收字样,否则将得不到国内人民的支持。美国国内都戏言,所有议案都不能出现纳税字样,除非前面带上“消减”二字。因此,这些因素都对法案的制定与通过造成了限制。

除了综合性的能源法案外,美国还设有专门性的单一能源法案。从整体上来讲,美国新能源产业发展政策立法表现出稳定性、连续性和强制性的特点。由于在内容制定上非常详细,从而政策工具在实施上具有很强的操作性和应用性。例如,单就补贴一项,就分为直接补贴、税收补贴、研发补贴、特殊优惠和贷款担保等多种形式。这表明美国在制定能源政策时,充分考虑了产业发展的特点和市场调控的作用,是非常严谨、认真和细致的。

从历史实践来看，美国新能源产业发展政策在实施过程中也遭受了巨大的现实阻力。由于传统能源价格的不确定性与间断性,政党之争掩饰下的能源利益集团冲突,以及社会公众的认同感程度改变,美国新能源产业发展战略的确立具有典型的渐进主义特征。

第七节　结　语

综上所述，美国出台的主要能源法规都有各自配套的激励措施和投资计划,在不断更新演变的过程中,始终保持着独有的特色和不变的宗旨,即维护国家能源安全，减少对进口石油的依赖，保护环境，以及维护美国经济繁荣与国家安全。其在方方面面采取措施维护国内能源安全，不仅决定着自身的能源未来，其全球化的能源战略也统筹着世界各国的能源及环境利益。

但同时也可以看到美国能源立法独有的时代性特色，尤其是作为转折点的奥巴马时期最具标志性。从老布什、克林顿、小布什、奥巴马到特朗普，美国能源立法体现着不同程度的波动性。自奥巴马执政以来，实现了自己在竞选时的承诺，矢志打造“环保主义中通的称号，”采取了同布什政府完全不同的温室气体减排政策，将气候变化议题提到战略高度，通过大力的国内改革和积极的国际努力，一定程度上塑造了气候政策遗产，但同时该政策也与继任者特朗普大相径庭。2017 年 3 月，特朗普总统曾签署一份行政令，要求重新评估奥巴马在应对气候变化上的多项政策，包括取消在公共土地新开采煤炭的短期禁令，并于 2017 年 4 月 28 日签署一项行政令，要求重新评估奥巴马政府颁布的大西洋、太平洋和北极水域钻探禁令，以加大海洋油气开采力度。他认为美国拥有丰富的海洋石油和天然气储备，但联邦政府不允许在外大陆架 94%的区域进行油气勘探与生产活动，“这剥夺了我们国家数以千计的工作和数十亿美元的财富”，而他签署的行政令“开启了把离岸区域开放给创造就业的能源勘探活动的进程”。其实早在布什执政时期，就曾提议开采北极地区的石油矿藏，按照特朗普这份名为“执行美国优先离岸能源战略”的行政令，美国内政部将重新评估并修改奥巴马政府制定的 2017 年至 2022 年外大陆架油气发展计划，包括取消奥巴马离任前颁布的北极部分地区永久性禁止油气钻探的禁令。美国商务部则将停止设立或扩大海洋保护区，并重新评估过去 10 年设立或扩大的海洋保护区。这一系列举措无疑废除了奥巴马时期最重要的两项政治遗产。①

① 参见张腾军：《特朗普政府的美国气候政策走向分析》，《和平与发展》，2017 年第 1 期。

也许,对于这一现象美国国内早已习以为常,历任政府都有着不同的执政方法与态度,影响着各行各业的能源问题,尤其是备受关注的焦点,不论具体措施是什么,他们都有一个共同的出发点,就是维护这个自由民主国家的利益。必须承认,任何宏观目标下,都有不同的执行手段,这也是美国历届政府和国会个人意志的体现,因此势必要绕过一些弯路,在曲折中寻找前行的方向。

参考文献

一、中文文献

(一)著　作

1.第三世界石油斗争编写组:《第三世界石油斗争 》,上海三联书店,1981年。

2.何顺果:《美国边疆史——西部开发模式研究》,北京大学出版社,1992年。

3.孔庆山:《美国早期土地制度研究》,中山大学出版社,2002年。

4.[美]J.G.阿巴克尔、G.W.弗利克等:《美国环境法手册》,文伯屏、宋迎跃译,中国环境科学出版社,1988年。

5.[美]威廉·P.坎宁安主编:《美国环境百科全书》,张坤民主译,湖南科学技术出版社,2003年。

6.[美]约瑟夫·P.托梅因:《美国能源法》,万少廷译,法律出版社,2008年。

7.王曦:《美国环境法概论》,武汉大学出版社,1992年。

8.徐更生:《美国农业政策》,经济管理出版社,2007年。

9.曾昭度主编、孙向明编写:《环境纠纷案件实例》,武汉大学出版社,1987年。

(二)期刊文章

1.才惠莲:《美国跨流域调水立法及其对我国的启示》,《武汉理工大学学报》,2009年第2期。

2.樊瑛、樊慧:《美国2007新能源法案的政治经济学分析》,《亚太经济》,2008年第3期。

3.付璐:《美国濒危物种法对联邦机构的要求——美国濒危物种法第七章浅析》,《内蒙古环境保护》,2003年第6期。

4.付英:《美国土地资源的严格保护和有效使用》,《山东国土资源》,2006年第2期。

5.傅政骥:《美国的战略石油储备》,《国际石油经济》,1992年第4期。

6.高国荣、周钢:《20世纪30年代美国对荒漠化与沙尘暴的治理》,《求是》,2008年第10期。

7.高翔、牛晨:《美国气候变化立法进展及启示》,《美国研究》,2010年第3期。

8.郭洁松:《美国的能源问题及其对内外政策的影响》,《世界经济》,1978年第1期。

9.国家电监会研究室课题组:《美国清洁能源和安全法简介》,《中国水能及电气化》,2009年第8期。

10.洪朝辉:《经济转型期的政治冲突与妥协:关于"宅地法"立法过程的历史思考》,《世界历史》,1990年第3期。

11.后立胜、许学工:《密西西比河流域治理的措施和启示》,《人民黄河》,2001年第1期。

12.黄德林、胡志超、齐冉:《美国调水工程环境保护政策及其对我国的启示》,《湖北社会科学》,2011年第5期。

13.黄婧:《论美国能源监管立法与能源管理体制》,《环境与可持续发展》,2012年第2期。

14.黄仁玮:《19世纪上半叶美国西部土地投机高潮及其特点》,《东北师大学报》(哲学社会科学版),1992年第5期。

15.黄振中、张晓粉:《浅论国际能源贸易中"照付不议"合同的特点与新趋势》,《中外能源》,2011年第6期。

16.姜付仁、向立云、刘树坤:《美国防洪政策的演变》,《自然灾害学报》,2000年第3期。

17.蒋亚娟:《美国能源税收激励法律制度介评》,《西南政法大学学报》,2016年第5期。

18.焦玉洁:《全美奥杜邦学会》,《NGO之窗》,2012年第3期。

19.金海:《20世纪70年代尼克松政府的环保政策》,《世界历史》,2006年第3期。

20.孔庆山:《美国自由土地制度述论 》,《华侨大学学报》(哲学社会科学版),2004年第2期。

21.孔庆山:《"宅地农场议案"在国会的辩论及其通过》,《史学月刊》,2003年第2期。

22.李静云、王世进:《生态补偿法律机制研究》,《河北法学》,2007年第6期。

23.李茂:《美国土地审批制度》,《国土资源情报》,2006年第6期。

24.李铭俊:《辩论中的美国能源战略》,《全球科技经济瞭望》,1992年第1期。

25.李小地:《70年代石油危机后美国的石油消费政策及其实施效果》,《国际石油经济》,2006年第11期。

26.李运辉、陈献耕:《美国加利福尼亚州水道调水工程》,《水利发展研究》,2002年第9期。

27.李运辉、陈献耕、沈艳忱:《美国调水工程社会经济效益与生态问题研究》,《水利经济》,2006年第1期。

28.李振龙:《美国公司投资建厂解决亚洲鲤鱼生物入侵》,《世界渔业》,2014年第12期。

29.梁波、姜翔程:《水权与水权交易制度的分析——南加州科罗拉多河的水资源管理对我国的启示》,《水利经济》,2006年第2期。

30.林晶:《美国能源政策法对中国能源立法的借鉴价值》,《暨南学报》(哲学社会科学版),2012年第7期。

31.罗思东:《美国城市的棕色地块及其治理》,《城市问题》,2002年第6期。

32.罗思东:《战后美国城市改造对社会公正的侵蚀》,《城市问题》,2004年第1期。

33.毛达:《海洋垃圾污染及其治理的历史演变》,《云南师范大学学报》(哲学社会科学版),2010年第6期。

34.孟春阳、田春蕾:《对美国超级基金法的一点思考》,《安阳工学院学报》,2010年第3期。

35.欧阳琪、张远东:《加利福尼亚州水资源调配工程》,《南水北调与水利科技》,2006年第6期。

36.潘德勇:《美国水资源保护法的新发展及其启示》,《时代法学》,2009年第3期。

37.秦红霞:《论濒危物种法的保护效力》,《重庆科技学院学报》(社会科学版),2010年第1期。

38.秦红霞:《美国“雷斯法案”与“濒危物种法”比较》,《重庆科技学院学报》(社会科学版),2012年第12期。

39.全球变化与经济发展项目课题组:《美国温室气体减排新方案及其影响》,《世界经济与政治》,2002年第8期。

40.石冬明:《美国能源管理体制改革及其启示——基于1973年石油危机后的视角》,《改革与战略》,2017年第8期。

41.宋玉春:《2005年美国能源政策法案分析》,《现代化工》,2006年第3期。

42.宋云伟:《美国〈1873 年林木种植法〉刍议》,《山东师范大学学报》(人文社会科学版),2012年第5期。

43.田琦:《美国水法规发展阶段简述》,《海河水利》,2002年第2期。

44.田耀、孙倩倩:《美国土地政策演变及对资源保护的启示》,《国土资源科技管理》,2004年第2期。

45.屠志方:《美国南部大平原沙尘暴防治经验及其启示》,《林业资源管理》,2013年第6期。

46.王储:《19世纪美国西部土地政策的嬗变及其特点》,《世界经济》,2010年第11期。

47.王美仙、贺然、董丽、李雄:《美国矿山废弃地生态修复案例研究》,《建筑与文化》,2015年第12期。

48.王谋、潘家华、陈迎:《〈美国清洁能源与安全法案〉的影响及意义》,《气候变化研究进展》,2010年第4期。

49.王石英、蔡强国、吴淑安:《美国历史时期沙尘暴的治理及其对中国的借鉴意义》,《资源科学》,2004年第1期。

50.王晓冬:《〈美国2005年能源政策法案〉之能效条款探析》,《中国高新技术企业》,2008年第20期。

51.王旭:《美国横贯大陆铁路的铺设和西部城市化》,《东北师大学报》(哲学社会科学版),1992 年第5期。

52.王直军:《美国佛蒙特州两种濒危鸟类保护成效研究》,《云南地理环境研究》,1992年第4期。

53.吴畏:《美国跨流域调水工程的管理体制与特点》,《人民长江》,1998年第9期。

54.徐子凯、张玉山:《加利福亚州调水工程的法制建设与资金筹措》,《南水北调与水利科技》,2006年第6期。

55.严黎、吴门伍、董延军、李杰:《浅谈密西西比河水灾治理及其经验》,《人民珠江》,2009年第2期。

56.严黎、吴门伍、李杰:《密西西比河的防洪经验及其启示》,《中国水利》,2010年第5期。

57.杨建国:《冷战视域下卡特政府能源安全政策之论析》,《历史教学问题》,2016年第6期。

58.杨俊平:《从美国西部大平原黑风暴的控制途径论中国北方沙尘暴的预防对策》,《内蒙古林业科技》,2003年第3期。

59.杨小强、吴玉梅、谭立:《美国能源税法的演变及其评析》,《税务研究》,2007年11期。

60.杨泽伟:《2009年美国清洁能源与安全法及其对中国的启示》,《中国石油大学学报》(社会科学版),2010年第1期。

61.尹秀芝:《联邦政府的土地政策与美国的西部开发》,《北方论丛》,2005年第1期。

62.于文轩:《美国能源安全立法及其对我国的借鉴意义》,《中国政法大学学报》,2011年第6期。

63.袁少军、郭恺丽:《美国加利福尼亚州调水工程综述(上)》,《水利水电快报》,2005年第10期。

64.张斌:《试析美国新的能源政策》,《国际问题研究》,2006年第2期。

65.张凤麟:《发达国家矿地复垦保证金制度及对中国的启示》,《中国矿业》,2006年第9期。

66.张利宾:《产权界定、市场准入和反垄断法——美国能源法的几个判例对中国能源法的启示》,《能源政策研究》,2011年第3期。

67.张腾军:《特朗普政府的美国气候政策走向分析》,《和平与发展》,2017年第1期。

68.张友伦:《评价美国西进运动的几个问题》,《历史研究》,1984年第3期。

69.张远东、魏加华:《全美灌溉系统衬砌工程及其争议》,《南水北调与水利科技》,2006年第12期。

70.赵燕丽、田耀:《美国土地管理政策演变对我国耕地保护的启示》,《海外英语》,2016年第16期。

71.周世春:《美国哥伦比亚河流域下游鱼类保护工程、拆坝之争及思考》,《水电站设计》,2007年第9期。

72.周涛:《美国清洁能源及能源安全2009最新草案摘要》,《中国能源》,2009年第8期。

73.朱跃中:《美国能源管理体系及能源与环境领域发展趋势》,《宏观经济管理》,2010年第3期。

74.邹体峰:《美国水资源综合管理实践与思考》,《中国水能及电气化》,2012年第2期。

(三)其他文献

1.李菁:《“超级基金法案”的前世今生》,个人图书馆,http://www.360doc.com/content/11/0418/22/6426559_110639745.shtml。

2.《世界五大塑料生产国的产能状况》, 中国报告大厅,http://www.chinabgao.com/freereport/10154.html。

3.张瑜:《车轮下的野生动物》,杭州网,http://jrsh.hangzhou.com.cn/ent/content/2011-09/23/content_3893166_3.html。

4.赵衍龙:《一中国男子因走私在美被判刑70个月 自愿遣返回国》,人民网,http://world.people.com.cn/n/2014/0528/c1002-25076452.html。

二、外文文献

(一)著　作

1.Ahlers C., *Origins of the Clean Air Act: A New Interpretation*, Social Science Electronic Publishing, 2015.

2.Alexander K, *The Lacey Act: Protecting the Environment by Restricting Trade*, Congressional Research Service, USA., 2014.

3.AL Riesch Owen, *Conservation under F.D.R*, Praeger Publishers, 1983.

4.Benjamin Horace Hibbard, *A History of The Public Land Policies*, The Macmillan Company, 1924.

5.Chelsea Kasten, *A Series of Un-Breathable Events: The Clean Air Act and the Transformation of Environmentalism in American Society*, Western Kentucky University, 2011.

6.Christine Duerr, *Plastic is Forever: Our Nondegradable Treasures*, O-ceans, 1980.

7.Christopher J. Bailey, *Congress and Air Pollution: Environmental Politics in the USA*, Manchester University Press, 1998.

8.*Clean Air Act amendments of 1970 (in H.R.) HR 17255, Congressional Roll Call 1970*, CQ Press, Washington, D.C., United States, 1971.

9.*Council of Economic Advisers Council,The Economic Impact of the American Recovery and Reinvestment Act Five Years Later*,Wihte House pa–per,2012.

10.Depoe,Stephen P.,John W. Delicath,and Marie–France Aepli Elsen–beer,eds.,*Communication and public participation in environmental decision making*,SUNY Press,2004.

11.Franklin D. Roosevelt,Samuel I. Rosenman eds.,*The Public Papers and Addresses of Franklin D. Roosevelt. Volumes 1–12*,Random House,1938–1950.

12.Fredrick R. Steiner,John E. Theilacker(eds),*Protecting Farmland*,Avi Publish Company,Inc.,1984.

13.Gerald W. Williams,*The USDA Forest Service—The First Century,Washington*,DC:USDA Forest Service,2005.

14.Hilary Ballon,Kenneth T. Jackson,*Robert Moses and the Modern City:The Transformation of New York*,Norton Company,2007.

15.Hill Robert Tudor,*The Public Domain and Democracy,A Study of So–cial,Economic and Political Problms in the United States in Relation to Western Development*,AMS Press,1968.

16.Howard P. Chudacoff,Judith E. Smith,*The Evolution of American Ur–ban Society*,Prentice Hall,1988.

17.Hurt Douglas,*The Dust Bowl:An Agricultural and Social History*,Uni–versity of Chicago Press,1984.

18.John C. Hendee and Chad P. Dawson,*Wilderness Management:Stew–ardship and Protection of Resources and Values*,3rd ed.,Golden,Colo.:The Wild Foundation and Fulcrum Publishing,2002.

19.Kohout E J,Miller D J,Nieves L A,et al.,*Current emission trends for nitrogen oxides, sulfur dioxide, and volatile organic compounds by month and state: Methodology and results*, Coal Lignite & Peat, 1990.

20.Maher, Neil M., Nature's New Deal: *The Civilian Conservation Corps and the Roots of the American Environmental Movement*, Oxford University Press, 2007.

21.Malcom J. Rohrbough, *The Land Office Business: The Settlement and Administration of American Public Lands 1789–1837*, Wadsworth Pub.Co, 1990.

22.Treat Payson Jackson, *The Nationa Land System, 1785–1820*, A Division of Antheneum House, 1967.

23.Vincent, Carol Hardy, *Land and water conservation fund: overview, funding history, and issues*, Congressional Research Service, Washington DC, 2010.

(二)期刊文章

1.Abel A, Electricity Restructuring Background: The Public Utility Regulatory Policies Act of 1978 and the Energy Policy Act of 1992, *Congressional Research Service: Report*, 1998.

2.Agnone, Jon–Jason M., Amplifying Public Opinion: The Policy Impact of the U.S. Environmental Movement, *Social Forces*, No.5, 2007.

3.A History of the Endangered Species Act of 1973, *U.S. Fish & Wildlife Service*, 2017.

4.Alexander K., Injurious Species Listings Under the Lacey Act, *A Legal Briefing*, 2013.

5.Arne E. Gubrud, The Clean Air Act and Mobile–Source Pollution Control, *Ecology Law Quarterly*, 1975.

6.Atwood S, Kelly B, The southland's war on smog: fifty years of progress toward clean air, South Coast Air Quality Management District, 1997.

7.Avol, E.L., W.S. Linn, T.G. Venet, D.A. Shamoo, and J.D. Hackney, Comparative Respiratory Effects of Ozone and Ambient Oxidant Pollution Exposure During Heavy Exercise, *Journal of the Air Pollution Control Association*, 1984.

8.Betsy Vencil, The Migratory Bird Treaty Act–Protecting Wildlife on Our National Refuges–California's Kesterson Reservoir, a Case in Point, *Natural Resources Journal*, No.3, 1986.

9.Blockstein, David, Congress Tackles Ocean Plastic Pollution, *BioScience*, 1988.

10.Bryan Lee, Highlights of the Clean Air Act Amendments off 1990, *Journal of the Air & Waste Management Association*, 2012.

11.Carl, S, Envoi—The National Energy Act of 1978, *Resources & Energy*, No.1, 1991.

12.Chronology: Crisis in the Gulf: International Response, *U.S. Department of State Dispatch*, Vol.2 Issue 10, 1991.

13.Clayton D. Forswall, Kathryn E. Higgins, Clean Air Act Implementation in Houston: An HistoricalPerspective 1970–2005, *Rice University: Environmental and Energy Systems Institute*, 2005.

14.Clean Air Act amendments of 1977, Agriculture Handbook–*U.S. Dept. of Agriculture(USA)*, No.453, 1983.

15.1990 Clean Air Act Amendment Summary, *U.S. Environmental Protection Agency*, 1990.

16.Clean Air Act of 1963, *Uscg C M B.*, 2012.

17.Currie D. P., Motor Vehicle Air Pollution: State Authority and Federal Pre–Emption, *Michigan Law Review*, 1970.

18.David Fluharty, Habitat Protection, Ecological Issues, and Implementation of the Sustainable Fisheries Act, *Ecological Applications*, Vol.10 Issue 2, 2000.

19.David Miller J., Celebrating National Audubon Society's Centennial, *New York State Conservationist*, Vol.60 Issue 2, 2005.

20.D. Folweiler, The Political Economy of Forest Conservation in the United States, *Journal of Land & Public Utility Economics*, No.20, 1944.

21.Dockery D W, Rd P C, Xu X, et al., An association between air pollution and mortality in six U.S. cities, *New England Journal of Medicine*, 1993.

22.Emma Hamilton, A Relic of the Past or the Future of Environmental Criminal Law? An Argument for a Broad Interpretation of Liability under the Migratory Bird Treaty Act, *Ecology Law Quarterly*, 2017.

23.Fernande, Antigone, *Pennsylvania V. Nelson*, Spir, 2012.

24.Fisheries Act, *Ecological Applications*, No.2, 2000.

25.Forswall C D, Higgins K E., Clean Air Act Implementation in Houston: An Historical Perspective 1970–2005, *FORSWALL C D, HIGGINSKE*, 2006.

26.Frank Graham Jr., Rachel Carson, *EPA Journal*, 1978.

27.Frank Harris Armstrong, Civilian Conservation Corps Revival, *Journal of Forestry*, 1975.

28.Fred A. Shannon, The Homestead Act and the Labor Surplus, *American Historical Review(AHR)*, Vol.41 Issue:4, 1936.

29.Gaylord Nelson, Earth Day'70: What It Meant, *EPA Journal*, 1980.

30.George Cameron Coggins, Federal Wildlife Law Achieves Adolescence: Developments in the 1970s, *Duke Law Journal*, No.3, 1978.

31.Hanneschlager R E. Clean Air Act Amendments of 1990, *Journal of the*

South Carolina Medical Association, 1990.

32.Joel P. Trachtman, United States–Restrictions on imports of tuna–Report of the Panel 3 September 1991, *World Trade and Arbitration Materials*, Vol.4 Issue: 3, 1992.

33.Likens G E, Butler T J, Buso D C., Long–and Short–Term Changes in Sulfate Deposition: Effects of the 1990 Clean Air Act Amendments, *Biogeochemistry*, 2001.

34.Long, Elisabeth, and Eric Biber, The Wilderness Act and climate change adaptation, *Enviromental Law*, Vol.44, 2014.

35.Mark Wexler, Guardians of Abundance, *National Wildlife*, Vol.54 Issue 2, 2016.

36.Morris Bien, The Public Lands of the United States, *The North Amercan Review*, Vol.192, No.658.

37.National Air Pollutant Emission Estimates, 1940–1990, *U.S.EPA*, 1991.

38.National Inventory of Dams, *U.S. Army Corps of Engineers*, 2017.

39.Office of Air and Radiation: The Benefits and Costs of the Clean Air Act from 1990 to 2020, U.S. *Environmental Protection Agency*, 2011.

40.Office U S G A, Energy Policy Act of 1992: Limited Progress in Acquiring Alternative Fuel Vehicles and Reaching Fuel Goals, *Government Accountability Office Reports*, 2000.

41.Olson, Brent A., Paper trails: The Outdoor Recreation Resource Review Commission and the rationalization of recreational resources, *Geoforum*, 2010.

42.OPEC Oil Embargo 1973–1974, U.S. Department of State, *Office of the Historian*, 2012.

43.Paul G. Rogers, Looking Back, Looking Ahead The Clean Air Act of

1970,*EPA Journal*,1990.

44.Public Law 159 Chapter 360 July 14,1955(S.928),*United States Printing Office*,1955.

45.Quantifying the Role of National Forest System Lands in Providing Surface Drinking Water Supply for the Southern United States,*United States Department of Agriculture*,2017.

46.Rao V.,Tooly L.,Drukenbrod J.,2008 National Emissions Inventory: Review,Analysis and Highlights,*Ammonia*,2013.

47.Richardson J.,Nordhaus R.,The National Energy Act of 1978,*Natural Resources & Environment*,No.1,1995.

48.Robert Anderson,The Lacey Act:America's Premier Weapon in the Fight Against Unlawful Wildlife Trafficking,*Public Land Law*,1995,Vol.16.

49.Robert Bassman,The 1897 Organic Act:A Historical Perspective,*Natural Resources Lawyer*,Vol.7,No.3,1974.

50.Roberto Iraola,The Bald and Golden Eagle Protection ACT,*Albany Law Review*,1983,Vol.68.

51.Rossi J.,Lessons from the Procedural Politics of the Comprehensive National Energy Policy Act of 1992,*Harv.enviromental Law rev*,No.1,1995.

52.Saltman T.,Cook R.,Fenn M.,et al.,National Acid Precipitation Assessment Program Report to Congress:An Integrated Assessment,*Environmental Policy Collection*,2005.

53.Santa D. F. J.,Beneke P. J.,Federal natural gas policy and the Energy Policy Act of 1992,*Energy L.j*,1993.

54.Steven Margolin,Liability Under the Migratory Bird Treaty Act,*Ecology Law Quarterly*,No.7,1979.

55.Stroll,Theodore J.,Congress's Intent in Banning Mechanical Transport in the Wilderness Act of 1964,*Penn St. Enviromantal Law*,2004.

56.Stuart H. Loory,Conspiracy'of Nature's Forces Is Blamed for Smog, *New York Times*,1966.

57.Stuntz L.G.,The Energy Policy Act of 1992:Changing the Electricity Industry,*Natural Resources & Environment*,No.1,1995.

58.The Impact of the Clean Air Act on Lead Pollution:Emissions Reductions,Health Effects,and Economic Benefits from 1970 to 1990,Final Report, *Abt Associates Inc.(Abt)*,1995.

59.Theodore A. Bookhout,The North American Model of Wildlife Conservation,*The Wildlife Society and The Boone and Crockett Club Technical Review*,2012.

60.Thomas M. Disselhorst. Sierra Club v. Ruckelshaus:On a Clear Day,*Ecology Law Quarterly*,1973.

61.Tom Tidewell,The Weeks Act A Story of Perseverance,*Forest History Today*,2011.

62.U.S. Schennach S M.,The Economics of Pollution Permit Banking in the Context of Title IV of the 1990 Clean Air Act Amendments,*Journal of Environmental Economics & Management*,2000.

63.Weinhold B. Pollution Portrait:The Fourth National-Scale Air Toxics Assessment,*Environmental Health Perspectives*,2011.

(三)其他文献

1.A *Historical Perspective—Organic Administration Act of 1897*,U.S.Forest Service,https://www.fs.fed.us/forestmanagement/aboutus/histperspective.shtml.

2.*Air Pollution Control Act*, Pollution Issues, http://www.pollutionissues.com/A-Bo/Air-Pollution-Control-Act.html.

3.*Bureau of Reclamation -About Us*, US Bureau of Reclamation, https://www.usbr.gov/main/about/.

4.*Citizen's Guide to the Endangered Species Act*, Earthjustice, http://earthjustice.org/sites/default/files/library/reports/Citizens_Guide_ESA.pdf.

5.*Government Printing Office, Noise Control -Hearinngs before the Sub-comm Ittee on Public Health and Enviroment*, National Academy of Sciences, https://trid.trb.org/view/130179.

6.*History of the Clean Air Act*, US EPA, http://epa.gov/oar/caa/caa_history.html.

7.*Homestead Acts*, wikipedia, https://en.wikipedia.org/wiki/Homestead_Acts.

8.*Housing Act of 1937*, legisworks, http://legisworks.org/congress/75/publaw-412.pdf.

9.*Housing Act of 1949*, wikipedia, https://en.wikipedia.org/wiki/Housing_Act_of_1949.

10.*Interagency Wild and Scenic Rivers Coordinating Council, A Compendium of Questions & Answers Relating to Wild & Scenic Rivers*, Rivers, https://www.rivers.gov/documents/q-a.pdf.

11.*Interior Department: The Lacey Act*(18 U.S.C.42; 16 U.S.C.33713378), Findlaw, http://liibrary.findlaw.com/1999/Mar/18/128202.html.

12.John Bachmann, *Air Today, Yesterday, and Tomorrow. An Air Quality Management Orimer*, EPA, http://www.epa.gov/air/caa/Part1.pdf.

13.Jorgenson, Goettle D W, Richard J., *An economic analysis of the bene-fits and costs of the Clean Air Act 1970 TO 1990: Revised Report of Results and*

Findings, EPA, https://yosemite.epa.gov/ee/epa/eerm.nsf/0/5565fcfd16301a74852 57830007fb612! OpenDocument&ExpandSection=1.

14.Kubiszewski, I., *Motor Vehicle Air Pollution Control Act of 1965, United States*, retrieved from the encyclopedia of earth, http://editors.eol.org/eoearth/wiki/Motor_Vehicle_Air_Pollution_Control_Act_of_1965,_United_States.

15.Land and Water conservative Fund, *Land and Water*, National Park Ser-vice, https://www.nps.gov/subjects/lwcf/upload/lwcf_b rochure.pdf.

16.*LWCF Purchases-Accomplishment*, US.FOREST.SERVICE, https://www.fs.fed.us/land/staff/LWCF/accomplishments.shtml.

17.Middleton, John T. *Summary of the Air Quality Act of 1967*, Heinon-line, https://heinonline.org/HOL/LandingPage?handle =hein.journals/arz10&div = 11&id=&page=.

18.*More Than 80 Years Helping People Help the Land: A Brief History of NRCS*, USDA, https://www.nrcs.usda.gov/wps/portal/nrcs/detail/national/about/history/?cid=nrcs143_021392.

19.Paul Gates, *American Land Policy and the Talor Grazing Act[Z]*, 1935.

20.Roman, A., &(AMS), A., *Air Pollution Control Act of 1955, United States*, retrieved from the encyclopedia of earth, http://editors.eol.org/eoearth/wiki/Air_Pollution_Control_Act_of_1955,_United_States.

21.*Statutes at Large, 1789-1875*, the library of Congress, http://memory.loc.gov/ammem/amlaw/lwsllink.html.

22.*Successful Approaches to Recycling Urban Wood Waste*, United States Department of Agriculture, https://www.fpl.fs.fed.us/documnts/fplgtr/fplgtr133.pdf.

23.*Surface Mining Control and Reclamation Act of 1977*, wikipedia, https://en.wikipedia.org/wiki/Surface_Mining_Control_and_Reclamation_Act_of_1977.

24.*Texas Air Control Board*, Handbook of Texas Online, www.tsha.utexas.edu/handbook/online/articles/view/TT.mdtls.html.

25.*United States Bureau of Reclamation*, Encyclopedia Britannica, https://www.britannica.com/topic/US-Bureau-of-Reclamation.

后 记

自2013年以来，习近平多次在不同场合反复强调建设生态文明关系人民福祉，关乎民族未来，明确提出大力推进生态文明建设，努力建设美丽中国，实现中华民族永续发展的重要性。2018年5月，在全国生态环境保护大会上习近平强调："用最严格制度最严密法治保护生态环境，加快制度创新，强化制度执行，让制度成为刚性的约束和不可触碰的高压线。"的确，只有实行最严格的制度、最严密的法治，才能为生态文明建设提供可靠保障。

为了更好地以实际行动落实习近平的重要讲话精神，本着学习国际先进经验的思想，结合美国社会与文化的专业方向，我们构思了《美国环保法案与生态保护》一书。美国的生态环境曾经面临严重危机，但他们在治理危机中从立法到实践都积累了许多宝贵的实践经验，值得我们借鉴。在这一思想的指引下，我们组织该专业部分师生加入本书的编写工作中。在大家的共同努力下，本书用时两年终于编写成稿。本书系统介绍了美国森林系列法案、野生动物保护系列法案、土地系列法案、水资源环保系列法案、空气污染防控系列法案、能源系列法案。这些法案的制定和成功案例可为我国完善环保与生态治理的相关法律法规提供参考，更可为我国生态文明建设提供富有价值的借鉴。

通过阅读本书，读者可以全面了解美国在环保与生态治理方面法案制定的流程、制定原则及法案的社会影响与效益，从而辩证思考我国生态文明建设中出现的各种问题，从美国环保发展历程中汲取有利的经验和成果，规避曲折和风险，在经济利益和环境保护的冲突中做出合理的选择。